普通高等教育"十二五"规划教材

爆破工程

张云鹏　编

北　京
冶 金 工 业 出 版 社
2016

内 容 提 要

本书共分8章：第1章为绪论，概述了爆炸与爆破的基本概念、爆破工程的分类及炸药与爆破工程的发展历程和趋势；第2章介绍了炸药及其化学反应、炸药的起爆与感度、炸药的爆轰理论、炸药的热化学以及炸药的爆炸作用等基本理论；第3章介绍了常用的铵油炸药、含水炸药等工业炸药的组成、技术性能、制造工艺等；第4章对起爆器材和起爆方法做了全面的介绍；第5章为岩石爆破理论，阐述了岩石的物理力学性质、岩石的分级、岩石爆破破碎机理、装药量计算原理、岩石爆破作用基本原理等；第6章详细地介绍了岩土爆破技术，包括露天深孔爆破、井巷与隧道掘进爆破、地下采场爆破、光面爆破和预裂爆破、挤压爆破；第7章简要介绍硐室爆破设计的原理和方法；第8章阐述了爆破安全技术与安全管理知识。

本书可作为采矿工程专业及相关专业本科教材，也可供从事爆破设计、施工等工程技术人员、管理人员参考。

图书在版编目(CIP)数据

爆破工程/张云鹏编．—北京：冶金工业出版社，2011.8(2016.1重印)
普通高等教育"十二五"规划教材
ISBN 978-7-5024-5630-6

Ⅰ.①爆… Ⅱ.①张… Ⅲ.①爆破技术—高等学校—教材
Ⅳ.①TB41

中国版本图书馆CIP数据核字(2011)第159893号

出 版 人 谭学余
地　　址 北京市东城区嵩祝院北巷39号 邮编 100009 电话 (010)64027926
网　　址 www.cnmip.com.cn 电子信箱 yjcbs@cnmip.com.cn
责任编辑 王之光 杨秋奎 美术编辑 李 新 版式设计 孙跃红
责任校对 石 静 责任印制 牛晓波
ISBN 978-7-5024-5630-6
冶金工业出版社出版发行；各地新华书店经销；三河市双峰印刷装订有限公司印刷
2011年8月第1版，2016年1月第3次印刷
787mm×1092mm 1/16；13.5印张；327千字；205页
27.00元

冶金工业出版社 投稿电话 (010)64027932 投稿信箱 tougao@cnmip.com.cn
冶金工业出版社营销中心 电话 (010)64044283 传真 (010)64027893
冶金书店 地址 北京市东四西大街46号(100010) 电话 (010)65289081(兼传真)
冶金工业出版社天猫旗舰店 yjgycbs.tmall.com

前 言

随着国民经济的发展，我国的工程爆破技术有了长足的发展，爆破技术已广泛应用于露天与地下开采、铁路、公路、水利水电建设的基坑开挖、平整场地、隧道掘进等工程。在硐室爆破、深孔爆破、地下采掘爆破、城镇建（构）筑物拆除爆破、水下工程爆破等方面，积累了丰富的经验。

本书是依据采矿工程专业本科培养方案编写的课程教材。按照“知识是载体，能力培养是目的”的现代教育理念，在编写本书时遵循了以下原则：

（1）突出人才培养目标。以专业人才培养目标为核心，围绕工程实践能力、有效思维能力、创新能力等的培养，设计教材的主要内容。

（2）突出工程实践能力的培养。在学习爆炸和爆破基本知识的基础上，重点对岩土爆破技术进行阐述，同时增加爆破设计、爆破施工的内容和工程实例，增加爆破工程设计的训练，提高学生的工程设计能力。

（3）突出安全知识。以《爆破安全规程》、《民用爆炸物品安全管理条例》为依据，学习爆破安全技术及安全管理方面的知识，增强安全意识，培养安全管理能力。

（4）注重引入先进的爆破工程技术及现行的国家技术标准和规范，内容具有先进性和实用性，符合国家标准和规范的要求。

通过本书的学习，希望达到以下目标：

（1）掌握炸药、爆炸及爆破工程的基本理论和基本方法，培养发现问题、分析问题和解决问题的能力。

（2）掌握岩土爆破技术，培养爆破工程的设计能力、爆破施工管理和组织能力。

（3）掌握爆破安全技术及安全管理知识，熟悉炸药及爆破安全等方面的法律、法规和国家标准，培养安全管理能力。

本书以岩土爆破技术为主要内容，系统地介绍了炸药爆炸与岩石爆破的基本理论、方法和技术。全书共分8章，包括绪论，炸药爆炸的基本理论，工业炸药，起爆器材与起爆方法，岩石爆破理论，岩土爆破技术，硐室爆破，爆破安全技术与管理。本书具有较强的实用性，可作为采矿工程专业及相关专业的本科教材，也可供从事爆破设计、施工等工程技术人员、管理人员参考。

在本书编写过程中参考了大量的相关文献，许多文献未能列入参考文献中，在此向所有文献的作者致谢。

由于编者水平所限，书中不妥之处，真诚欢迎读者批评指正。

编 者

2011年4月

目　录

1 绪　　论

1.1 爆炸现象

爆炸是在有限的空间和极短的时间内，系统内部的能量迅速释放或急剧转化的过程，其本质是能量的急剧释放。自然界中存在着各种各样的爆炸现象。例如轮胎放炮、蒸汽锅炉爆炸、煤矿瓦斯爆炸等。这些爆炸现象一般同时伴有声、光、热效应等。爆炸的一个最重要特征是在爆炸点周围的介质中发生急剧的压力突变，而这种压力突变是爆炸破坏作用的直接原因。

根据爆炸过程释放能量的不同以及爆炸反应前后物质的变化情况，可将爆炸现象分为三类：

（1）物理爆炸。物理爆炸是系统的内能迅速转化为机械能的过程，一般而言，爆炸前后，只发生物态的转变，物质的化学成分并不改变。例如蒸汽锅炉爆炸，由于容器内部蒸汽的压力超过了容器的强度，使容器发生破坏，高压气体迅速释放，但气体成分并未改变；强火花放电（闪电）或高压电流通过细金属丝所引起的爆炸现象，也是一种物理爆炸，这时释放的能量是电能；另外，火山喷发、陨石撞击地面等物体的高速撞击都属于物理爆炸现象。

（2）化学爆炸。化学爆炸是化学能迅速转化为机械能的过程。凡由于物质内部发生化学反应而迅速释放出来大量能量的过程，都属于化学爆炸，化学爆炸前后物质的成分发生了变化。例如：氢气和氧气按一定比例混合后，点火就会爆炸而生成水；井下煤矿细煤粉悬浮于空气中达到一定浓度或瓦斯（甲烷）达到一定浓度时遇火会发生的爆炸，以及炸药的爆炸都属于化学爆炸现象。炸药爆炸反应速度可达每秒数千米到万米，所形成的温度约为3000～5000℃，压力高达数十万个大气压，因而能迅速膨胀并对介质做功。

（3）核爆炸。核爆炸是由核裂变（U^{235}的裂变）和核聚变（氘、氚和锂核的聚变）释放出巨大的能量而引起的爆炸现象，能量来源于物质内部的核能。核爆炸释放出的能量比炸药爆炸释放出的化学能要大得多，温度可达数百万到数千万摄氏度，爆炸中心区的压力高达几百万个大气压，同时还有很强的光和热的辐射以及各种粒子的贯穿辐射，其能量相当于几万吨到几千万吨梯恩梯（TNT）当量，因此具有巨大的破坏力。

1.2 爆破工程与技术

利用爆炸释放的能量对介质做功的过程称为爆破。以预定的工程目标为目的的爆破作业称为爆破工程。在爆破工程中所采取的具体的施工作业方法称为爆破技术。

爆破技术已广泛应用于国民经济各个行业之中。除了矿山开采外，在水利工程建设中，爆破技术用于开凿河渠，清理河道，修筑堤坝；在公路和铁路建设中，用于开凿隧道，开挖路堑；在城市建设中，用于开挖岩石基础、拆除废旧建筑物等。

1.2.1 爆破工程分类

根据爆破对象和爆破作业环境的不同，爆破工程可以分为以下几类：

（1）岩土爆破。岩土爆破是指以破碎和抛掷岩土为目的的爆破作业，如矿山开采爆破、路基开挖爆破、巷（隧）道掘进爆破等。岩土爆破是最普通的爆破技术。

（2）拆除爆破。拆除爆破是指采取控制有害效应的措施，以拆除地面和地下建筑物、构筑物为目的的爆破作业，如爆破拆除混凝土基础，烟囱、水塔等高耸构筑物，楼房、厂房等建筑物等。拆除爆破的特点是爆区环境复杂，爆破对象复杂，起爆技术复杂。要求爆破作业必须有效地控制有害效应，有效地控制被拆建（构）筑物的坍塌方向、堆积范围、破坏范围和破碎程度等。

（3）金属爆破。金属爆破是指爆破破碎、切割金属的爆破作业。与岩石相比，金属具有密度大、波阻抗高、抗拉强度高等特点，给爆破作业带来很大的困难和危险因素，因此金属爆破必须具备更可靠的安全条件。

（4）爆炸加工。爆炸加工是指利用炸药爆炸的瞬态高温和高压作用，使物料高速变形、切断、相互复合（焊接）或物质结构相变的加工方法，包括爆炸成型、焊接、复合、合成金刚石、硬化与强化、烧结、消除焊接残余应力、爆炸切割金属等。

（5）地震勘探爆破。地震勘探爆破是利用埋在地下的炸药爆炸释放出的能量在地壳中产生的地震波来探测地质构造和矿产资源的一种物探方法。炸药在地下爆炸后在地壳中产生地震波，当地震波在岩石中传播过程中遇到岩层的分界面时便产生反射波或折射波，利用仪器将返回地面的地震波记录下来，根据波的传播路线和时间，确定发生反射波或折射波的岩层界面的埋藏深度和产状，从而分析地质构造及矿产资源情况。

（6）油气井爆破。钻完井后，经过测井，确定地下含油气层的准确深度和厚度，在井中下钢套管，将水泥注入套管与井壁之间的环形空间，使环形空间全部封堵死，防止井壁坍塌，不同的油气层和水层之间也不会互相窜流。为了使地层中油气流到井中，在套管、水泥环及地层之间形成通道，需要进行射孔爆破。一般条件下应用聚能射孔弹进行射孔，起爆时，金属壳在锥形中轴线上形成高速金属粒子流，速度可达6000～7000m/s，具有强大的穿透力，能将套管、水泥环射透并射进地层一定深度，形成通道，使地层中的油气流到井中。

（7）高温爆破。高温爆破是指高温热凝结构爆破，在金属冶炼作业中，由于某种原因，常常会在炉壁或底部产生炉瘤和凝结物，如果不及时清理，将会大大缩小炉膛的容积，影响冶炼正常生产。用爆破法处理高温热凝结构时，由于冶炼停火后热凝结构温度依然很高，可达800～1000℃，必须采用耐高温的爆破材料，采用普通爆破材料时，必须做好隔热和降温措施。爆破时还应保护炉体等，对爆破产生的振动、空气冲击波和飞散物进行有效控制。

（8）水下爆破。凡爆源置于水域制约区内与水体介质相互作用的爆破统称为水下爆破，包括近水面爆破、浅水爆破、深水爆破、水底裸露爆破、水底钻孔爆破、水下硐室爆破及挡水体爆破等。由于水下爆破的水介质特性和水域环境与地面爆破条件不同，因此爆破作用特性、爆破物理现象、爆破安全条件和爆破施工方法等与地面爆破有很大差异。水下爆破技术广泛用于航道疏通、港口建设、水利水电建设等诸多领域。

(9) 其他爆破。其他爆破包括农林爆破、人体内结石爆破、森林灭火爆破等。

1.2.2 爆破技术分类

按装药方式的不同，爆破技术分为以下几种：

(1) 浅孔爆破。浅孔爆破又称炮孔爆破，将炸药装入直径小于50mm、深度小于5m的炮孔中所进行的一种爆破作业，常用于小规模的岩土爆破、巷（隧）道掘进爆破、拆除爆破等。

(2) 深孔爆破。深孔爆破是指将炸药装入直径大于50mm的炮孔中进行的一种爆破作业。一些大规模的岩土爆破均采用深孔爆破，如露天台阶深孔爆破，地下采场深孔爆破，基坑、路堑开挖深孔爆破等。

(3) 硐室爆破。硐室爆破是指在山体中开挖巷道或硐室装入大量炸药的爆破作业。硐室爆破广泛应用于露天矿山剥离，基坑、路基开挖，筑坝、筑堤，移山填海等爆破工程中。具有工期短、使用机械设备少、爆破量大等优点。

(4) 蛇穴爆破。蛇穴爆破是指在断面小于0.5m×0.5m、长度不大于5m的巷道或硐室中装入炸药的爆破作业。

(5) 药壶爆破。药壶爆破是指在炮孔底部先装少量炸药将其爆破成壶状（扩壶），再装药进行爆破的作业。

(6) 裸露爆破。裸露爆破不需要炮孔，是指炸药直接覆在岩石表面进行的爆破作业。

(7) 聚能爆破。聚能爆破是指采用聚能装药方法进行的爆破作业，如爆炸切割、油气井穿孔爆破等。

1.3 炸药与爆破技术的发展

爆破工程是随着采矿工程和技术的发展而发展起来的，自1627年首次应用黑火药进行爆破破碎岩石以来，爆破技术已成为采矿工业不可缺少的破碎岩石的方法。爆破技术除用于矿山开采外，还应用于诸如道路工程、水利工程、基础开挖等的岩石破碎和建筑物拆除、金属爆炸加工等其他领域。

1.3.1 炸药与起爆器材的发展

炸药是爆破技术的核心，在一定条件下，能够发生爆炸反应、放出能量、生成大量气体产物、显示爆炸效应的化合物或混合物均可称为炸药。

早在公元前220年，我国劳动人民就初具黑火药的知识。一般认为，我国在公元6~7世纪发明了黑火药，当时只用于娱乐。到南宋时，黑火药才用于军事上。13世纪黑火药传入欧洲。1627年，在匈牙利首次将黑火药用于破碎岩石，开创了矿山爆破技术。此后，黑火药在欧洲和美国矿山上得到广泛应用，被认为是矿山开采的唯一炸药，直至19世纪60年代硝化甘油炸药的出现。

1845年，意大利化学家索贝雷罗（Ascanio Sobrero）发现了硝化甘油。1867年，诺贝尔获得了硝化甘油和硅藻土混合物的专利权，并取名为“诺贝尔安全炸药”，即最初的代拿买特（Dynamite）炸药。后来诺贝尔又发明了以硝酸钠和木屑为吸收剂的代拿买特炸药和以硝化棉为吸收剂的胶质代拿买特炸药等。从此，这种以硝化甘油为主要成分的代拿买特炸药取代了黑火药，广泛应用于采矿工程、道路工程和水利工程等的岩石破碎上。

1935 年杜邦公司生产了 Nitramon 炸药，它将硝酸铵和燃料装入罐中，仔细密封，防止水的侵入。其主要成分是硝酸铵、二硝基甲苯、石蜡等。

1955 年诞生了铵油炸药（ANFO）。铵油炸药是硝酸铵和柴油的混合物，1955 年克利夫兰-克利夫矿业公司（Cleveland-Cliffs Mining Co.）在密萨比（Mesabi）和密歇根（Michigam）铁矿区进行了首次使用粒状铵油炸药的大规模爆破。1958 年在加拿大铁矿公司（IOCC）和加拿大工业有限公司（CIL）最先使用了铵油炸药现场混制和装填，1960 年研制成功 Amerind 混装车，实现了铵油炸药现场混制和机械化装药。铵油炸药的缺点是不能用于有水的炮孔中。

1956 年犹他大学 M. A 库克（Cook）和加拿大铁矿公司 H. E. 法南姆（Farnam）将水加入到铵油炸药的混合物中然后使其胶凝，发明了浆状炸药（Slurry），并申请了专利。1963 年 IRECO 公司发明了现场混装浆状炸药。浆状炸药克服了铵油炸药不能用于有水炮孔的缺点，而且由于密度高，易于沉入有水炮孔底部。浆状炸药和铵油炸药由于其成本非常低，容易制备和实现机械化装药，很快得到了推广和应用。

1969 年，美国杜邦公司生产了一种以硝酸甲胺（MMAN）为敏化剂的浆状炸药，被称为水胶炸药（water gel）。

1969 年 H. F. 布卢姆（Blvhm）发明了乳化炸药。乳化炸药是一类新型的水基硝酸铵类炸药，它以硝酸铵水溶液的微粒为分散相，悬浮于似油类物质构成的连续介质中，形成一种特殊的油包水型乳化体系。

使炸药安全起爆的器材称为起爆器材。

用黑火药爆破岩石，起爆过程非常危险，因为黑火药非常容易燃烧。英国人威廉·比克福特（W. Bickford）意识到这种起爆方法的危险性，于 1831 年研制出“矿用导火索”并获得专利，但它无法直接引爆代拿买特炸药。诺贝尔于 1867 年发明了雷管，更可靠地解决了起爆的问题。诺贝尔雷管的出现，被认为是现代爆破工程发展中的重要一步。

19 世纪 70 年代，朱丽叶斯·史密斯成功地采用桥丝引爆雷管，并研制出一种轻便的发电机式起爆器。1895 年，又发明了由导火索作延期装置的延期电雷管。

1937 年，发明了导爆索。

20 世纪 70 年代，发明了导爆管。

我国虽然是黑火药的发源地，但一直没有在采矿工业中应用。直到新中国成立后，炸药工业和采矿工业才得到了突飞猛进的发展。1959 年开始研制浆状炸药，20 世纪 60 年代有了定型产品并在矿山爆破中推广应用。20 世纪 70 年代末开始研制并生产乳化炸药。我国的工业炸药品种已由建国初期的黑火药、硝酸铵炸药、硝化甘油炸药发展到铵梯炸药、铵油炸药、浆状炸药、乳化炸药、水胶炸药、高威力液体炸药等多个品种，工业炸药的质量也不断提高。

起爆器材和起爆技术发展也很快，已形成了由火雷管、电雷管、导爆索、导爆管等组成的完善的起爆体系，发展了高精度 30 段和 60 段的毫秒延期雷管，研制成功并生产了超高精度的电子延期雷管。

为了提高爆破作业的安全性，保障社会公共安全，降低炸药对环境的污染，国家于2008 年 1 月 1 日在全国范围内停止了导火索、火雷管和铵梯炸药的生产。

1.3.2 爆破技术的发展

我国的工程爆破技术，随着国民经济的发展也有了很大发展变化。在硐室爆破、深孔爆破、地下采掘爆破、城镇建筑物拆除爆破、水下工程爆破等方面，通过不断的实践与应用，积累了丰富的经验。硐室爆破的应用范围与规模不断扩大，规模最大的广东珠海炮台山的移山填海大爆破工程，炸药装填总量近 1.2 万吨，采用多层、多排、大抵抗线、条形药包、毫秒延期爆破，一次性爆落破碎和抛掷的岩土总方量达 1085 万立方米，抛掷率 51.36%。定向爆破筑坝技术已得到广泛应用，全国已爆破筑坝 60 余座。深孔爆破技术已广泛应用于露天与地下开采、铁路、公路、水利水电建设的基坑开挖和平整场地等工程。矿山深孔爆破发展了微差爆破、挤压爆破、预裂爆破、光面爆破等爆破技术，露天矿大区多排微差爆破已获得广泛应用，对孔网参数、装药结构、填塞方法、起爆顺序、微差间隔时间等进行了深入研究，显著提高了爆破质量与技术经济指标，爆破规模最大的南芬露天矿一次微差爆破达 100 余段，500 余个深孔，预装药量近 300t，矿岩爆破量超过 80 万吨。建筑物拆除爆破技术的发展也非常迅速，爆破拆除废旧楼房、厂房及构筑物日益增多，拆除爆破技术水平不断提高。比如地处北京王府井闹市区的华侨大厦旧楼拆除工程，总拆除工程量 13000 余平方米，主楼 8 层高 34m、两侧楼 7 层高 28m，外部环境条件恶劣，共钻凿 6000 余个炮孔，装药 600 多千克，分 9 段毫秒顺序起爆，整个楼房均按预定方向与范围倒塌，保证了安全，达到了设计的爆破效果。1999 年 2 月 28 日爆破拆除的上海长征医院旧病房大楼，位于上海市南京西路和成都北路交界处，周围环境复杂，爆破有可能危及居民楼、高压线、高架桥和锅炉房。爆破设计总体方案是向南倒塌，分为东西两个爆区、16 个爆段，采用三维立体延期（前后、左右、上下），每段之间的时间间隔为 0.5s，总时间为 4s，从起爆到楼房全部倒塌着地历时 8.4s，达到设计预定目标，周围建筑及设施安然无损。水下工程爆破技术，主要是应用于水库水下岩塞爆破、挡水围堰拆除爆破以及港湾、航道疏浚炸礁等，20 世纪 70 年代以来不断地获得发展，广州黄埔大濠洲 2km 航道 50 万立方米水下炸礁成功，创造了国际先进水平的水下爆破作业施工方法。

1.3.3 爆破工程发展趋势

爆破工程是一门发展中的学科，还有许多未知的领域有待于去研究和探索，目前爆破工程的发展方向主要在以下几个方面：

（1）爆破理论研究和模拟技术。理论来源于实践，又指导实践。目前的爆破理论研究工作还远远落后于工程实践，现有的一些爆破设计方法和安全评估分析大都是采用经验和半经验法，缺乏足够的理论依据。因此应加强爆破理论研究和数值模拟研究，在总结分析大量实践资料的基础上，在理论上有所突破，用于指导工程实践。

（2）爆炸能量控制技术。爆炸能量转化过程的精密控制和能量转化效率问题是提高爆炸能量利用率，降低爆破材料消耗的关键问题。目前，岩土爆破的爆炸能量转化为破碎岩石的能量只有 11% ~13%，有很大的潜力可挖，需要通过深入研究，精心设计和施工，选择合理的分段和起爆顺序来提高炸药能量利用率，降低能量转化过程中的损失。同时要开发新的利用领域，利用爆炸加工新型材料，处理各种废料，改变气候和环境条件，为人类社会作出新的贡献。

（3）爆破器材要向高质量、多品种、低成本方向发展。爆破器材的好坏直接影响工程爆破技术的发展。应根据我国现有基础条件，应用新技术、新工艺改造传统的老工艺、老设备，提高机械化、自动化和连续化水平，提高产品质量，发展新产品。在工业炸药方面，应重点发展乳化炸药，研究改进乳化炸药的生产工艺，提高装备水平，发展连续式全自动化生产工艺。积极发展和推广现场混装车的生产技术，提高装药机械化水平；在起爆器材方面，发展高精度多段无起爆药非电雷管及电雷管和超高精度的电子延期雷管。

（4）爆破安全技术。加强爆破器材和爆破施工的安全管理，进行爆破安全评价。在爆破器材方面要继续发展高质量、低成本和安全性好的新产品；爆炸理论及控制技术的研究方面，除提高炸药能量利用率以外，还要研究降低爆破有害效应，包括爆破地震、空气冲击波、水下冲击波、噪声、个别飞散物、粉尘、有毒有害气体、边坡滑落及地压变化等危害，开展爆破有害效应的监测工作，研制新的测试仪器，提高监测水平，使有害效应降到最低程度。

2 炸药爆炸的基本理论

2.1 炸药简介

2.1.1 炸药的分类

2.1.1.1 按炸药的组成分类

分为单质炸药和混合炸药两种。

A 单质炸药

单质炸药是由一种成分组成的炸药。单质炸药按其化学分子结构又可分为许多类型，主要有：

（1）乙炔及其衍生物，如乙炔银（Ag_2C_2）、乙炔汞（Hg_2C_2）等；

（2）雷酸及其盐类，如雷汞($Hg(ONC)_2$)、雷酸银($AgONC$)等；

（3）硝酸酯类，如硝化乙二醇($C_2H_4(ONO_2)_2$)、硝化甘油(NG)($C_3H_5(ONO_2)_3$)、太安(PETN)($C(CH_2ONO_2)_4$)以及硝化棉等；

（4）硝酸盐类，如硝酸铵（NH_4NO_3）、硝酸脲（$NH_2—CO—NH_2 \cdot HNO_3$）、硝酸胍

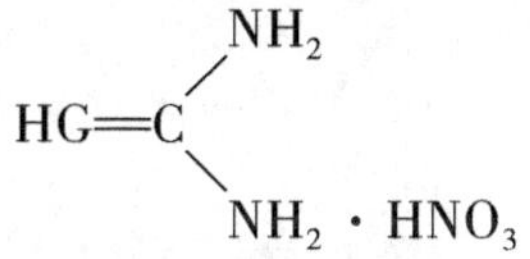

等；

（5）硝基化合物，包括芳香族及非芳香族硝基化合物两类。芳香族硝基化合物的结构特征是分子中含有苯环，而且硝基直接与苯环上的碳相连，如三硝基甲苯(TNT)($C_6H_2(NO_2)_3CH_3$)、三硝基苯酚（苦味酸）（$C_6H_2(NO_2)_3OH$)、二硝基甲苯（DNT）、二硝基萘、三硝基苯甲硝胺（特屈儿）（$C_6H_2(NO_2)_3 \cdot NCH_3NO_2$）；非芳香族硝基化合物如硝基甲烷（NM），硝基胍、硝基脲、环三次甲基三硝胺（黑索今，简称 RDX）($(CH_2NNO_2)_3$)、环四次甲基四硝胺（奥克托今，简称 HMX）($((CH_2NNO_2)_4)$)等；

（6）其他如氯酸盐、过氯酸盐，叠氮化铅等。

B 混合炸药

混合炸药是由两种以上成分组成的炸药。混合炸药又可分为：

（1）普通混合炸药，如军事上常用的钝化黑索今（95% RDX，5% 石蜡）、黑梯炸药(40/60、50/50)，工业炸药如代那买特炸药、硝酸铵类炸药等；

（2）含铝混合炸药，在普通炸药中加入铝粉，提高爆炸反应的热效应；

（3）有机高分子粘接炸药，以黑索今、奥克托今或太安为主要成分，加入少量粘接剂进行粘接，以便在保证尽量好的爆炸性能下改善炸药的力学性能、成型性能及安全使用性

能，如8321、1871等；

（4）特种混合炸药，满足军事上特殊需要而研制的，如塑态炸药、弹性炸药、橡皮炸药等。

2.1.1.2 按炸药的用途分类

（1）起爆药。起爆药用于起爆其他感度低的炸药或制造起爆器材。特点是具有很高的感度，在很小的外界能量作用下就能发生爆炸。国际上称为初发炸药。常用的起爆药有雷汞、叠氮化铅（简称氮化铅）、二硝基重氮酚（DDNP）。目前雷管中起爆药常用的是二硝基重氮酚。

（2）猛炸药。猛炸药又称次发炸药，特点是感度较低，只有在相当强的外界作用下才能发生爆炸，然而一旦爆炸后，可以具有更高的爆速和更强的威力。主要用来直接破碎岩石，或在军事上直接装填炮弹。猛炸药分为单质猛炸药和混合猛炸药两大类。单质猛炸药有梯恩梯、黑索今、奥克托今、太安、特屈儿等，工业上用于制作导爆索和作为雷管的加强药及工业炸药的敏化剂。混合猛炸药主要是指工业炸药，用来直接破碎岩石，包括以硝化甘油为主要成分的代那买特炸药和以硝酸铵为主要成分的硝酸铵类炸药。

（3）发射药。发射药的特点是对火焰感度非常高，反应形式是燃烧或爆燃。工业上用来制作导火索。常用的有以硝化棉和硝化甘油为主体的单基、双基、三基发射药，以过氯酸盐为主体的复合发射药和由硝酸钾、硫黄和木炭制成的黑火药。

2.1.2 起爆药

2.1.2.1 雷汞

分子式：$Hg(ONC)_2$。相对分子质量：284。

结构式：

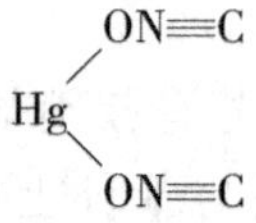

物化性质：白色或微白色晶体。干燥的雷汞对机械撞击、摩擦和火焰感度极高。容易发生爆炸。潮湿的雷汞感度降低，但易与铝反应形成更敏感的雷酸盐，故不能用铝材制作装药容器。采用雷汞装填雷管时，不能用铝材制作管壳。雷汞起爆能力较小。

$$Hg(ONC)_2 \longrightarrow Hg + 2CO + N_2 + 485.669\text{kJ/kg}$$

$$Hg(ONC)_2 \longrightarrow Hg + CO_2 + C + N_2$$

2.1.2.2 叠氮化铅

分子式：$Pb(N_3)_2$。相对分子质量：291。

结构式：有环状和链状两种。

环状结构：

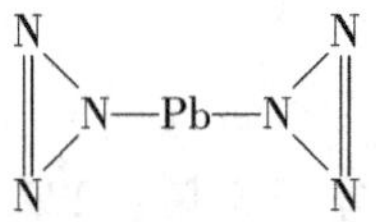

链状结构：N≡N═N—Pb—N═N≡N

物化性质：白色针状晶体，不溶于冷水、乙醇、乙醚及氨水，稍溶于沸水。潮湿的环境中易与铜反应生成极敏感的氮化铜，故使用氮化铅时，不能用铜材制作雷管或装药容器。氮化铅是一种有毒物质。

感度低于雷汞，起爆药能力大于雷汞。

$$Pb(N_3)_2 \rightarrow Pb + 3N_2 + 443.80kJ$$

2.1.2.3　二硝基重氮酚（DDNP）

分子式：$C_6H_2(NO_2)_2N_2O$。相对分子质量：210。

结构式：

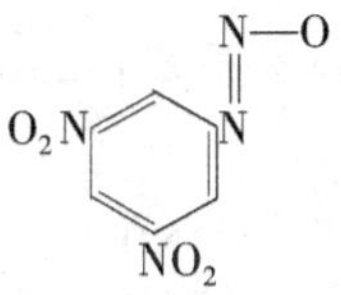

物化性质：黄色或黄褐色晶体，干燥的二硝基重氮酚与铁、铜、锌等金属均无作用，在潮湿的情况下，对上述金属有一定的腐蚀作用。

干燥的二硝基重氮酚在75℃时开始分解，170～175℃时爆炸。火焰感度较高，大于氮化铅；机械感度低，起爆能力大。国内多采用二硝基重氮酚作为雷管的起爆药。

2.1.3　单质猛炸药

2.1.3.1　梯恩梯（TNT）

分子式：$C_6H_2(NO_2)_3CH_3$。相对分子质量：227.13。

结构式：

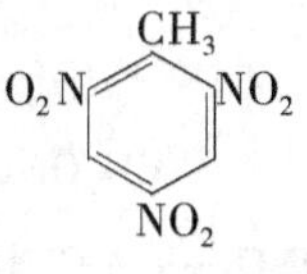

物化性质：黄色晶体，不怕水，几乎不溶于水。热安定性好，常温下不分解，环境温度达到180℃以上时显著分解。

遇火能燃烧。机械感度较低，但混入细砂一类硬质掺合物时则容易引起爆炸。

属于中等威力的炸药，工业上和军事上用得较多。常与其他猛炸药混合制成熔铸状炸药（与黑索今混合后制成的黑梯炸药），工业上常用来作为雷管中的加强药或与硝酸铵混合作为工业炸药的敏化剂。

2.1.3.2 黑索今（RDX）

分子式：$(CH_2)_3(NNO_2)_3$。相对分子质量：222.12。

结构式：

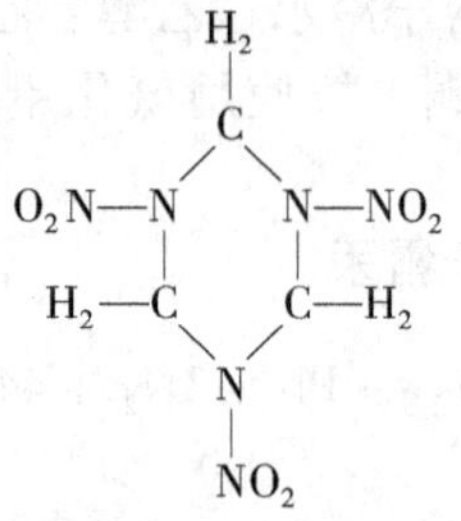

物化性质：白色粉状晶体，几乎不溶于水。热安定性好，威力和感度均高于梯恩梯。工业上用作雷管中加强药，制作导爆索、导爆管和混合炸药。

2.1.3.3 奥克托今（HMX）

分子式：$(CH_2)_4(NNO_2)_4$。相对分子质量：296.16。

结构式：

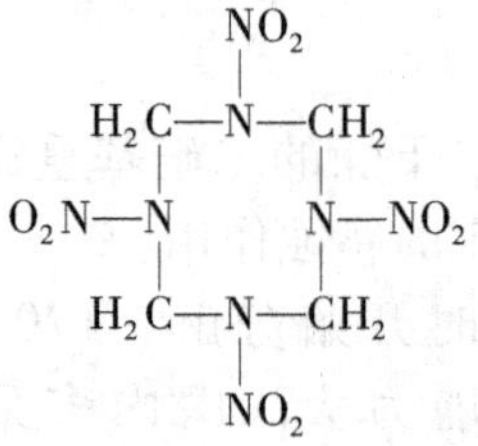

物化性质：白色晶体，熔点282℃，相对密度1.96，难溶于水。化学安定性较好，具有一定的耐热性，机械感度高于黑索今，爆速高。装药密度为1.84g/cm^{3}时，爆速可达到9124m/s，爆炸性能好。

军事上主要用于导弹和反坦克弹的装药，工业上用于导爆管装药。

2.1.3.4 太安（PETN）

分子式：$C(CH_2ONO_2)_4$。相对分子质量：316。

结构式：

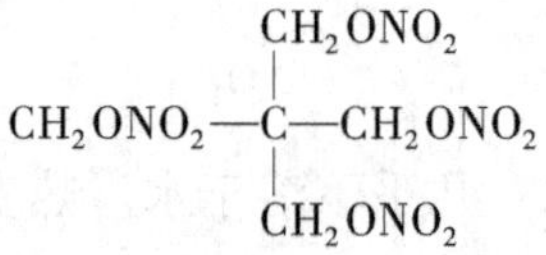

物化性质：白色晶体，几乎不溶于水。熔点141.3℃，晶体密度1.77g/cm^3。爆炸性能较好，密度1.70g/cm^{3}时爆速为8300m/s、爆热5895kJ/kg。威力大于黑索今，撞击和摩擦感度较高。主要用于装填雷管和制造传爆药柱、导爆索和导爆管，也可用作混合炸药的组分。

2.1.3.5　硝化甘油（NG）

分子式：$C_3H_5(ONO_2)_3$。相对分子质量：227.09。

结构式：

$$\begin{array}{l} CH_2—ONO_2 \\ | \\ CH—ONO_2 \\ | \\ CH_2—ONO_2 \end{array}$$

物化性质：无色或微带黄的油状液体，不溶于水，在水中不失爆炸性。机械感度极高，受撞击和振动易发生爆炸，冻结的硝化甘油机械感度提高，处于半冻结状态时，机械感度更高。故受暴冷暴热、撞击、摩擦，遇明火、高热时，均有引起爆炸的危险。与强酸接触能发生强烈反应，引起燃烧或爆炸。硝化甘油有毒，少量吸收即可引起剧烈的搏动性头痛，常有恶心、心悸，有时有呕吐和腹痛，面部发热、潮红；吸收量较大时产生低血压、抑郁、精神错乱。易经皮肤吸收，应避免皮肤与之接触。

加入吸收剂后制成硝化甘油类炸药（代拿买特）。

2.2　炸药的化学反应形式与爆炸特征

2.2.1　炸药化学反应的形式

炸药的化学反应除了爆炸之外，还有其他反应形式，弄清楚这个问题，有助于我们安全可靠地使用炸药。

由于环境和引起化学变化的条件不同，炸药的化学反应形式呈现出不同的特性。根据化学反应速度和传播的性质，炸药的化学反应具有以下三种形式：

（1）分解。炸药在常温常压下会进行缓慢的分解反应，这种分解反应是在整个物质内展开的，反应的速度取决于环境温度，随环境温度的升高，反应速度加快。

（2）燃烧。有些炸药可以被点燃，而不爆炸。与煤的燃烧不同，炸药的燃烧不需要从外界获取氧。炸药的燃烧是在局部进行的，局部进行燃烧的区域称作反应区，燃烧时反应区的能量通过热传导、热辐射和燃烧气体产物的扩散作用传入未反应区，使燃烧反应以一定的速度在炸药中传播，传播速度即燃烧速度一般从每秒数毫米到每秒数米。当炸药的燃烧速度达到每秒数百米时，又称为爆燃。

（3）爆炸。炸药的爆炸（又称为爆轰）是炸药化学反应的最高形式，反应速度非常快，可以达到每秒数千米。爆炸反应也是在炸药的局部进行的，爆炸产生强烈的冲击波作用于未反应区的炸药使爆炸从炸药的局部开始发展到整个药包全部爆炸。

应当指出，炸药的三种化学反应形式均受环境条件和炸药性能的影响，当环境条件和炸药性能发生变化时，化学反应形式可以互相转化。如 TNT 炸药在常温下的分解速度极小，很不容易察觉，然而当环境温度增高到数百摄氏度时，分解反应加速，甚至立即发生爆炸。炸药在密闭条件下燃烧也可以转化成爆炸。当炸药由于变质而使性能改变时，爆炸可能转变成燃烧再转变成爆炸，从而造成迟爆事故。

2.2.2　炸药爆炸的特征

炸药爆炸属于典型的化学爆炸。化学爆炸的能量来源于物质内部的化学反应，然而不是任何化学反应都可以转化成爆炸，只有达到或具备某些条件时，化学爆炸才能够发生。分析炸药的爆炸现象可知，炸药爆炸的一瞬间，会形成烟雾，产生巨响，并可以见到火光，据此可以得出炸药爆炸具有以下三个特征：

（1）反应过程的放热性。爆炸是能量的急剧释放过程，爆炸必须是放热反应。放热是对外做功的基础，只有放出的热量足够多，才能使爆炸反应自行延续；只有放出的热量足够多，才能除了热量损失后还有富余的能量对周围介质做功。例如草酸盐的分解反应方程式为：

$$ZnC_2O_4 \longrightarrow Zn + 2CO_2 - 20.5kJ/mol$$

$$PbC_2O_4 \longrightarrow Pb + 2CO_2 - 69.8kJ/mol$$

$$HgC_2O_4 \longrightarrow Hg + 2CO_2 + 72.3kJ/mol$$

$$Ag_2C_2O_4 \longrightarrow 2Ag + 2CO_2 + 123.3kJ/mol$$

ZnC_2O_4 和 PbC_2O_4 的分解是吸热反应，不能发生爆炸，而 HgC_2O_4 和 $Ag_2C_2O_4$ 的分解是放热反应，能够发生爆炸。再如硝酸铵的分解反应方程式为：

$$NH_4NO_3 \xrightarrow{\text{低温加热}} NH_3 + HNO_3 - 170.5kJ/mol$$

$$NH_4NO_3 \xrightarrow{\text{雷管引爆}} 2H_2O + \frac{1}{2}O_2 + N_2 + 126.2kJ/mol$$

低温加热时为吸热反应，不爆炸，雷管引爆时才发生爆炸。

炸药爆炸后释放热量的多少，用爆热来表示。爆热是指单位质量炸药爆炸后释放的热量，一般工业炸药释放出来的热量约为 2900～6300kJ/kg。

（2）反应过程高速进行。单从放出的热量来比较，单位质量炸药爆炸释放的能量与单位质量一般的燃料燃烧释放的能量相比并不高。例如，1kg 煤在空气中燃烧所释放出来的能量为 10032kJ，远远大于 1kg 炸药在空气中爆炸所释放出来的能量，然而由于煤的燃烧速度低、能量释放缓慢，反应释放出的热量大部分散失到空气中而无法达到较高的能量密度。所以爆炸反应必须具备的另一个条件是反应速度极高。一卷炸药可在 10^{-6}～10^{-5}s 内就反应完毕，实际上可以近似地认为爆炸反应所放出的能量全部聚集在炸药爆炸前所占据的体积内，因而造成了一般化学反应无法达到的能量密度。表 2-1 列出了某些炸药爆炸和燃料混合物燃烧后所达到的能量密度。

表 2-1　某些炸药和燃料混合物的能量密度

炸药或燃料混合物名称	单位质量物质释放的热量/$kJ \cdot kg^{-1}$	单位质量物质反应后的能量密度/$kJ \cdot L^{-1}$
梯恩梯	4222	6772
硝化甘油	6207	9948
黑索今	5359	8569
碳氧混合物	8945	17.1
氢氧混合物	13501	7.1

炸药爆炸时，在极短的时间内将能量全部释放出来，可以把气体加热到 2000 ~ 3000℃，压力高达数十万个大气压。炸药的爆炸反应速度用爆速来表示。普通工业炸药爆速大于 3000m/s，单质猛炸药爆速可达到 6500 ~ 7000m/s。

（3）反应过程必须放出大量的气体产物。炸药爆炸时之所以能够膨胀做功并对周围介质造成破坏，原因之一在于炸药爆炸瞬间有大量气体产物生成。放热是做功的基础，气体产物是做功的媒介。由于气体在标准状态条件下的密度比固体和液体物质小得多，在爆炸瞬间，炸药由固体转化为气体，再加上反应放出的热量，使气体处于强烈的压缩状态并形成高温高压。气体具有较高的膨胀系数，爆炸一瞬间，处于强烈压缩状态的爆炸气体产物迅速膨胀，使炸药的势能转变为爆炸机械功。炸药释放气体越多，气体产物可达到的压力越高。

炸药爆炸反应放出气体产物的多少，用爆容来表示。爆容是指单位质量的炸药爆炸后所释放出来的气体在标准状态下的体积。一般工业炸药的爆容为 600 ~ 900L/kg。

以上三个特征，是化学爆炸反应所必备的三个条件，三者缺一不可，又称为化学爆炸的三要素。

2.3 炸药的起爆与感度

2.3.1 起爆与起爆能

炸药是具有相对稳定性的不稳定体系，是矛盾的对立统一体。炸药的起爆就是从稳定状态到不稳定状态的转化过程。如果没有外界能量的作用，炸药可以保持它的平衡状态。要想打破它的平衡状态，必须从外界施加足够的能量。如图 2-1 所示的三个基团，其中化学性质较活泼的基团 A_1 和 A_2 相互隔离而分别同化学性质较稳定的基团（通常为氮原子）相键合。此时三个基团处于统一状态，炸药相对稳定。一旦这样的暂时键合遭到破坏，则 A_1 和 A_2 就会重新结合组成新的稳定体系（爆轰产物），同时放出大量的热。若 A_1 是氧原子，A_2 是碳和氢原子，则新的化学体系是气体产物 CO_2、CO 和 H_2O。

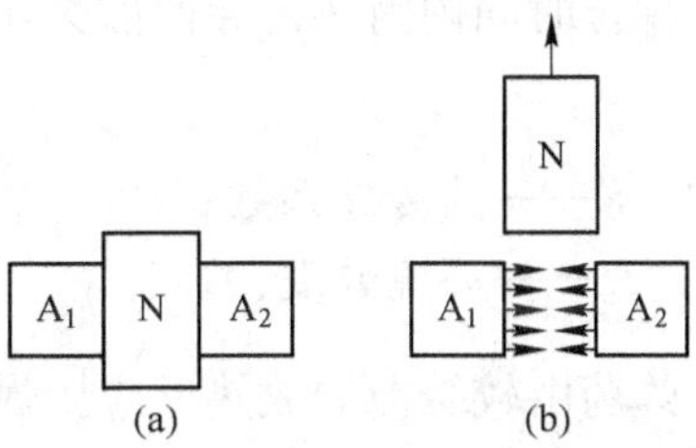

图 2-1　炸药爆炸化学体系变化示意图
（a）爆炸前；（b）爆炸后

从化学反应角度看，根据活化能理论，化学反应只是在具有活化能量的活化分子相互接触和碰撞时才能发生，活化分子具有比一般分子更高的能量，为了起爆，就必须有足够的能量使部分炸药分子变成活化分子，活化分子的数量越多，起爆越容易。

在外界能量作用下引起炸药爆炸的作用称为起爆。

引起炸药爆炸的外界能量称为起爆能。起爆能有以下三种形式：

（1）热能。利用加热作用使炸药起爆，如火焰、火星、电热等形式。例如用导火索的火焰引爆火雷管。

（2）机械能。通过撞击、摩擦、针刺、振动等机械作用使炸药内部分子产生强烈的相对运动，并在瞬间产生热效应，发生爆炸。

（3）爆炸冲能。利用一种炸药产生的爆轰波的冲击作用及气体产物的高温和高压作用引起另一种炸药的爆炸，如用雷管起爆炸药。

外界能量是否能够起爆炸药，或者说炸药能否被起爆以及起爆是否容易，与起爆能大小和形式有关。

2.3.2 起爆机理

2.3.2.1 热能起爆机理

通常的解释是，炸药在热能作用下，产生热分解反应。反应放出的热量促使反应加速，放出更多的热量，当反应速度达到一定值时，就发生爆炸，此时单位时间内放出的热量大于单位时间内损失的能量，在炸药中产生热量积累，使爆炸能够自行传播。所以只有外界热能达到一定值时，才能引起爆炸，热能很小，虽然也能引起热分解，但不会引起爆炸。

根据化学反应动力学，炸药温度为 T 时，单位时间内因化学反应而放出的热量为：

$$Q_1 = Ze^{-\frac{E}{RT}}mq \tag{2-1}$$

式中 Z——与分子碰撞概率有关的系数；

E——炸药的活化能，kg/mol；

T——炸药的温度，℃；

R——气体常数；

m——炸药量；

q——单位质量炸药放出的热量。

单位时间内因热传导而散失于环境中的热量为：

$$Q_2 = K(T - T_0) \tag{2-2}$$

式中 K——热传导系数；

T_0——环境温度，℃。

炸药由较缓慢的放热反应到爆炸（急剧反应）须具备两个条件，即：$Q_1 \geqslant Q_2$，$\frac{dQ_1}{dT} \geqslant \frac{dQ_2}{dT}$，同时满足这两个条件，才能使反应一直加速直至爆炸。如图 2-2 所示，Q_1 为得热线，Q_2 为失热线。

可以看出，当环境温度为 T_{02} 时，在 C 点左边，$Q_1 > Q_2$，$\frac{dQ_1}{dT} < \frac{dQ_2}{dT}$，不具备爆炸条件，但会产生热积累，反应加速，温度上升，至 C 点，$Q_1 = Q_2$，$\frac{dQ_1}{dT} = \frac{dQ_2}{dT}$，处于相对平衡状态。此时只要 T 稍有增加，就会越过 C 点，使 $Q_1 > Q_2$，且 $\frac{dQ_1}{dT} > \frac{dQ_2}{dT}$，发生爆炸。可见，$T_{02}$ 是一个临界点。当环境温度小于 T_{02} 时，不具备爆炸

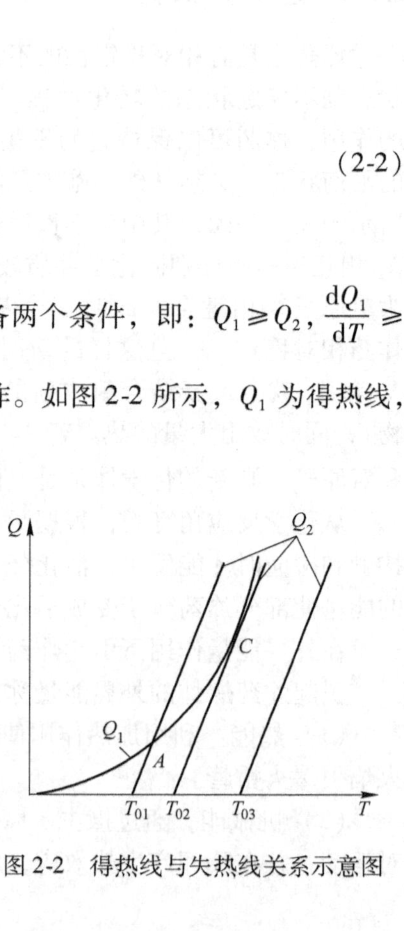

图 2-2 得热线与失热线关系示意图

条件，反应会维持在某一点（A 点）上，稳定地缓慢进行，不能引起爆炸。环境温度大于 T_{02} 时，$Q_1 > Q_2$，$\frac{dQ_1}{dT} > \frac{dQ_2}{dT}$，具备了爆炸条件，炸药温度会不断升高，反应一直加速进行，直至爆炸。T_{02} 是使炸药发生爆炸的最低的环境温度，称为炸药的爆发点。

爆发点除与炸药本身的性质有关外，还与药量和外界条件有关，随炸药量 m 的增加，爆发点下降；随热传导系数 K 的增加，爆发点升高。

2.3.2.2 机械能起爆机理

机械能起爆机理可以用热点学说来解释。热点学说认为，炸药在撞击、摩擦等机械作用下，机械能转变成热能，在炸药内部产生热量；热量来不及均匀地分布于炸药的每一部分当中，而是集中在个别的小点上，使这些小点的温度急剧上升；当个别小点处炸药的温度达到爆发点时，在这些小点处首先发生爆炸，释放热量，再扩展至全部炸药的爆炸。

这种局部温度很高的小点，称为热点，也称为灼热核或反应中心。

实验表明，热点的产生有很多途径，主要有以下三种原因：

（1）绝热压缩炸药中的微小气泡。无论是固体炸药还是液体炸药，在其内部都存在着大量的空隙和微小气泡。外界的机械作用会压缩炸药内部的微小气泡，由于压缩作用非常快，作用时间短，热量损失少，这个过程可以认为是绝热过程。微小气泡受到绝热压缩会使压力和温度升高，形成热点。

（2）摩擦形成热点。在外界机械作用下，炸药内部颗粒与颗粒之间、药层与药层之间、炸药颗粒与掺和物之间，相互摩擦生热从而形成热点。

（3）液态或低熔点炸药的黏性流动。对于液态炸药，在外界机械作用下，液态炸药层与层之间产生相对运动也会产生热量从而形成热点。

热点的形成是炸药在机械能作用下发生爆炸的首要条件，但并不意味着所有的热点都能发展为爆炸。例如用 α 粒子轰击炸药，由于形成的热点太小，只能使热点附近炸药变黑，并不能引起爆炸。通过实验可知，热点只有具备以下条件时才能发展为爆炸：

（1）热点的温度不小于 300～600℃，一般视炸药品种而定；热点半径足够大，达到 10^{-3}～10^{-5}cm；

（2）作用时间在 10^{-7}s 以上；

（3）具有足够大的热量，应不小于 4.18×10^{-8}～4.18×10^{-10}J。

2.3.3 炸药的感度

炸药在外界能量作用下发生爆炸的难易程度称为炸药的感度。不同的起爆能用不同的起爆感度来表示。

2.3.3.1 热感度

热感度是指在热能作用下引起炸药爆炸的难易程度，包括加热感度和火焰感度。

加热感度用爆发点来表示。图 2-3 所示为爆发点测

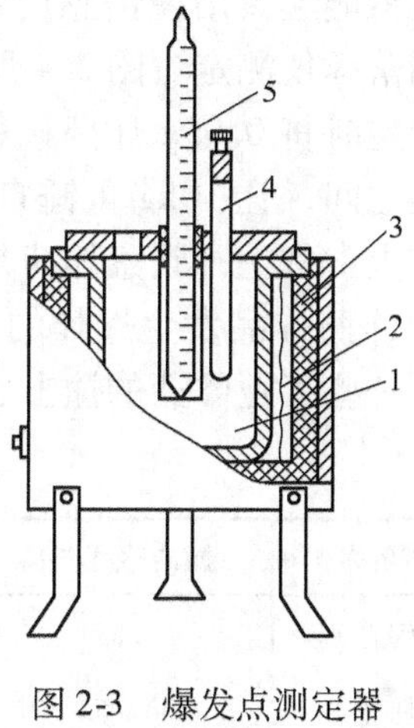

图 2-3 爆发点测定器

1—合金浴锅；2—电热丝；3—隔热层；4—铜试管；5—温度计

定器，内装低熔点合金浴（常用伍德合金，熔点65℃），以电热丝加热，在夹层套间有隔热层以防止热损失。

测定时，用电热丝加热使合金温度上升至预计的爆发点，然后将装有0.05g炸药试样的铜试管迅速插入合金浴中，同时用秒表记录至爆炸所经历的时间，此时间为爆发延滞期，投入试样时合金浴的温度即为该延滞期的爆发点。调节合金浴的温度反复试验，测得延滞期正好为5min时的合金浴的温度即为该炸药的爆发点。表2-2为一些炸药的爆发点。

表2-2 一些炸药的爆发点

炸药名称	爆发点/℃	炸药名称	爆发点/℃
二硝基重氮酚	170~175	太安	205~215
胶质炸药	180~200	黑索今	215~235
雷汞	170~180	梯恩梯	290~295
特屈儿	195~200	硝酸铵类炸药	280~320
硝化甘油	200~205	氮化铅	330~340

火焰感度常用炸药对导火索喷出火焰的最大引爆距离来表示。将0.05g炸药试样装入火帽中，调节导火索与火帽中炸药的距离。点燃导火索，测定导火索末端喷出火焰引爆炸药的最大距离。一般采用6次平行试验的平均值作为该炸药的火焰感度。根据需要还可以测定不能引爆炸药的最小距离，表征炸药的安全性。

2.3.3.2 机械感度

机械能起爆用撞击感度和摩擦感度来表示。撞击感度用落锤仪测定。图2-4所示为垂直落锤仪。

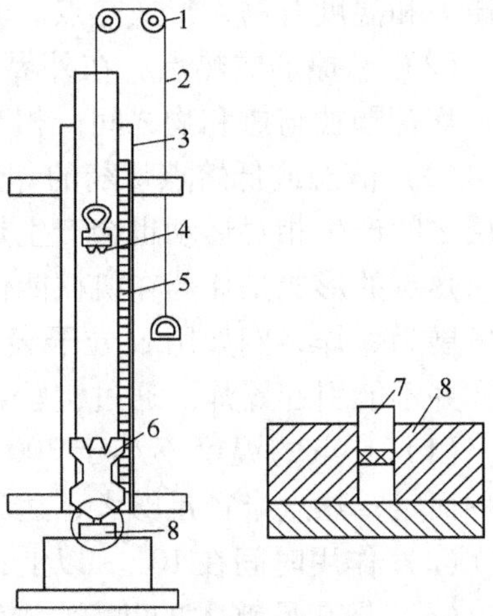

图2-4 垂直落锤仪

1—滑轮；2—钢丝绳；3—导轨；4—钢爪；5—刻度尺；6—落锤；7—击柱；8—套筒

测定时将0.05g炸药试样置于击砧套筒内上、下两击柱之间，让10kg重锤自20cm的高度自由下落而撞击在上击柱上，观察炸药是否爆炸。采用25次平行试验中炸药样品发生爆炸的百分率作为该炸药的撞击感度。一些工业炸药的撞击、摩擦感度见表2-3。

表2-3 一些工业炸药的撞击、摩擦感度

炸药名称	撞击感度/%	摩擦感度/%	炸药名称	撞击感度/%	摩擦感度/%
粉状梯恩梯	28	0	2号岩石铵梯	32~40	16~20
特屈儿	44~52	24	3号煤矿铵梯	32~40	24~36
黑索今	75~80	90			

起爆药的撞击感度很高，可用弧形落锤仪（图 2-5）测定。以重锤落下后炸药试样全部爆炸时重锤的最小下落高度作上限距离，以炸药试样全部不爆炸时重锤的最大下落高度为下限距离。试验药量 0.02g，平行试验 10 次以上。表 2-4 列出了几种常用起爆药的撞击感度的下限和下限值。

表 2-4 几种常用起爆药的撞击感度

炸药名称	锤重/g	上限距离/mm	下限距离/mm
雷 汞	480	80	55
叠氮化铅	975	235	65 ~ 70
二硝基重氮酚	500		225

摩擦感度用摆式摩擦仪来测定，测试原理如图 2-6 所示。施加静载荷的击柱之间夹有炸药试样。在摆锤打击下，上下两击柱间发生水平移动以摩擦炸药试样，测定炸药试样爆炸百分率。试验药量 0.02g，摆重 1500g，摆角 90°，平行试验 25 次。一些工业炸药的摩擦感度值参见表 2-3。

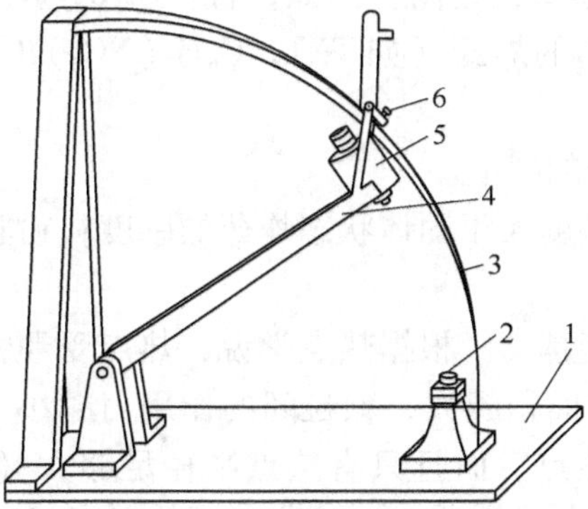

图 2-5 弧形落锤仪示意图
1—钢底座；2—撞击装置；3—弧形架；
4—轴架；5—锤头；6—定位钩

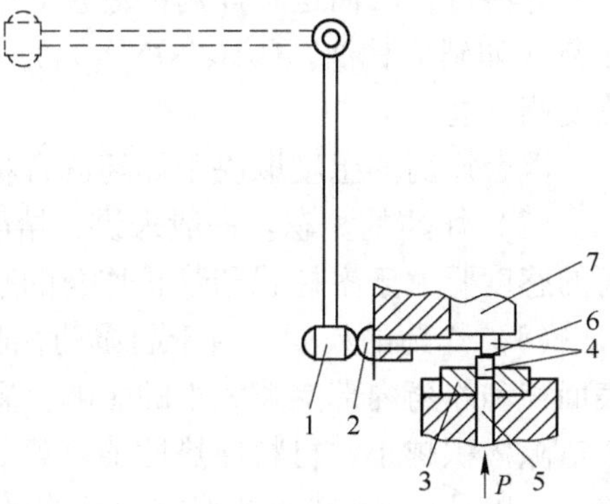

图 2-6 摆式摩擦仪试验原理示意图
1—摆锤；2—击杆；3—导向套；4—击柱；
5—活塞；6—试样；7—顶板

2.3.3.3 爆炸冲能感度

单质猛炸药的爆炸冲能感度可用极限起爆药量来表示。将 0.5g 受试炸药以 50MPa 的压力压入 8 号铜皮雷管壳中，然后装入定量的起爆药，扣上加强帽，再以 30MPa 的压力压药。用导火索点燃起爆药引爆炸药。通过增减起爆药量反复试验可测出该炸药爆炸所需要的最小起爆药量。表 2-5 为几种单质猛炸药的极限起爆药量值。

表 2-5 几种单质猛炸药的极限起爆药量值 (g)

起爆药名称	梯恩梯	特屈儿	黑索今
雷 汞	0.24	0.19	0.19
叠氮化铅	0.16	0.10	0.05
二硝基重氮酚	0.163	0.17	0.13

混合炸药由于不能用少量的起爆药起爆，故常用殉爆距离来表示炸药的爆炸冲能感度。如图 2-7 所示，取一种炸药的两个药卷分别作为主爆药包和从爆药包，被置于直径略大于药卷直径的半圆槽中，两药卷在同一轴线上，相距一定的距离。在主爆药包前端插入一发 8 号雷管，引爆主爆药包，当两药包距离小于一定值时，从爆药包被引爆。使从爆药包被引爆的两药包间的最大距离就是该炸药的殉爆距离。

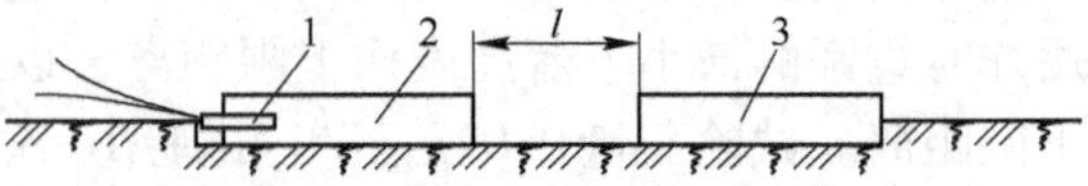

图 2-7　炸药殉爆距离测定示意图
1—雷管；2—主爆药包；3—从爆药包

殉爆距离的测定由于简便易行，常用来作为工业炸药爆炸性能检验的一个重要指标。

2.3.4　影响炸药感度的因素

影响炸药感度的因素主要有：

（1）炸药的化学结构。炸药的感度首先由本身的结构所决定，在炸药的分子结构中，原子和原子之间结合得越牢固，则为了破坏这种结构而另行组成新的化学结构就需要更多的外界能量，因而这种炸药的感度也就越低，反之感度就越高。例如，含—ONO_2 基团的炸药（如硝化甘油，$C_3H_5(ONO_2)_3$）比含—NO_2 基团的炸药（如 TNT，$C_6H_2(NO_2)_3CH_3$）感度高一些。

混合炸药的感度取决于炸药混合物中最敏感组分的感度。

（2）炸药的相态。一般来讲，熔融状态炸药的感度大于固体状态炸药的感度；粉状炸药的感度要大于融柱状和浆状炸药的感度。

（3）炸药的粒度。对于起爆药，晶粒越大，感度越高。根据热点学说，热点受颗粒比表面积和炸药内部空隙大小的影响。颗粒越细，比表面积越大、颗粒间的作用力越小、单个空隙体积越小、材料导热性能越好，越不易形成热点。而且只有热点半径足够大（$r = 10^{-3} \sim 10^{-5}$cm），热点才能够引起炸药爆炸。因此撞击感度、摩擦感度随粒度的减小而降低。对于混合炸药，颗粒越小，感度越高。由于混合炸药一般颗粒较大，颗粒越大，形成热点所需要的能量越高，形成热点变得越困难。

（4）炸药的密度。对于粉状炸药，在一定的范围内，随着密度的增大，感度增高，超过一定值时，感度随之下降，如果密度过高，甚至会拒爆。

（5）微小气泡。微小气泡是炸药形成热点的原因之一，所以在制造炸药时加入一定量的发泡剂有利于提高炸药感度。

（6）掺和物。在炸药中加入一些硬度高、熔点高、有棱角的物质，如石英砂、玻璃碎屑等能提高炸药的撞击和摩擦感度。反之，加入一些熔点低，硬度低的物质（如石蜡、石墨）等能够降低炸药的撞击和摩擦感度。

2.4　炸药的爆轰理论

炸药的起爆是从局部开始的，即局部炸药发生爆炸后释放的能量再引爆相邻炸药爆炸，使爆炸反应扩展至整个炸药。炸药一经起爆至整个炸药全部爆炸，就是炸药的爆轰过程。炸药起爆后能否使爆轰过程完成，取决于炸药本身的性质及环境条件。研究炸药的爆轰过程，保证整个药包的全部爆炸，具有重要的意义。

2.4.1 冲击波的基本概念

介质内部质点的局部变化称为扰动，波是介质内部质点扰动的传播。在任何波的传播过程中的任何时刻，介质都分成两个区域，介质状态参数发生了改变的区域称为扰动区，介质状态参数未发生改变的区域称为未扰动区。两个区域的分界面称为波阵面，波阵面移动的速度称为波速。

波阵面过后（扰动区内）介质状态参数（p，ρ，T）增加了的波，称为压缩波。压缩波的特点是扰动区内介质质点的运动方向与波的传播方向相同。

波阵面过后介质状态参数（p，ρ，T）下降了的波，称为稀疏波。稀疏波的特点是扰动区内质点的运动方向与波的传播方向相反。

扰动前后介质的状态参数变化量很小的扰动称为弱扰动，弱扰动的传播称为弱扰动波。弱扰动波的特点是波阵面处的状态参数变化是个微分量，波形是渐变的和连续的。理论计算表明，弱扰动波的波速等于该介质中的声速。

如果扰动过后介质的状态参数发生突跃的变化，这种扰动就称为强扰动。冲击波是一种强扰动波，波阵面处的介质状态参数变化是个突跃的有限量，波阵面较陡。

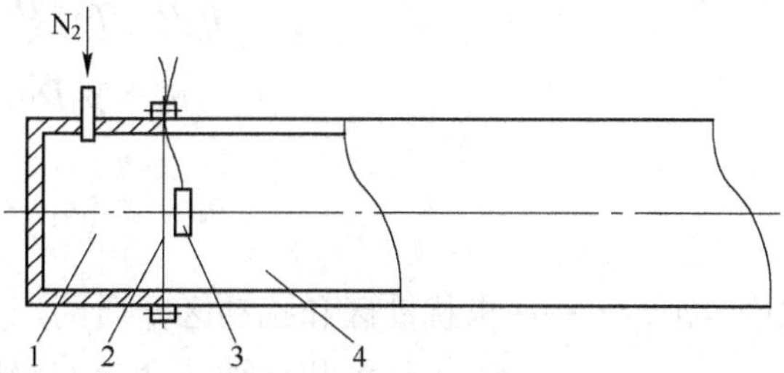

图 2-8 冲击波管示意图

1—高压室；2—明胶片；3—电发火头；4—空气室

冲击波可由冲击波管来形成，如图2-8所示。用明胶片将装有高压氮气的高压室同空气室隔开。电发火头将明胶片炸破后，高压氮气突然向右膨胀，不断压缩空气室内的空气，在空气室内形成冲击波。

图 2-9 所示为活塞在充满气体的管中加速运动时冲击波的形成过程。

在 $t=\tau_0$ 时刻，管中的活塞静止，管中的气体未受扰动，气体的状态参数为（p_0，ρ_0，T_0，u_0），$u_0=0$。

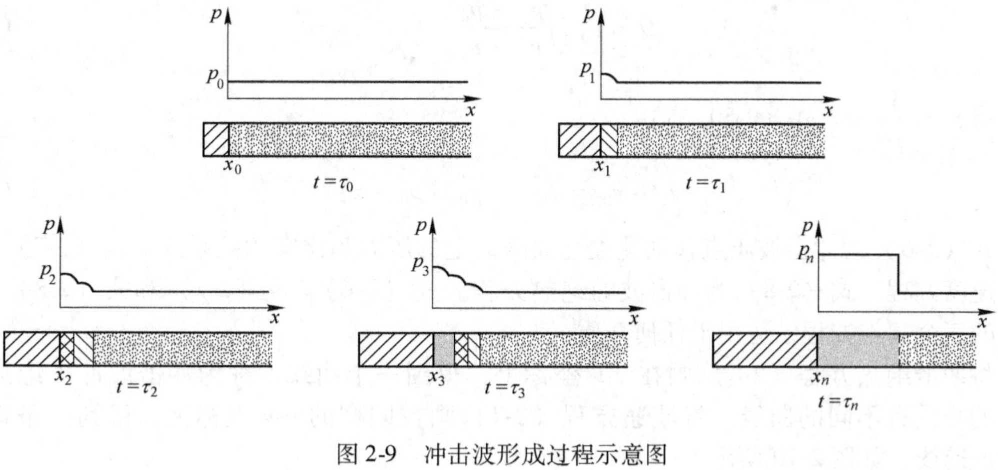

图 2-9 冲击波形成过程示意图

当 $t=\tau_1$，活塞从静止开始做加速运动至 x_1，在空气介质中产生一道压缩波，使介质的状态参数变为（p_1，ρ_1，T_1，u_1），由于是弱扰动，波速 $D_1=c_0$。

当 $t=\tau_2$ 时，活塞继续加速运动至 x_2，在已经扰动的区域内再形成一个压缩波，使介质的状态参数变为（p_2，ρ_2，T_2，u_2）。波速为 $D_2=u_1+c_1$。

如果活塞继续加速运动，至 $t=\tau_n$ 时，就会在管子中形成第 n 道压缩波，波阵面参数为（p_n，ρ_n，T_n，u_n），波速为 $D_n=u_{n-1}+c_{n-1}$。由于 $u_{n-1}>\cdots>u_2>u_1>u_0$，$c_{n-1}>\cdots>c_2>c_1>c_0$，有 $D_{n-1}>\cdots>D_3>D_2>D_1$，所以，经过一段时间后，后面形成的压缩波必然会追上前面的压缩波最终形成一个波阵面较陡的强压缩波，这种强压缩波就是冲击波，波阵面的状态参数发生了突跃的变化，波速远远大于介质中的声速。

2.4.2 冲击波基本方程

以平面正冲击波为例，因为冲击波的波速非常快，所以可假定冲击波的传播是绝热过程，根据质量守恒、动量守恒和能量守恒可以建立冲击波的基本方程。

$$\rho_0 D=\rho_1(D-u_1) \tag{2-3}$$

$$p_1-p_0=\rho_0 D u_1 \tag{2-4}$$

$$p_1 u_1=\left(e_1-e_0+\frac{1}{2}u_1^2\right)\rho_0 D \tag{2-5}$$

式中 p_0，p_1——未扰动区和扰动区介质的压力；
ρ_0，ρ_1——未扰动区和扰动区介质的密度；
e_0，e_1——未扰动区和扰动区单位介质的内能；
u_1——扰动区介质质点的移动速度；
D——波速。

将式（2-3）、式（2-4）联立，用比容 $\nu=\frac{1}{\rho}$ 代替 ρ，则有：

$$u_1=\sqrt{(p_1-p_0)(\nu_0-\nu_1)} \tag{2-6}$$

$$D=\nu_0\sqrt{\frac{p_1-p_0}{\nu_0-\nu_1}} \tag{2-7}$$

将 $\nu=\frac{1}{\rho}$ 带入式（2-5）有：

$$e_1-e_0=(p_1+p_0)(\nu_0-\nu_1) \tag{2-8}$$

式（2-6）为冲击波质点移动速度与波阵面上的压力和比容的关系式，式（2-7）为冲击波速度方程，式（2-8）为冲击波的绝热方程。式（2-6）、式（2-7）和式（2-8）是冲击波的三个基本方程，适用于任何介质。

将冲击绝热方程（2-8）画在 p-ν 坐标上，得到一个曲线，称为冲击波冲击绝热线，不同的介质有不同的曲线。将波速方程（2-7）画在同样的 p-ν 坐标上，得到一条直线，称为波速线，如图 2-10 所示。

冲击绝热曲线和波速线的交点 $B(p_1, \nu_1)$ 正是冲击波波阵面上介质的状态，波速不同交点不一样，由此可以得出结论：

（1）冲击波的冲击绝热线是不同波速的冲击波传过同一初始状态 $A(p_0, \nu_0)$ 的同一种介质后所到达的终点状态（B，B_1'，B_2'）的连线，而不是过程线。

（2）冲击波的波速线乃是具有同一波速的冲击波传过具有同一初始状态的不同介质所达到的终点状态（B，B_1，B_2）的连线。

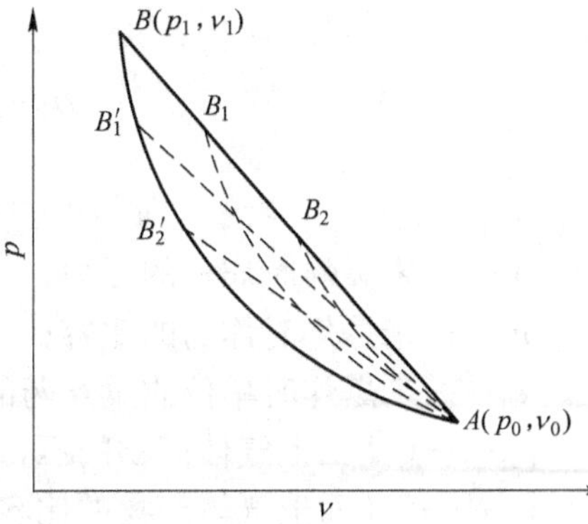

图 2-10　冲击波冲击绝热线和波速线

2.4.3　爆轰波结构

炸药的爆炸是这样一个过程：有一个状态参数的突增面在炸药中传播，或者说，有个强压缩波在炸药中传播，这个波就是冲击波；这个突增面所到之处，引起炸药的爆炸反应，放出热量和气体，并为冲击波的传播提供能量。

这种在炸药中传播的冲击波，与一般的冲击波不同，在波阵面后面有一个化学反应区，为其传播提供能量，这种在炸药中传播的特殊形式的冲击波称为爆轰波。爆轰波的传播过程就是炸药的爆轰过程。前沿冲击波连同后面的化学反应区称为爆轰波的波阵面。

爆轰波的结构，可以用 Z-N-D 模型来描述。如图 2-11 所示，爆轰波由前沿冲击波（0—0 面）和紧跟在后面的化学反应区构成，它们以同样的速度向前传播，爆轰波的波速称为爆速。0—0 面右侧，炸药处在原始状态，是未反应区；0—0 面左侧，开始有压力作用，到 1—1 面急剧上升到最高点，炸药在高压作用下开始反应，0—1 部分是前沿冲击波的波阵面。炸药从 1—1 面开始反应，到 2—2 面反应结束，1—2 部分是化学反应区，2—2 面则为反应终了面，一般称为 C-J 面。C-J 面左侧，炸药全部反应结束，称为爆轰产物区。

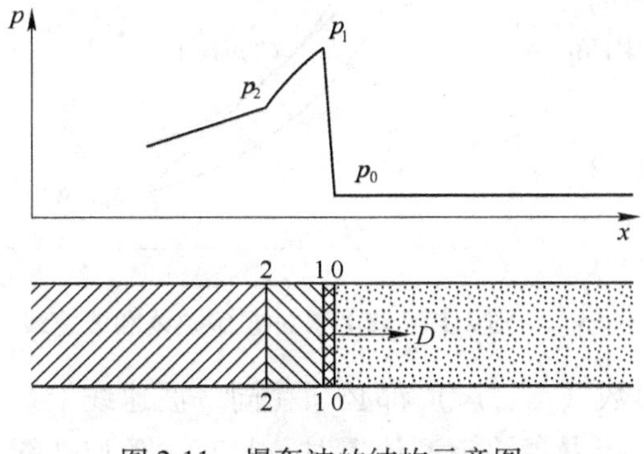

图 2-11　爆轰波的结构示意图

从压力来讲，压力 p 从 0—0 面开始上升，到 1—1 面达到最大值 p_1，然后随着化学反应的进行，压力逐渐下降，到 C-J 面处压力下降至 p_2，再以后压力下降缓慢。

爆轰波具有以下特点：

（1）爆轰波只存在于炸药的爆轰过程中，爆轰波的传播随着炸药的爆轰结束而终止；

（2）爆轰波波阵面的宽度远远大于冲击波阵面的宽度，一般 0.1～10mm，如硝化甘油为 0.2mm；

（3）爆轰波参数以 C-J 面上的状态参数表示。

2.4.4　爆轰波基本方程

爆轰波是一种特殊形式的冲击波，冲击波的基本方程也适用于爆轰波。

$$u_H = \sqrt{(p_H - p_0)(\nu_0 - \nu_H)} \tag{2-9}$$

$$D = \nu_0 \sqrt{\frac{p_H - p_0}{\nu_0 - \nu_H}} \tag{2-10}$$

$$e_H - e_0 = (p_H + p_0)(\nu_0 - \nu_H) + Q_V \tag{2-11}$$

式中 p_0——未爆炸时炸药的压力；
ν_0——未爆炸时炸药的比容；
e_0——未爆炸时单位质量炸药的内能；
p_H——C-J 面上气体产物的压力；
ν_H——C-J 面上气体产物的比容；
e_H——C-J 面上单位质量气体产物的内能；
u_H——C-J 面上气体产物质点移动速度；
D——爆速；
Q_V——单位质量的炸药爆炸后所释放出来的热量，即爆热。

式（2-10）、式（2-11）分别称为爆轰波的波速方程和爆轰波的冲击绝热方程。

将爆轰波的波速方程和冲击绝热方程画在 p-ν 坐标上，得到爆轰波的波速线和冲击绝热线。在同一坐标上，画出前沿冲击波的冲击绝热线，如图 2-12 所示。

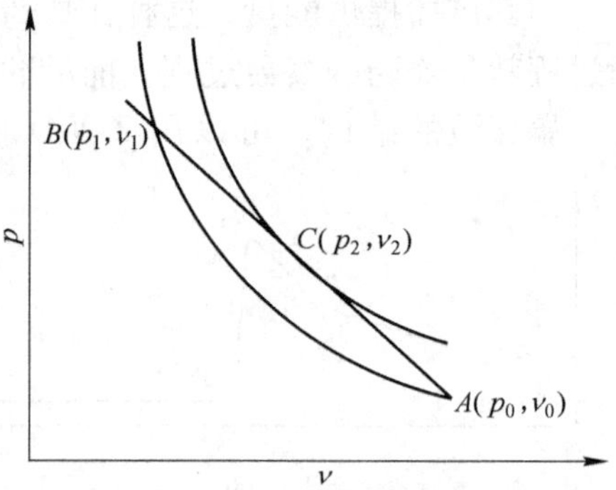

图 2-12 爆轰波冲击绝热线和波速线

根据查普曼（Chapman）和朱格（Jonget）两人的研究结果，爆轰波以某一特定的速度定型传播时，化学反应终了状态（C-J 面）与前沿冲击波以相同的速度 D 向前传播，即：

$$D = c_H + u_H \tag{2-12}$$

式中 D——爆速；
c_H——C-J 面处爆轰气体产物的声速；
u_H——C-J 面处爆轰气体产物质点的速度。

前沿冲击波的参数（p_1，ν_1）和爆轰波的参数（p_2，ν_2）都必须在同一波速线上。过冲击波和爆轰波冲击绝热线可以做许多波速线，当爆轰波定型传播时，只有一条波速线与之对应，就是与爆轰波绝热线相切的波速线。$C(p_2, \nu_2)$ 就是 C-J 面上的状态参数，而与冲击波绝热线的交点 $B(p_1, \nu_1)$ 是前沿冲击波的波阵面参数。

式（2-12）即为爆轰波定型传播的条件，称为 C-J 方程或 C-J 条件。

在化学反应区后面，炸药爆炸后，气体质点膨胀，压力下降，说明有一个稀疏波跟在反应区的后面，稀疏波的波阵面就是 C-J 面，稀疏波的波速与爆速相等。

2.4.5 爆轰波参数

实际应用的炸药，一般是凝聚态（固体或液体），凝聚态炸药爆轰产物的状态方程可以简化为：

$$p = A\rho^K \tag{2-13}$$

式中 A——与炸药有关的常数；

K——绝热指数。

根据爆轰波的基本方程、C-J 方程和状态方程，可以推导出爆轰波参数的近似计算公式：

$$u_H = \frac{1}{K+1}D \tag{2-14}$$

$$p_H = \frac{1}{K+1}\rho_0 D^2 \tag{2-15}$$

$$\rho_H = \frac{K+1}{K}\rho_0 \tag{2-16}$$

$$D = \sqrt{2(K^2-1)Q_V} \tag{2-17}$$

式(2-14)～式(2-17)中，绝热指数 K 的计算比较复杂，对于高密度的凝聚炸药（$\rho_0 > 1.5\text{g/cm}^3$）而言可以近似地取 $K=3$。所以，上述参数就可以写为：$p_H = \frac{1}{4}\rho_0 D^2$，$\rho_H = \frac{4}{3}\rho_0$，$u_H = \frac{1}{4}D$，$D = 4\sqrt{Q_V}$。

需要指出的是，上述公式都是近似公式，尤其是爆速的计算偏差较大，不宜采用。目前爆速可以准确地测量，在工程上一般以爆速为已知条件，估算其他爆轰参数。

2.4.6 爆轰反应机理

炸药的爆轰过程实际上是炸药在冲击波作用下连续发生化学反应的过程。化学反应区的爆轰反应机理，是与炸药的化学组成及物理状态紧密相关的。对于单质炸药，可归纳为两大类型。

第一类为均匀灼热机理，适用于化学组成上单一、物理状态均质的炸药，如不含气泡及杂质的单质液体炸药。这类炸药由于化学物理性质均匀，在冲击波作用下，同时受到作用的整个药层炸药均匀受到压缩，温度迅速上升，所有受压缩的炸药质点同时发生剧烈的化学反应。正是由于整个药层的均匀受压，要使全部炸药全部反应，需要较大的冲击波能量。另外，由于整个药层炸药同时反应，单位时间放出的热量高，势必使爆速高，化学反应区宽度小。

第二类为不均匀灼热机理，适用于不均匀的单质炸药，如含有气泡或杂质的单质液体炸药、松散多孔隙的固体单质炸药。由于其结构上不均匀，在受到冲击波的高压作用时，势必使气泡或孔隙绝热压缩，颗粒之间相互摩擦，在局部形成爆炸中心（热点），化学反应由热点开始，所以，需要的起爆能较小，反应区宽度大，反应需要的时间长，爆速低。炸药的颗粒、密度等物理因素对爆轰波的传播和爆轰参数变化的影响较大。

工业炸药一般含有多种不同性质的组分，可用混合反应机理来解释。工业炸药中的各种组分在物理性质及化学性质上均有很大的差别，有的容易分解，有的则不容易分解甚至不分解；有的爆炸感度高，有的感度低，有的本身并不具有爆炸性（如木粉）；硬度有大有小，熔点有高有低，颗粒有大有小，孔隙有大有小。这种多组分带来的不均匀性决定其反应区中化学反应具有多阶段性的特点。一般将化学反应分成两个阶段。

炸药在冲击波作用下，容易分解的组分首先分解，称为第一次反应。然后，分解产物之间，分解产物与未分解组分之间发生反应，形成爆轰产物，称为第二次反应。

图 2-13 所示为岩石铵梯炸药通过实验可以测得爆轰压力随时间的变化规律。在 t_0 时间内炸药被压缩，$t_1 - t_0$ 为第一次反应时间，$t_2 - t_1$ 为第二次反应时间。爆轰波的参数取两次反应的平均值，即：

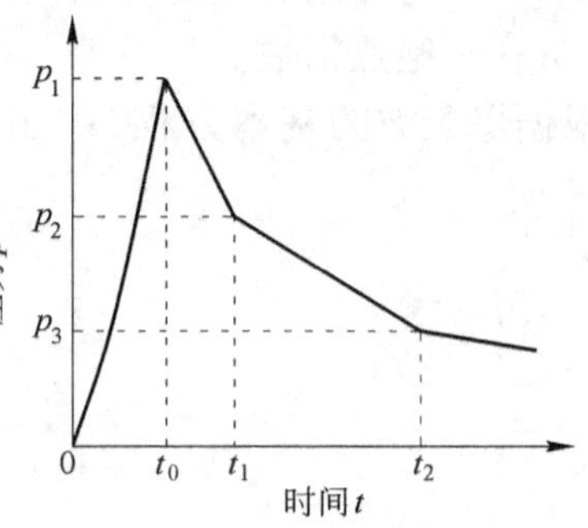

图 2-13 混合炸药爆轰波压力随时间的变化
t_0—炸药被压缩时间；$t_1 - t_0$—第一次反应时间；$t_2 - t_1$—第二次反应时间

$$p_{C\text{-}J} = \frac{1}{2}(p_2 + p_3) \tag{2-18}$$

反应时间等于两次反应时间之和。

由于反应具有多阶段性，所以具有反应区宽度更大，反应时间长，爆速低，爆轰过程受更多因素的影响等特性。

2.4.7 稳定爆轰的影响因素

炸药起爆后，爆轰波能否稳定地传播，不仅取决于炸药本身的性质，还受环境的影响。

实际上，随着爆轰波的传播，反应区介质质点也向侧向飞散，造成侧向能量的损失，为爆轰波传播而提供的能量下降，如果侧向能量损失过大，必然影响到爆轰波的稳定传播。

2.4.7.1 侧向扩散对反应区结构的影响

侧向扩散对反应区结构的影响可以用图 2-14 来说明。当爆轰波沿有限尺寸的药柱传播时，炸药表面的颗粒在受到冲击波作用的一瞬间会向外膨胀扩散，在扩散过程中继续反应，形成扩散物前峰。由于侧向扩散的作用，在化学反应区内形成了径向稀疏波。由于爆轰波的传播是靠化学反应区提供能量的，径向稀疏波所到之处，压力下降，反应释放的能量也随之向外扩散，不能够维持爆轰波的传播，只有未被稀疏波扰动的反应区释放的能量才能够维持爆轰波的传播，这部分反应区称为有效反应区。所以说，爆轰波的传播是靠有效反应区释放的能量来维持的。有效反应区释放能量的多少，直接影响到爆轰波能否稳定传播。

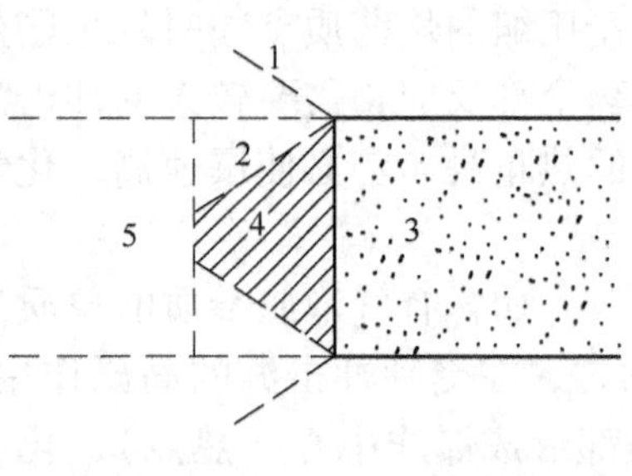

图 2-14 侧向扩散对反应区结构的影响
1—扩散物前峰；2—径向稀疏波；3—未反应区；4—有效反应区；5—爆轰产物区

2.4.7.2 药包直径的影响

通过大量的试验，人们发现药包直径对爆速影响很大，其中有两个特殊的直径：临界

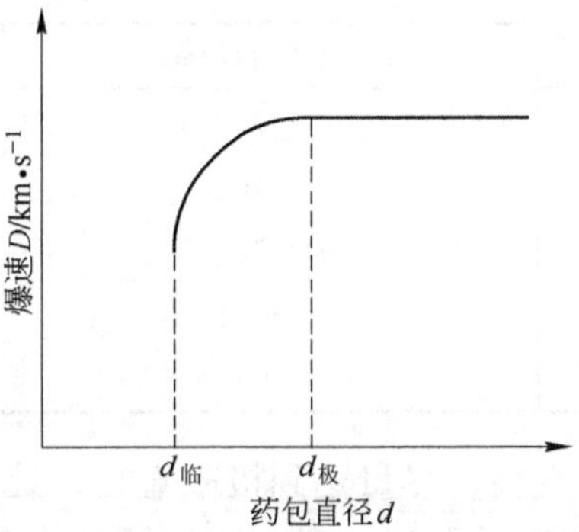

图 2-15 炸药爆速随药包直径变化

直径 $d_临$ 和极限直径 $d_极$，如图 2-15 所示。

当 $d \leqslant d_临$ 时，$D=0$，这时不发生爆轰，或爆轰不稳定；

当 $d_临 < d < d_极$，随着药包直径的增加，爆速增加，然而只要直径 d 是确定的，爆速 D 也是确定的，说明爆轰是稳定的；

当 $d \geqslant d_极$ 时，爆速不随直径 d 的改变而改变，爆速达到了最大值。

爆速不随药包直径的改变而改变，爆轰波以稳定的最大速度传播时的爆轰称为理想爆轰，反之，爆速小于最大爆速时的爆轰称为非理想爆轰。

炸药被起爆后，爆轰波能以稳定不变的速度传播下去，称为稳定爆轰。炸药起爆后，爆轰波不能以稳定不变的速度传播，而是中途停止（拒爆），称为不稳定爆轰。

能够稳定爆轰的最小直径称为临界直径，能够达到理想爆轰的最小直径称为极限直径。

药包直径对爆速的影响，可用侧向扩散对反应区结构的影响来解释。

如前所述，爆轰波的传播，是由有效反应区提供能量的，所以有效反应区所占比例的大小就决定了有效反应区内释放能量的大小，也就决定了爆速的大小。药包直径是影响有效反应区大小的一个重要因素，药包直径越大，有效反应区的比例越大，为爆轰波传播提供能量越多。当直径小于某一值 $d_临$ 时，有效反应区的能量不足以维持爆轰波的传播，爆轰中断，当直径大于某一值 $d_极$ 时，有效反应区内释放出来的能量足以维持爆轰波以最大的速度传播，达到理想爆轰。

图 2-16 所示为几种炸药的爆速随炸药药包直径的变化的实测图，从图上可以明显地看出，不同的炸药，临界直径和极限直径不同，爆速越高，临界直径和极限直径越低，反之则越高。表 2-6 和表 2-7 为一些炸药的临界直径和极限直径值。从中可以看出，TNT 的临界直径只有 6mm，2 号岩石炸药则为 15mm。

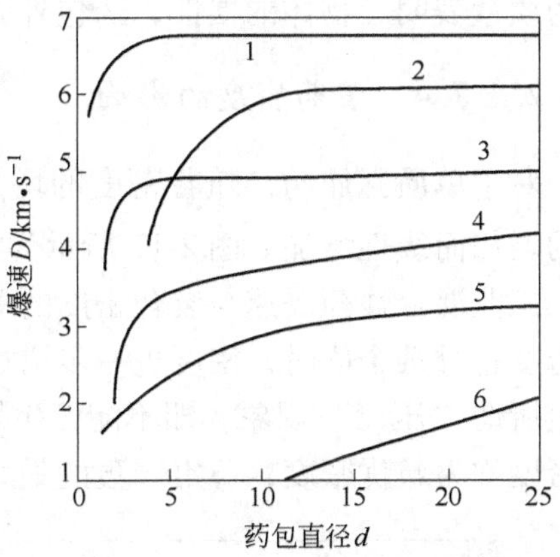

图 2-16 药包直径对爆速的影响实测图
1—梯恩梯（$\rho_0 = 1.6 g/cm^3$）；2—梯恩梯/硝酸铵（50/50）（$\rho_0 = 1.53 g/cm^3$）；3—梯恩梯（$\rho_0 = 1.0 g/cm^3$）；4—梯恩梯/硝酸铵（$\rho_0 = 1.0 g/cm^3$）；5—硝酸铵/硝化甘油（$\rho_0 = 0.98 g/cm^3$）；6—硝酸铵（$\rho_0 = 1.04 g/cm^3$）

表 2-6 一些炸药的临界直径

炸 药 名 称	临界直径/mm	炸 药 名 称	临界直径/mm
氮化铅	0.01 ~ 0.02	2 号岩石炸药	15
太 安	1.0 ~ 1.5	梯恩梯	6
黑索今	1.0 ~ 1.5	硝酸铵	100

表 2-7 一些炸药的极限直径

炸 药 名 称	密度/g·m^{-3}	极限直径/mm
熔铸梯恩梯	—	50
梯恩梯	1.6	10
梯恩梯	0.85	30
黑索今	1.0	3 ~ 4
熔铸梯/铵 (50/50)	—	120

显然，在实际爆破作业时，必须使药包直径大于临界直径，尽量达到极限直径，处于理想爆轰状态。然而有些炸药的极限直径较大，在爆破施工时很难达到，比如铵油炸药，$d = 200$mm 时仍未达到理想爆轰。

2.4.7.3 药包外壳的影响

药包有外壳时，可以减小径向扩散造成的能量损失，因而使炸药的临界直径减小，外壳材料密度越大，强度越高，越不易扩散，有效反应区比例越大，临界直径越小。例如，硝酸铵装在壁厚为 20mm 的钢管中，临界直径由 100mm 减小到 7mm。

实验研究表明，对爆速的影响起主导作用的是药包外壳的质量（或密度），强度次之。因为质量表明了物体的惯性，药包外壳质量越大，越难移动，扩散速度越慢。

2.4.7.4 装药密度的影响

对于单质猛炸药，随着密度的增加，爆速提高，并且当 $\rho_0 > 1.0\text{g/cm}^3$ 时，爆速随密度的增加而线性增加。图 2-17 所示为梯恩梯炸药爆速与密度的关系。

工业混合炸药爆速与装药密度的关系如图 2-18 所示。爆速随装药密度的增加而提高，当密度超过某个值时，密度进一步增加，爆速下降，装药密度超过某一个极限值时，就会发生所谓“压死”现象，即不能发生爆轰。所以，存在两个特殊密度，爆速达到最大值时的密度称为最优密度；稳定爆轰的最大密度称为临界密度，超过此密度就发生拒爆。

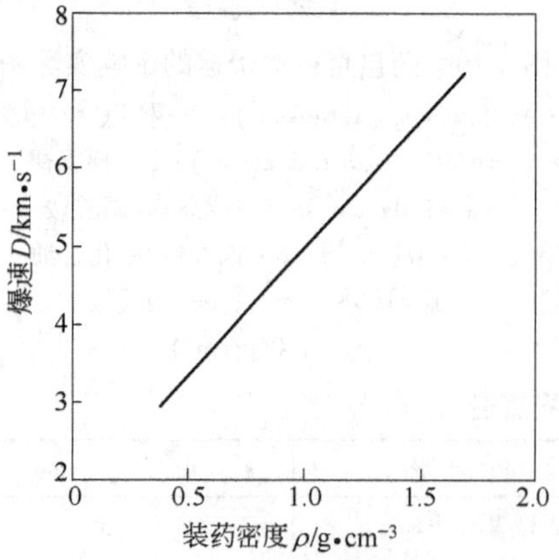

图 2-17 梯恩梯的爆速与装药密度的关系

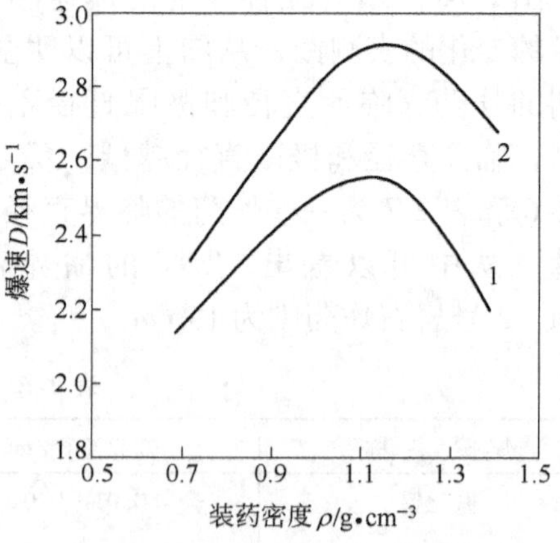

图 2-18 工业混合炸药爆速与装药密度的关系
1—药包直径为 20mm；2—药包直径为 40mm

混合炸药装药密度对爆速的影响可用混合反应机理来解释。一方面，当炸药的密度不大时，随着密度的增加，单位时间内放出的热量增加，单位时间内反应的炸药量增多，温度上升，爆速增大。由于混合炸药具有多阶段性，反应自热点开始，随着密度的增大，孔隙变小，形成热点需要的热量小，容易形成热点；当密度增大到一定程度时，孔隙越来越小，从而变得几乎没有时，就很难形成热点。密度太大，炸药颗粒之间相互移动变得困难，很难由于摩擦形成热点。所以反应需要的能量加大，反应速度减缓。

不同的炸药，最优密度和临界密度是不一样的。即使是同一种炸药，受炸药颗粒、混合程度，以及含水量等因素的影响，最优密度和极限密度也不一样。

径向间隙效应是密度对爆速影响的实例之一。径向间隙是指炮孔壁与药包之间的间隙，实践表明，当径向间隙达到一定值时，会使爆速下降，甚至导致爆轰中断，这是由于在爆轰波的传播过程中，高温高压的爆轰气体产物迅速膨胀，使其前端间隙中的空气受到强烈的压缩，从而在间隙中产生一个超前的空气冲击波，使炸药在爆轰波到达前首先受到压缩，密度升高，当密度大于最优密度时，爆速就下降。这种径向间隙对爆轰波传播的影响，称为间隙效应。实验表明，在小直径炮眼爆破时，径向间隙量为 10 ~ 15mm 时间隙效应最显著。在实际应用中，尽可能避免间隙效应的发生。

2.4.7.5 炸药粒度的影响

对于混合炸药，各种成分的颗粒越细，混合越均匀，则炸药分解反应速度越高，反应区宽度越小，有效反应区比例就越大，越有利于爆轰波的传播。

2.4.8 爆速测定方法

炸药的爆速是衡量炸药爆炸性能的一个重要指标，也是目前可以比较准确测定的一个爆破参数。爆速的精确测量为检验爆轰理论的正确性提供了依据。目前测定爆速一般采用导爆索法和电测法（GB/T 13228—1991）。

2.4.8.1 导爆索法

导爆索法又称为道特里什法，是利用已知爆速的导爆索测定炸药爆速的一种方法。测定方法如图 2-19 所示。取一定长度的导爆索（不小于 1.5m），一卷待测药包作为试样，一发雷管，一块铅板（或铝板），厚 3 ~ 5mm，宽 40 ~ 60mm，长 250 ~ 300mm，将铅板放平垫实，导爆索置于铅板之上并使中点与铅板上的 *M* 点对准（*M* 点应靠近起爆端），导爆索与铅板用胶布或胶带纸固定，两者之间留有 2 ~ 3mm 的间隙。分别将导爆索两端平行插入药包当中 *A* 点和 *B* 点，*A* 点至起爆端的距离应不小于药包直径的 2 倍，*B* 点距药包末端的距离不小于 20mm。两点距离 l 不小于 100mm，插入深度为药包的半径，在药包起爆端插入雷管起爆。起爆后，爆轰波传播到 *A* 点，分成两路，一路沿导爆索传播，

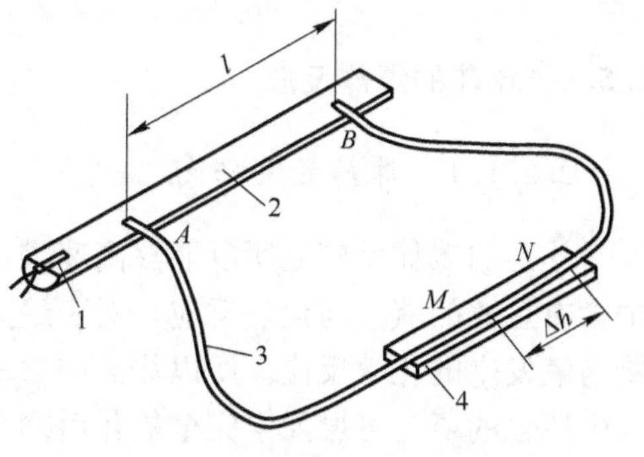

图 2-19 导爆索法测爆速

1—雷管；2—试样；3—导爆索；4—铝板或铅板

一路沿药包继续传播，沿药包传播的爆轰波传到 B 点后又传入导爆索，导爆索两端的爆轰波在 N 点相遇，在铅板上打下一个痕迹，量取 MN 两点间的距离 Δh，则可推出炸药的爆速为：

$$D = \frac{l}{2\Delta h}D_{索} \tag{2-19}$$

式中　$D_{索}$——导爆索的爆速，m/s。

导爆索测定爆速方法简便易行，不需贵重仪器，可很方便地在现场使用。测量误差一般约 3% ~5%。

2.4.8.2　电测法

测试系统如图 2-20 所示。插入到炸药中的两个传感器元件与信号形成电路相连，一般取两个元件之间的距离 $l = 50.0$mm，炸药被引爆后爆轰波传至两个传感器元件使传感器元件获得信号，通过信号形成电路转变成电信号，用测时仪器记录下爆轰波分别传至两个传感器的时间间隔，便可求出该药段的平均爆速。

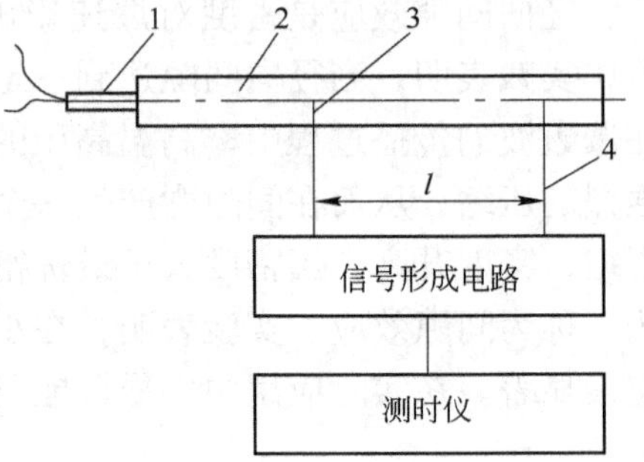

图 2-20　电测法测爆速

1—雷管；2—试样；3—传感元件；4—信号传输线

传感器元件一般采用断-通式探针传感器，探针由两根直径 0.10 ~0.15mm 的铜芯漆包线制作，两根线绞合并拉直，插入药包内部。爆轰波到达时使两根探针短路产生信号。

可使用爆速仪、数字式测时仪、带照相机或存储功能的示波器和瞬态波形记录仪等测时仪记录时间间隔。爆速仪是目前常用的一种方法，它包括接口触发电路、晶振时标电路、计数控制电路、显示器和电源电路等。由于大多数爆速仪爆速测试时间短，对晶振的要求不高，一般爆速仪晶振准确度在 10^{-4} ~10^{-5}Hz 量级，计数控制一般采用电子门控电路、分频计数电路（CMOS 或 TTL 集成电路，也有采用单片集成电路），显示器一般采用 LED 和 LCD 两种。

2.5　炸药的热化学性能

2.5.1　炸药的爆炸反应

2.5.1.1　炸药的氧平衡

炸药的爆炸反应之所以能够高速进行并释放出大量的热，其中一个重要的原因是炸药中含有足够的氧参与化学反应。对于绝大多数炸药而言，炸药的爆炸反应是炸药中的可燃物与氧发生的化学反应。所以炸药中含氧量的多少决定了炸药爆炸反应热效应的大小。炸药中所含的氧与可燃元素完全氧化后剩余或不足的氧量，称为氧平衡。氧平衡反映了炸药中的含氧量与可燃元素完全氧化所需氧量之间的关系。这种关系无非有以下三种情况，当含氧量大于需氧量时，称为正氧平衡；含氧量等于需氧量时，称为零氧平衡；含氧量小于需氧量时，称为负氧平衡。

现代工业炸药大部分都是由碳、氢、氧、氮四种元素组成的有机物，故可以用 $C_aH_bO_cN_d$ 来表示只含有这四种元素的炸药。四种元素中，碳和氢是可燃元素，氧为助燃元素，氮为载氧元素，不参加反应。例如，硝化甘油可以写成 $C_3H_5O_9N_3$，硝酸铵可以写成 $C_0H_4O_3N_2$。炸药中的含氧量为 c，可燃元素碳和氢完全氧化所需氧量为 $2a+0.5b$，故：

当 $c-(2a+0.5b)>0$ 时为正氧平衡，当 $c-(2a+0.5b)=0$ 时为零氧平衡，当 $c-(2a+0.5b)<0$ 时为负氧平衡。

氧平衡用单位质量的炸药中所含的氧与可燃元素完全氧化后剩余或不足的氧量来表示。对于由碳、氢、氧、氮四种元素组成的物质，氧平衡计算式写为：

$$K_B=\frac{[c-(2a+0.5b)]\times 16}{M} \tag{2-20}$$

式中 K_B——氧平衡；

M——炸药的摩尔质量。

例如硝化甘油，分子式为 $C_3H_5(ONO_2)_3$，相对分子质量 227，$a=3$，$b=5$，$c=9$，氧平衡为：$K_B=\frac{[9-(6+2.5)]\times 16}{227}=0.035$，为正氧平衡；

硝酸铵，分子式为 NH_4NO_3，相对分子质量 80，$a=0$，$b=4$，$c=3$，氧平衡为：$K_B=\frac{[3-(0+2)]\times 16}{80}=0.20$，为正氧平衡；

梯恩梯，分子式为 $C_6H_2(NO_2)_3CH_3$，相对分子质量 227，$a=7$，$b=5$，$c=6$，氧平衡为：$K_B=\frac{[6-(14+2.5)]\times 16}{227}=-0.74$，为负氧平衡；

木粉，分子式可以写成 $C_{50}H_{72}O_{33}$，相对分子质量 1200，$a=50$，$b=72$，$c=33$，$K_B=\frac{[33-(100+36)]\times 16}{1200}=-1.37$，为负氧平衡。

一些物质的氧平衡见表 2-8。

表 2-8 一些物质的氧平衡

物质名称	氧平衡	物质名称	氧平衡
铝	-0.89	锯木屑	-1.37
硝酸铵	0.20	药包纸	-1.30
黑索今	-0.21	石蜡	-3.46
雷汞	-0.11	硫黄	-1.0
硝酸钾	0.396	木炭	-2.66
氯酸钾	0.392	沥青	-3.29
过氯酸钾	0.462	梯恩梯	-0.74
硝化甘油	0.35	柴油	-3.272
太安	-0.101	二硝基重氮酚	-0.58
特屈儿	-0.47	硝酸	0.76
2 号岩石炸药	0.034	松香	-2.8
煤油	-3.43		

对于混合炸药，氧平衡按式（2-21）计算：

$$K_B = \sum_{i=1}^{n} k_i K_{Bi} \tag{2-21}$$

式中 K_{Bi}——某一组分的氧平衡；

k_i——某一组分在炸药中所占的百分比。

例如，2 号岩石炸药的配比为：硝酸铵 84%，梯恩梯 11%，木粉 4%。其氧平衡为：

$$K_B = 0.84 \times 0.2 + 0.11 \times (-0.74) + 0.04 \times (-1.37) = 0.0318$$

根据式（2-21）还可以设计混合炸药的配比，已知混合炸药的氧平衡值 K_B，以及每一种组分的氧平衡值，可以确定各组分的百分比。

2.5.1.2 炸药的爆轰产物

爆轰产物就是指炸药爆轰时，化学反应区反应终了瞬间的化学反应产物。反应结束后，反应终了瞬间的化学反应产物也可能同周围空气、岩石等其他物质相互作用，发生新的反应，生成新的物质，为了同爆轰产物相区别，把这种产物称为爆炸产物。

现代工业炸药多采用有机化合物，其中主要成分有碳、氢、氧、氮，同时加入其他成分，炸药爆炸时，爆轰产物主要有 H_2O、CO_2、CO、NO_2、NO、C、N_2、O_2 以及少量的 SO_2、H_2S、NH_3 等。爆轰产物不同，炸药的热效应不同。

例如：

$$C + \frac{1}{2}O_2 \longrightarrow CO + 113.6kJ$$

$$C + O_2 \longrightarrow CO_2 + 395.7kJ$$

$$H_2 + \frac{1}{2}O_2 \longrightarrow H_2O + 240.7kJ$$

$$N + \frac{1}{2}O_2 \longrightarrow NO - 90.43kJ$$

$$N + O_2 \longrightarrow NO_2 - 17.17kJ$$

$$2Al + \frac{3}{2}O_2 \longrightarrow Al_2O_3 + 1666.77kJ$$

碳、氢与氧反应均为放热反应，但热效应不同。同是碳与氧反应生成 CO_2 就比生成 CO 放出的热量多。氮与氧反应是吸热反应，吸收热量。铝与氧的化学反应生成 Al_2O_3 的热效应比其他物质的氧化反应的热效应大许多，因此在制造炸药时，往往在炸药中加入铝粉。

爆轰产物中，CO、NO_x、SO_2、H_2S 和 NH_3 等都是有毒有害气体，这些有毒有害气体俗称炮烟。在矿山爆破中，经常出现炮烟中毒的事故，所以，为了保证工人的人身健康和安全，井下爆破作业使用的炸药的有毒有害气体的生成量应在规定的范围内。规定 1kg 炸药爆炸后生成的有毒气体量不应超过 80L。

炸药爆炸产生有毒有害气体的主要原因是由于氧平衡偏离零氧平衡太大，正氧平衡时多余的氧易与氮反应，生成氮氧化物；负氧平衡时氧量不足，有 CO 生成；炸药的爆炸反应是瞬间完成的，爆炸反应过程非常复杂，即使炸药处于零氧平衡时，也可能由于反应不完全而生成 CO 或由于高温高压的环境促使氮氧化物的生成。当炸药受潮变质或爆破条件限制，爆轰反应不能完全进行，有毒有害气体生成量大量增加。地下爆破作业点的爆破有害气体浓度，不应超过表2-9的标准。

表2-9 地下爆破作业地点有害气体允许浓度

有害气体	允许浓度		
	按体积/%	按质量/$mg \cdot m^{-3}$	按活度浓度/$Bq \cdot m^{-3}$
CO	0.00240	30	
N_nO_m	0.00025	5	
SO_2	0.00050	15	
H_2S	0.00066	10	
NH_3	0.00400	30	
Rn			3700

2.5.1.3 炸药爆炸反应方程式

炸药爆炸是一个非常复杂的过程，爆炸反应方程式很难准确地写出，这里介绍一种最简单的方法。以只含碳、氢、氧、氮四种元素炸药为例，爆炸反应方程式按“最大热效应原则”写出。

（1）负氧平衡炸药，当 $c<0.5b$ 时，炸药中的氢不足以全部氧化成 H_2O，有 H_2 释放，碳和氮不参与反应，爆轰产物中 H_2O、H_2、C 和 N_2 并存；当 $c=0.5b$ 时，炸药中的氢可以被完全氧化成 H_2O，没有 H_2 释放；

（2）负氧平衡炸药，当 $0.5b<c<a+0.5b$ 时，炸药中的氢全部被氧化成 H_2O，部分碳被氧化成 CO，爆轰产物中 H_2O、CO、C 和 N_2 并存；当 $c=a+0.5b$ 时，碳全部被氧化成 CO；

例如：TNT 的爆炸反应方程式写为：

$$C_6H_2(NO_2)_3CH_3 \longrightarrow 2.5H_2O + 3.5CO + 3.5C + 1.5N_2$$

（3）负氧平衡炸药，当 $a+0.5b<c<2a+0.5b$ 时，炸药中的氢全部被氧化成 H_2O，碳全部被氧化成 CO 和 CO_2，爆轰产物中 H_2O、CO、CO_2 和 N_2 并存；

例如太安的爆炸反应方程式写为：

$$C(CH_2ONO_2)_4 \longrightarrow 4H_2O + 2CO + 3CO_2 + 2N_2$$

（4）零氧平衡和正氧平衡炸药，$c \geqslant 2a+0.5b$，炸药中的氢全部被氧化成 H_2O，碳全部被氧化成 CO_2，正氧平衡时有 O_2 释放。

例如：硝化甘油的爆炸反应方程式写为：

$$C_3H_5(ONO_2)_3 \longrightarrow 2.5H_2O + 3CO_2 + 0.25O_2 + 1.5N_2$$

铵油炸药（94.3∶5.7）的爆炸反应方程式（按1kg）写为：

$$11.79NH_4NO_3 + 0.31C_{13}H_{26} \longrightarrow 27.61H_2O + 4.03CO_2 + 11.79N_2$$

写爆炸反应方程式的步骤如下：

（1）求碳、氢、氧、氮的含量，判断氧平衡；

（2）按最大热效应原则，首先满足氢被氧化，氧有剩余时考虑碳被氧化成 CO，还有剩余再考虑使 CO 被氧化成 CO_2，氮不参加反应；

（3）检查方程式两边是否平衡。

2.5.2 爆热

单位质量的炸药爆炸后所释放出来的热量称为炸药的爆热。炸药的爆热反映了炸药爆炸后释放出热量的多少，是炸药的重要参数之一（炸药的另外两个重要参数分别是爆速 *D* 和爆容 *V*），是评定炸药爆炸做功能力的重要标志量。对爆热的研究，无论在炸药的应用，还是在爆炸反应过程及爆破参数的理论计算上，都具有重要的意义。几种炸药的爆热见表2-10。炸药的爆热可以通过实验测得实验值，也可以通过理论计算得到理论值。

表 2-10　几种炸药的爆热

炸药名称	分子式	密度/g·m^{-3}	爆热/kJ·kg^{-1}
梯恩梯	$C_6H_2(NO_2)_3CH_3$	1.50	4222
特屈儿	$C_6H_2(NO_2)_3CH_3NNO_2$	1.55	4556
黑索今	$(CH_2)_3(NNO_2)_3$	1.50	6392
太　安	$C(CH_2ONO_2)_4$	1.65	5685
硝化甘油	$C_3H_5(ONO_2)_3$	1.60	6186
雷　汞	$Hg(ONC)_2$	3.77	1714
硝酸铵	NH_4NO_3		1438
铵梯炸药（80∶20）		1.30	4138
铵梯炸药（40∶60）		1.55	4180

2.5.2.1　爆热的实验测定

图2-21为炸药爆热测量的实验装置。整个量热装置分为三层：外层为木桶；中层为钢板卷成的保温桶，桶的内表面镀铬抛光；内层为不锈钢做成的量热桶，内外表面均抛光。木桶

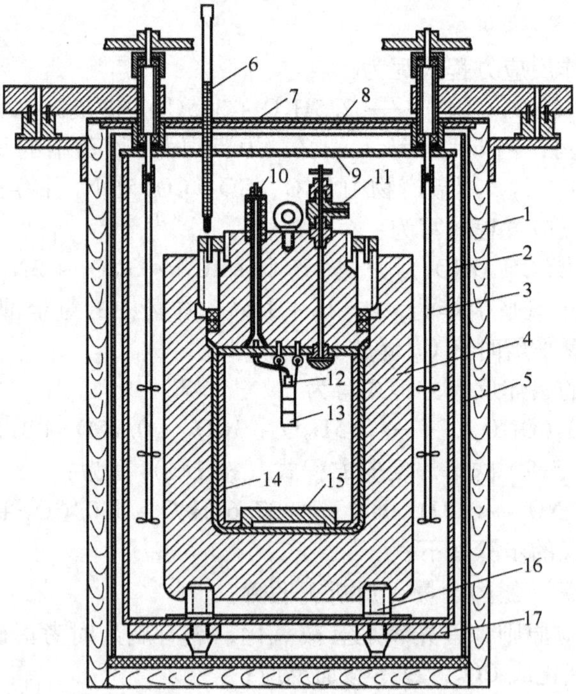

图2-21　爆热测定装置示意图

1—木桶；2—量热桶；3—搅拌桨；4—量热弹体；5—保温桶；6—贝克曼温度计；7～9—盖；10—电极接线柱；11—抽气口；12—电雷管；13—药柱；14—内衬桶；15—垫块；16—支撑螺栓；17—底托

和保温桶之间充填有泡沫塑料。量热桶内为量热弹，后者为一直径270mm，高400mm，用优质合金做成的钢弹，重为137.5kg，内腔容积5.8L，可供爆炸100g炸药之用。

实验时将装有雷管的装药悬挂在弹盖上，而后将弹盖盖好。通过弹盖上的抽气口将弹内的空气抽出，并用氮气置换一次剩余气体，再抽真空，然后将弹放入量热桶中，并加入准确称量的蒸馏水至弹全部淹没为止。保持恒温1h左右，记录下实际温度 T_0；然后引爆炸药，测量爆炸后水达到的最高温度 T，用式（2-22）计算炸药的爆热 Q_V：

$$Q_V = \frac{(C_{水} + C_{仪})(T - T_0) - q}{m} \tag{2-22}$$

式中　$C_{水}$——所用蒸馏水热容，kJ/℃；

$C_{仪}$——试验装置热容，以当量水的热容表示，kJ/℃；

q——雷管爆炸试验的热量，kJ；

m——受试炸药量，kg。

需要指出的是，进行这样的测量时，炸药爆炸产物中的水蒸气已变成水，而在实际爆炸时，它是呈气态的。因此，应从测出的热值中扣除这份水蒸气冷凝时所放出的热量。

2.5.2.2　爆热的理论计算

由于工业炸药感度较低，临界直径都比较大，在前述实验条件下爆炸反应往往不完全，不能充分释放出炸药的潜能，因此测定的爆热值不能准确地反映实际情况。这时采用理论计算方法求爆热更适宜。爆热理论计算的基础是盖斯定律和炸药爆炸反应方程式，为了计算方便，首先介绍生成热的概念。

A　生成热

对于任何物质而言，由原子或分子生成1mol该物质所放出或吸收的热量，称为生成热。放出热量时生成热为正值，反之为负值，单位为kJ/mol。

例如：

$$2H_2 + O_2 \longrightarrow 2H_2O(气态) + 479.9kJ$$

气态水的生成热为：479.9/2 = 240kJ/mol；

$$N_2 + O_2 \longrightarrow 2NO - 180.6kJ$$

NO的生成热是 −180.6/2 = −90.3kJ/mol。

根据反应过程是定容过程或定压过程，生成热分定容生成热和定压生成热。炸药爆炸反应速度非常快，可近似地认为是定容过程，所以在计算爆热时应按定容生成热计算。一些炸药、原料和爆轰产物的定容生成热见表2-11。

表2-11　一些炸药、原料和爆轰产物的定容生成热

物质名称	相对分子质量	定容生成热 /kJ·mol^{-1}	物质名称	相对分子质量	定容生成热 /kJ·mol^{-1}
硝酸铵	80	354.5	柴油（$C_{13}H_{26}$）	182	219.9
硝酸钠	85	462.3	石　蜡	254	558.0
硝酸钾	101	488.6	一氧化氮	30	−87.8
梯恩梯	227	42.2	二氧化氮	46	−17.1
太　安	316	501.6	水（液态）	18	282.2
黑索今	222	−93.2	水（气态）	18	240.4
硝化甘油	227	349.9	二氧化碳	44	395.0
木粉（$C_{15}H_{22}O_{10}$）	362	2002.2	一氧化碳	28	113.7

B 盖斯定律

俄国化学家盖斯（G. H. Hess）总结了大量热化学实验数据后提出，“一个化学反应不管是一步完成，还是多步完成，其热效应总是相同的”，这个结论称为盖斯定律。盖斯定律表明化学反应的热效应只取决于反应的初态和终态，与反应的途径无关。盖斯定律可用盖斯三角形来表示，如图2-22所示。对于爆轰产物 CO_2、H_2O 来讲，由 C、H_2、O_2 等直接反应生成，所放出或吸收的热量与 C、H_2、O_2 首先生成炸药，然后再生成 CO_2 和 H_2O 等爆轰产物所放出或吸收的热量相等。即：

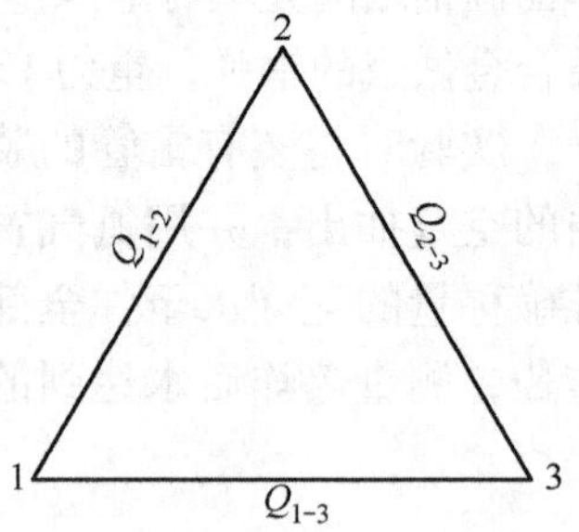

图2-22 盖斯定律三角形图解

$$Q_{1\text{-}3} = Q_{1\text{-}2} + Q_{2\text{-}3} \tag{2-23}$$

式中 $Q_{1\text{-}3}$——爆轰产物的生成热；

$Q_{1\text{-}2}$——炸药的生成热；

$Q_{2\text{-}3}$——炸药生成爆轰产物所释放或吸收的热量，即爆热。

由此，可计算爆热值：

$$Q_{2\text{-}3} = Q_{1\text{-}3} - Q_{1\text{-}2} \tag{2-24}$$

显然，由炸药和爆轰产物的生成热，可计算出炸药的爆热值。需要注意的是，盖斯定律只适用于等温等压或等温等容过程，各步反应的温度应相同。使用盖斯定律计算时，须使用同样条件下的数据。一般认为，炸药的爆轰是在定容绝热压缩条件下进行的，因此计算时应使用定容生成热，计算结果为定容爆热 Q_V。如果按定压生成热计算得出定压爆热 Q_p，则可按下式换算：

$$Q_V = Q_p + \Delta_n RT \tag{2-25}$$

式中 Δ_n——爆轰产物中气体摩尔数 n_2 与炸药中气体摩尔数 n_1 之差，凝聚态炸药 $n_1 = 0$，故 $\Delta_n = n_2$；

R——气体常数，$R = 8.306\text{J/(mol·K)}$；

T——计算热效应时取定的温度，25℃时，$T = 298°\text{K}$。

C 爆热计算示例

例2-1 计算TNT爆热。

TNT的近似爆炸反应方程式写为：

$$C_6H_2(NO_2)_3CH_3 \longrightarrow 2.5H_2O + 3.5CO + 3.5C + 1.5N_2$$

炸药及爆轰产物的生成热：

查表2-11，炸药及爆轰产物的生成热分别为：TNT：42.2kJ/mol；水（气态）：240.4kJ/mol；一氧化碳：113.7kJ/mol。

$$Q_{1\text{-}2} = 42.2\text{kJ}$$

$$Q_{1\text{-}3} = 2.5 \times 240.4 + 3.5 \times 113.7 = 999.0\text{kJ}$$

炸药的爆热：

$$Q_{2\text{-}3} = Q_{1\text{-}3} - Q_{1\text{-}2} = 999 - 42.2 = 956.8\text{kJ}$$

$$Q_V = 956.8 \times 1000/227 = 4215\text{kJ/kg}$$

例 2-2　计算铵油炸药（硝酸铵 94.3%、柴油 5.7%）的爆热。

按 1kg 铵油炸药写出其近似反应方程式：

$$11.79NH_4NO_3 + 0.31C_{13}H_{26} \longrightarrow 27.61H_2O + 4.03CO_2 + 11.79N_2$$

查表 2-11，炸药及爆轰产物的生成热分别为：硝酸铵 354.5kJ/mol；柴油（$C_{13}H_{26}$）219.9kJ/mol；水（气态）240.4kJ/mol，二氧化碳 395.0kJ/mol。

$$Q_{1\text{-}2} = 11.79 \times 354.5 + 0.31 \times 219.9 = 4247.7\text{kJ}$$

$$Q_{1\text{-}3} = 27.61 \times 240.4 + 4.03 \times 395 = 8229.3\text{kJ}$$

$$Q_{2\text{-}3} = Q_{1\text{-}3} - Q_{1\text{-}2} = 3981.6\text{kJ}$$

$$Q_V = Q_{2\text{-}3}/1\text{kg} = 3981.6\text{kJ/kg}$$

从式（2-24）可知，炸药生成热越小，爆轰产物的生成热越大，爆热越高。因此在炸药中加入一些与氧反应所生成的爆轰产物的生成热很高的物质，可以大大地提高炸药爆热。例如，Al_2O_3 的定容生成热为 1636.8kJ/mol，与二氧化碳、水相比要高得多。

2.6　炸药的爆炸作用

2.6.1　炸药的理论爆炸功

爆炸功是指炸药爆炸后，气体膨胀对岩石所做的功，也就是热能转化为机械功。图 2-23所示为炸药爆炸做功的理想过程。计算炸药的理论爆炸功，一般均假设炸药爆炸由固态转变为气态为定容绝热过程，然后为绝热膨胀过程，炸药在做功过程中没有热量损失，热能全部转化为机械功。按照热力学第一定律，可以计算系统膨胀对外所做的功为：

$$A = \eta Q_V \tag{2-26}$$

式中　Q_V——炸药的爆热；

η——热转变功的效率，$\eta = 1 - \left(\dfrac{V_1}{V_2}\right)^{K-1}$；

V_1——爆炸产物膨胀前的体积；

V_2——爆炸产物膨胀至常温常压时的体积，约等于爆容；

K——绝热指数，$K = \dfrac{c_p}{c_V} = \dfrac{c_V + R}{c_V} = 1 + \dfrac{R}{c_V}$；

c_V，c_p——分别为定容比热容和定压比热容。

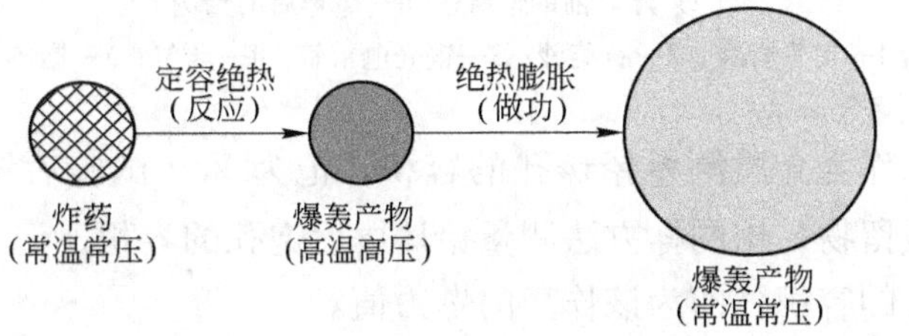

图 2-23　炸药爆炸做功示意图

实际上，工程爆破作业时，真正用于破碎岩石的能量只占炸药化学能量的很小部分，其中由于炸药的侧向飞散带走部分未反应的炸药，使化学反应不完全，化学能不能完全释放，造成了化学能损失；炸药爆炸释放出的能量一部分随着气体的膨胀释放到空气中，产生空气冲击波，造成气体动能损失；在爆炸过程中由于热传导、热辐射使周围介质加热造成热量损失；用于破碎岩石的能量又有一部分消耗在岩石的过粉碎和塑性变形、不必要的抛掷以及岩石的振动等无效机械功方面。所以用于破碎岩石的有效机械功只占炸药总能量的一少部分，一般松动爆破占15% ~25%，抛掷爆破占3% ~6%。

在工程爆破中通常使用相对威力来表示炸药的相对做功能力大小。所谓相对威力，是指选取反映某一炸药做功能力的相对指标作为标准，其他炸药与之相比较得出相对做功能力的大小。

2.6.2 炸药做功能力试验——铅壔法

炸药相对做功能力可以用铅壔试验的扩孔值来表示。铅壔法（GB 12436—1990）又称特劳茨法，其原理是将一定质量、一定密度炸药置于铅壔孔内，爆炸后以铅壔孔扩大部分的容积来衡量炸药的做功能力。

如图 2-24 所示，铅壔直径 200mm，高 200mm，中间有一个直径 25mm、深 125mm 的小孔。将(10.00 ±0.01)g 炸药装入直径 24mm 纸筒中，上面放上带圆孔纸板，将其放在内径为(24.5 ±0.1)mm 的专用铜模子中，用专用铜冲子（冲子中心有直径 7.5mm，高 12mm 的突起部分）将炸药压成中心有孔，装药密度为(1.00 ±0.03)g/cm³ 的药柱。药柱插入一发铜壳电雷管，装入铅壔的孔中，上面用石英砂填满。

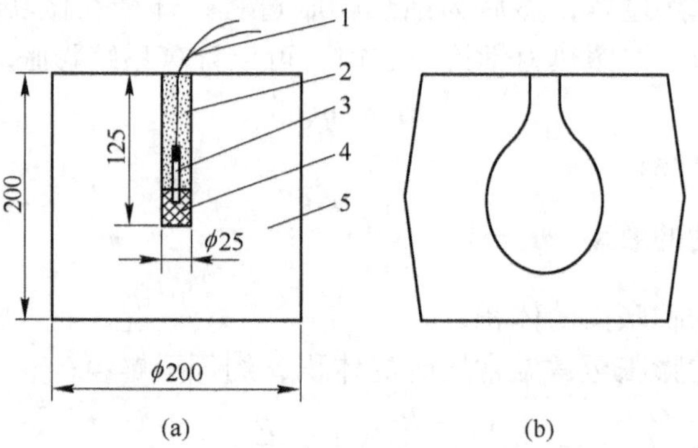

图 2-24 炸药做功能力试验示意图

（a）爆炸前的铅壔；（b）爆炸后的铅壔

1—雷管脚线；2—石英砂；3—铜壳电雷管；4—药包；5—铅壔

试验以前，以水作为介质测量铅壔孔的容积，记为 V_1。试验后铅壔变成图 2-24（b）的形状，清理孔内残留物，用同样方法测量铅壔爆后炮孔的容积，记为 V_2，试验后炮孔的容积减去试验前炮孔的容积，即为该炸药的爆力值。

$$X = (V_2 - V_1)(1 + K) - 22 \tag{2-27}$$

式中 V_1——爆前铅疇炮孔的容积，mL；

V_2——爆后铅疇炮孔的容积，mL；

K——温度修正系数；

22——铜壳电雷管 15℃时的做功能力，mL。

铅疇含铅量要求不小于 99.9%，测定温度在 15℃，当测定环境温度不等于 15℃时，应该按表 2-12 进行修正。每份炸药试样平行两次测定，精确至 1mL，误差不超过 20mL，取其平均值。

表 2-12 温度修正系数

铅疇温度/℃	-30	-25	-20	-15	-10	-5	0	+5	+10	+15	+20	+25	+30
修正系数/%	+18	+16	+14	+12	+10	+7	+5	+3.5	+2.0	0	-2.0	-4.0	-6.0

2.6.3 炸药猛度试验——铅柱压缩法

猛度是反映炸药威力的另外一个相对指标。猛度的测定是采用铅柱压缩法（GB 12440—1990），原理是在规定参量（质量、密度和几何尺寸）的条件下，炸药装药爆炸时对铅柱进行压缩，以压缩值作为炸药的猛度值。

如图 2-25 所示，最下面是钢底座，厚度不小于 20mm，最短边边长不小于 200mm，上面放置一个直径(40 ± 0.3) mm，高(60 ± 0.3) mm 的铅柱，铅柱上面再放一厚度(10 ± 0.1) mm，直径 ϕ(41 ± 0.2) mm 的钢片，钢片上放置 ϕ40mm，重(50 ± 0.1) g 的药包，装药控制密度为(1.00 ± 0.03) g/cm^3。药包中心插入一发 8 号瞬发雷管，插入深度 15mm。

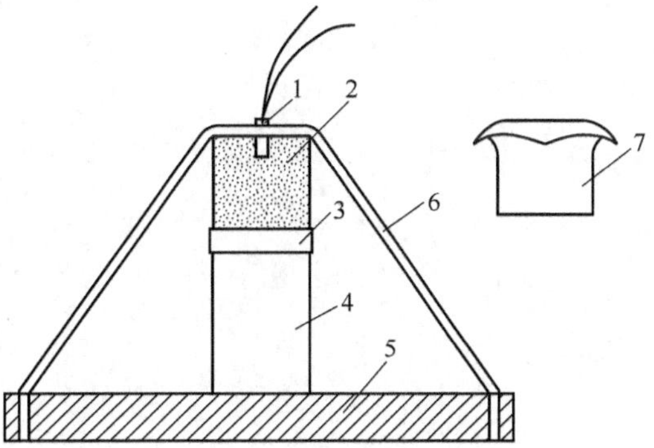

图 2-25 炸药猛度试验示意图

1—雷管；2—炸药；3—钢片；4—铅柱；5—钢板；6—细绳；7—爆炸后的铅柱

在起爆以前，首先在铅柱一端面用铅笔轻轻画一十字，将铅柱分为四个区域，用游标卡尺分别测量铅柱的高度，取其平均值，记为 h_0。试验时将画有十字的一端向下放置。试验后，铅柱被压成蘑菇状。擦拭铅柱上的脏物，再用游标卡尺依次测量四个高度，取算术平均值记为 h_1。铅柱压缩值 $\Delta h = h_0 - h_1$。每个试样做两个平行试验，取其平均值作为该炸药的猛度值。对于单质炸药和粉状混合炸药，其平行试验的压缩值相差不得大于 1.0mm，其他物理状态的混合炸药，其平行试验的压缩值不得大于 2.0mm。

2.6.4 爆破漏斗试验

炸药在地表附近爆炸时，地表形成一个爆炸坑，称为爆破漏斗。爆破漏斗试验是现场人员在没有条件测定炸药的做功能力时而采用的一种简易的方法。试验时在均匀的介质中设置一个炮孔，将一定量的被试炸药以相同的条件装入炮孔中，并进行填塞，引爆后形成如图 2-26 所示的爆破漏斗。在地表沿着两个互相垂直的方向测量漏斗底圆直径，取其平

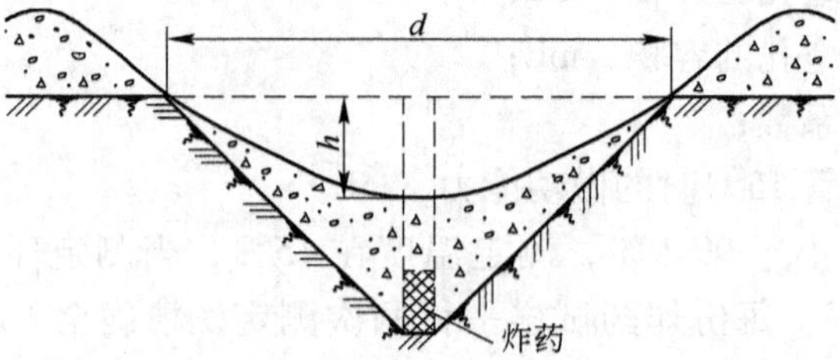

图 2-26 爆破漏斗试验示意图

均值，同时测量漏斗的可见深度，计算爆破漏斗的容积：

$$V = \frac{1}{12}\pi d^2 h \tag{2-28}$$

式中 V——爆破漏斗容积，m^3；

d——爆破漏斗底圆直径，m；

h——爆破漏斗可见深度，m。

3 工 业 炸 药

3.1 工业炸药分类

工业炸药按其组成和物理特征分为硝化甘油类炸药、铵梯类炸药、铵油炸药、含水炸药和其他炸药五大类（表3-1），按用途分为岩石炸药、煤矿许用炸药、露天炸药、地震勘探炸药和爆炸加工炸药五种（表3-2），按其特性和特征分为普通炸药、抗水炸药、难冻炸药、耐热炸药和被筒炸药五种（表3-3）。

表3-1 工业炸药类别及简称和代号

炸药类别		简称	代号
硝化甘油类炸药	胶质硝化甘油炸药	硝甘胶	XGJ
	粉状硝化甘油炸药	硝甘粉	XGF
铵梯类炸药	铵梯炸药	铵梯	AT
	铵梯油炸药	铵梯油	ATY
铵油炸药	粉状铵油炸药	铵油粉	AYF
	多孔粒状铵油炸药	铵油粒	AYL
	膨化硝铵炸药	铵油膨	AYP
	乳化铵油炸药	铵油乳	AYR
	铵松蜡炸药	铵松	AS
	铵沥蜡炸药	铵沥	AL
含水炸药	浆状炸药	浆状	JZ
	水胶炸药	水胶	SJ
	乳化炸药	乳化	RH
	粉状乳化炸药	乳化粉	RHF
其他炸药	太乳炸药	太乳	TR
	粒状黏性炸药	黏粒	NL
	液体炸药①	液…	Y…

①液体炸药的简称汉字和代号根据液体炸药的主要成分来确定，例如以硝酸肼（jǐng）为主要成分的液体炸药，其简称为“液肼”，代号为“YJ”。

表3-2 工业炸药用途及简称和代号

炸药名称	炸药用途	简称	代号
岩石炸药	用于露天或无可燃气体和粉尘爆炸危险的矿井中的爆破作业	岩	Y
煤矿许用炸药	允许在有可燃气体和粉尘爆炸危险的矿井中的爆破作业中使用	煤	M
露天炸药	用于露天爆破作业	露	L
地震勘探炸药	用于地震勘探爆破作业	震	Z
爆炸加工炸药	用于爆炸加工，含压接、切割、成型等	加	J

表3-3 工业炸药特性（或特征）及简称和代号

炸药名称	特性或特征	简称	代号
普通炸药	用于一般的爆破作业		
抗水炸药	可用于有水工作面的炸药	抗水	KS
难冻炸药	具有耐低温性能的炸药	难冻	ND
耐热炸药	具有耐高温性能的炸药	耐热	NR
被筒炸药	以煤矿许用炸药为药芯，外面包有由消焰剂做成的被筒而制成的安全度等级较高的煤矿许用炸药	被筒	BT

工业炸药命名时其全称应将炸药的类别、用途、特性和特征及产品序号和安全级别全部反映出来。一般表示为：产品序号-特性或特征-炸药用途-炸药类别。代号表示为：炸药类别-炸药用途-产品序号或安全级别-特性或特征。如2号抗水露天铵梯炸药，代号AT-L-2（KS）。如果为普通炸药，没有特性或特征，则省略该项，如三级煤矿许用水胶炸药的代号SJ-M-Ⅲ。

3.2 铵油炸药

铵油炸药（ammonium nitrate fuel oil explosive，简称ANFO）是目前我国矿山爆破工程中用量比较大的一种炸药。

3.2.1 粉状铵油炸药

粉状铵油炸药的主要成分有硝酸铵、柴油、木粉。

硝酸铵（ammonium nitrate，分子式 NH_4NO_3）通常是由氨和硝酸反应合成。而氨和硝酸均是以煤、空气和水作为原料，因此原料来源非常广泛，制作成本低。

硝酸铵呈白色晶体，当其中含有少量铁盐和铁的氧化物时略呈黄色。根据不同的生产需要，硝酸铵可以制成细粉状、粒状和多孔粒状。相对密度（水的密度为1）1.59～1.71，堆积密度0.68～0.78g/cm^3，熔点169.6℃。硝酸铵有五种晶型，代号分别为α（四面晶系）、β（斜方晶系）、γ（斜方晶系）、δ（四方晶系）、ε（正方晶系）。每种晶型仅在一定温度范围内稳定，晶型转变时伴有热效应和体积变化。特别是当环境温度在32.1℃上下变动时，硝酸铵颗粒会自身碎裂成粉状。硝酸铵能溶于水，具有强烈的吸湿作用，最易结块硬化。

干燥的硝酸铵与金属作用缓慢，有水时其作用速度加快。熔融时能与铜、铅、锌等起作用而生成爆炸性能较强的亚硝酸盐。硝酸铵不与铝发生作用，所以生产硝酸铵类炸药时可采用铝制工具。

硝酸铵易发生热分解，温度不同，分解产物也不同。

110℃时， $NH_4NO_3 \longrightarrow NH_3 + HNO_3 + 173kJ$

185～200℃时， $NH_4NO_3 \longrightarrow N_2O + 2H_2O + 127kJ$

230℃以上时,同时有弱光， $2NH_4NO_3 \longrightarrow 2N_2 + O_2 + 4H_2O + 129kJ$

硝酸铵具有爆炸性能，但对火焰、加热、冲击、摩擦等的感度都很低。当温度加热到300℃时发生燃烧，400℃时发生爆炸。

$$4NH_4NO_3 \longrightarrow 3N_2 + 2NO_2 + 8H_2O + 123kJ$$

纯硝酸铵在常温下是稳定的，对打击、碰撞或摩擦均不敏感。但在高温、高压和有可被氧化的物质存在下会发生爆炸，在生产、贮存、运输和使用中必须严格遵守安全规定。

硝酸铵的吸湿结块性对其爆炸性能有很大影响，吸湿结块后，爆炸感度迅速下降，威力降低，所以随着硝酸铵水分的增加，爆炸性能迅速降低，因而非抗水的硝酸铵类炸药不能用于有水的炮孔中。

柴油是多种烃类混合物，其分子式通常以 $C_{16}H_{32}$ 和 $C_{12}H_{20}$ 为代表，沸点为 170 ~ 390℃，相对密度为 0.82 ~ 0.845，白色或淡黄色液体。不溶于水，遇热、火花、明火易燃，可蓄积静电，引起电火花。分解和燃烧产物为一氧化碳、二氧化碳和硫氧化物。配制铵油炸药以 10 号轻柴油为最好。在低温情况下，可选用 -10 号或 -20 号轻柴油，注意保温，防止凝固。柴油中的主要成分是碳和氢，占 99.5%，氧平衡为 -3.272，在炸药中作还原剂。它可以与硝酸铵、木粉混合后配成零氧平衡的炸药。柴油的热值很高，可达 41860kJ/kg，有利于提高炸药的威力。

木粉是由锯木屑（锯末）粉碎过筛（20 目至 40 目），干燥后制成。在炸药中起到疏松剂的作用，防止硝酸铵结块。木粉的分子式有两种形式：一种是 $C_{50}H_{72}O_{33}$，相对分子质量 1200，氧平衡 -1.37，定容生成热为 6637.8kg/mol；另一种是 $C_{15}H_{22}O_{10}$，相对分子质量 362，氧平衡 -1.37，定容生成热为 2002.2kg/mol。木粉为负氧平衡，也起到还原剂的作用。

为了提高铵油炸药的爆炸性能，有时在铵油炸药中还加入一些添加剂，如加入铝粉，以提高炸药的爆热和威力；加入一些阴离子表面活性剂（十二烷基磺酸钠、十二烷基苯磺酸钠）可使柴油与硝酸铵混合均匀，提高炸药的爆轰稳定性。

铵油炸药的质量受到各组分的配比、含水率、硝酸铵粒度及装药密度等因素的影响，根据实验，当硝酸铵∶柴油∶木粉 = 92∶4∶4 时，铵油炸药的爆热、爆速、做功能力和猛度都达到最大值，爆炸后所产生的有毒气体最少。不含木粉时，最适宜配比为硝酸铵 94% ~ 94.5%，柴油 6% ~5.5%。

表 3-4 和表 3-5 分别为粉状铵油炸药的组分及性能指标。

表 3-4 粉状铵油炸药的组分 （%）

炸药名称	硝酸铵	柴 油	木 粉
1 号铵油炸药	92 ±1.5	4 ±1	4 ±0.5
2 号铵油炸药	92 ±1.5	1.8 ±0.5	6.2 ±1

表 3-5 粉状铵油炸药的性能指标

炸药名称	水分/%	装药密度 /g·cm^{-3}	殉爆距离 /mm	猛度/mm	做功能力 /mL	爆速 /m·s^{-1}	保证期/d	保证期内殉爆距离 /cm	保证期内水分/%
1 号铵油炸药	≤0.25	0.9 ~1.0	≥5	≥12	≥300	≥3300	雨季 7，非雨季 15	≥2	≤0.5
2 号铵油炸药	≤0.8	0.8 ~0.9		≥18（钢管）	≥250	≥3800（钢管）	15		≤1.5

粉状铵油炸药的生产工艺比较简单，一般采用混碾热加工法。图 3-1 所示为粉状铵油炸药加工的工艺流程。生产规模较大的炸药厂可采用气流式混合工艺，即先将硝酸铵经破碎机破碎后输送到风速 25 ~ 30m/s、温度 100 ~ 120℃的热风管道内进行干燥，再经旋风分离器使干燥的硝酸铵与热风分离，最后在立式混药机中混入定量的木粉和柴油。

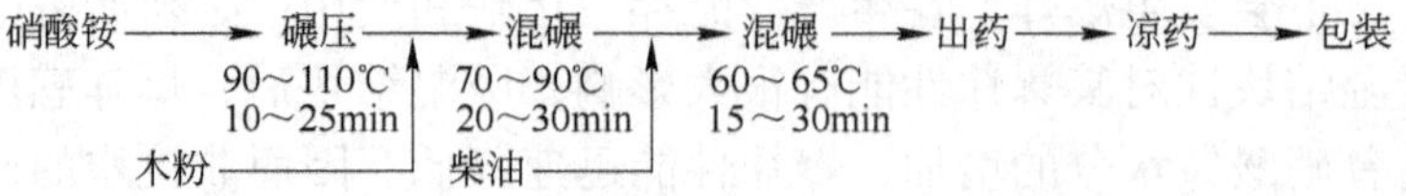

图 3-1 粉状铵油炸药加工的工艺流程

生产铵油炸药应力求做到“干、细、匀”，即水分含量要低，粒度要细，混合要均匀。硝酸铵具有吸湿结块性，试验表明，当铵油炸药的含水率由 0.14% 增加到 0.42% 时，炸药的爆速由 3100m/s 下降到 2900m/s，所以加工与保管时必须做到干燥。混合炸药随着颗粒下降，感度提高，爆炸性能增强。另外，颗粒细可提高硝酸铵和木粉的吸油能力，从而提高整个炸药的质量。要求硝酸铵和木粉 70% 通过 0.246mm（60 目）筛，其余全部通过 0.833mm（20 目）筛。三种成分混合得越均匀，炸药的感度和威力越高。

3.2.2 多孔粒状铵油炸药

多孔粒状铵油炸药是指以多孔粒状硝酸铵为主要成分，加入一定比例的轻柴油与之相混合制得的适用于露天爆破（也可用于无瓦斯和粉尘爆炸危险的地下深孔爆破）的无雷管感度的铵油炸药。主要组分的配比为：多孔粒状硝酸铵 94.0% ~ 95.0%，轻柴油 5.0% ~ 6.0%。多孔粒状铵油炸药的主要性能指标见表 3-6。

表 3-6 多孔粒状铵油炸药的主要性能指标

项目	水分/%	爆速 /m·s^{-1}	猛度/mm	做功能力 /mL	炸药有效期 /d	炸药有效期内水分/%	炸药有效期内爆速 /m·s^{-1}
指标要求	≤0.3	≥2800	≥15	≥278	30	≤0.5	≥2500

多孔粒状硝酸铵因具有较高的吸油能力、良好的流散性、较低的吸湿结块性和良好的储存稳定性，因而采用冷加工即可满足要求，其性能优于粉状铵油炸药。多孔粒状铵油炸药加工过程安全，工艺简单。在露天矿山，配以装药车或混装车，可以大大提高装药生产率，降低成本。

装药车是将在炸药厂中混制好的铵油炸药装入装药车的料仓内，运到工作面，根据设计的计量要求将炸药逐一装入炮孔中。炸药混装车是将硝酸铵和柴油装入同一辆卡车不同的料仓内，炸药的混制与装药同时完成。

混装车上设有干料箱、油料箱、螺旋、计量传感器等（图 3-2）。多孔粒状硝酸铵和轻柴油分别贮装在干料箱和油料箱中，由装药车运至装药作业现场。在装药作业现场，干料箱中的多孔粒状硝酸铵和油料箱中的轻柴油分别由底部螺旋和燃油泵输送到竖直螺旋。多孔粒状硝酸铵和轻柴油在竖直螺旋中一边混合、搅拌，一边向上输送，进入顶部螺旋。多孔粒状硝酸铵和轻柴油在顶部螺旋中，一边继续混合搅拌，成为成品炸药，一边向前输送，进入装药软管，由软管装入炮孔。

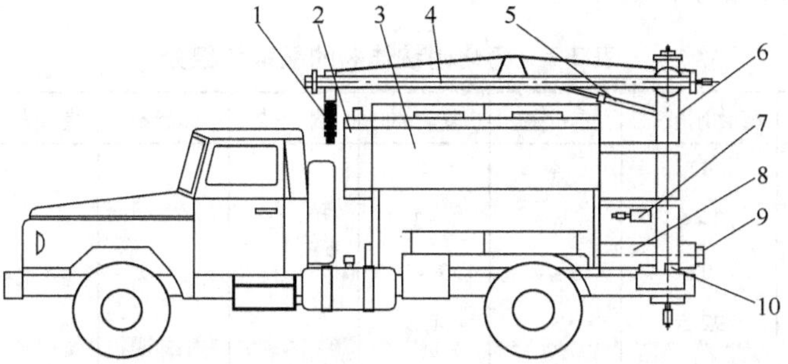

图 3-2 BC 型炸药混装车结构示意图

1—装药软管；2—油料箱和燃油泵；3—干料箱；4—顶部螺旋；5—顶部螺旋举升油缸；
6—竖直螺旋；7—竖直螺旋马达；8—底部螺旋；9—计量传感器；10—液压控制阀

调节燃油泵的出油量，控制和调节硝酸铵和柴油的配比。BC 型炸药混装车的炸药计量精度控制采用容积计量方式，即装药量等于底部螺旋每转排量乘以底部螺旋转数，通过测量、控制底部螺旋转数来控制装药量。

《爆破安全规程》规定，粒状铵油炸药露天装药车应符合以下规定：

（1）车厢用耐腐蚀的金属材料制造，厢体应有良好的接地；

（2）输药软管应使用专用半导体材料软管，钢丝与厢体的连接应牢固；

（3）装药车整个系统的接地电阻值不应大于 $10^5\Omega$；

（4）输药螺旋与管道之间应有足够的间隙；

（5）发动机排气管应安装消焰装置，排气管与油箱、轮胎应保持适当的距离；

（6）应配备灭火器。

铵油炸药原料来源丰富，加工工艺简单，成本低，生产、运输和使用安全，且具有较好的爆炸性能。多孔粒状铵油炸药采用现场混制，机械化装药，不仅大大提高了生产效率，而且使得运输和装药更安全。铵油炸药具有吸湿结块性，不能用于有水的工作面。多孔粒状铵油炸药为非雷管感度炸药，需要用起爆药包起爆。

3.2.3 膨化硝铵炸药

膨化硝铵炸药是利用膨化硝酸铵替代普通结晶硝酸铵或多孔粒状硝酸铵而制成的一种铵油炸药。

膨化硝酸铵是一种自敏化的改性硝酸铵，它是运用重结晶化学及表面活性剂技术，在普通硝酸铵饱和水溶液中加入特殊表面活性剂，并采用真空强制析晶手段，制得的一种含有许多微气孔的膨松片状晶体。与普通硝酸铵相比，膨化硝酸铵具有比表面积大（是普通硝酸铵的 4 倍），堆积密度小（是普通硝酸铵的 70%），吸湿结块性低，吸油能力强，具有自身敏化作用，起爆感度高，撞击感度、摩擦感度、火焰感度与普通硝酸铵相当等特点。

根据用途不同，膨化硝铵炸药可以制成岩石膨化硝铵炸药、煤矿许用膨化硝铵炸药、震源药柱膨化硝铵炸药和抗水膨化硝铵炸药。根据市场需求还开发成功低爆速膨化硝铵炸药、高安全煤矿许用膨化硝铵炸药和高威力膨化硝铵炸药等新品种。

膨化硝铵炸药的品种和组分见表3-7。

表3-7 膨化硝铵炸药的品种和组分 (%)

炸药名称	膨化硝酸铵	木 粉	复合油	食 盐	梯恩梯	高能粉末	高卤酸盐	惰性介质
岩石膨化硝铵炸药	92	4	4					
煤矿许用膨化硝铵炸药	78~85	4	3~3.5	7~15				
大包膨化硝铵炸药	92	5~6	1.5~2.5					
抗水膨化硝铵炸药	92.5	3	4.5					
高威力膨化硝铵炸药	88	4	2~3			0~4	0~4	
低爆速膨化硝铵炸药	75	2~3	2~3	5~8		0~4		5~12
膨化硝铵震源药柱	70~90	4~6	1~4		0~25			

表3-8列出了膨化硝铵炸药的主要爆炸性能。膨化硝铵炸药是一种新型无梯工业炸药，由于膨化硝酸铵具有自敏化作用，因而具有良好的起爆感度。与铵梯炸药相比，组分中不含梯恩梯，消除了其对人体的危害和对环境的污染，生产过程中粉尘少。吸湿速度慢，几乎不结块。爆炸性能优良，性能指标相当或优于同等型号的粉状铵梯炸药。炸药爆炸后，炮烟少，刺激性小，爆破作业条件好。

表3-8 膨化硝铵炸药系列产品主要爆炸性能

炸药名称	密度/$g \cdot cm^{-3}$	爆速/$m \cdot s^{-1}$	猛度/mm	殉爆距离/cm	做功能力/mL
岩石膨化硝铵炸药	0.88~0.93	3300~3600	13.5~15	5~9	320~340
煤矿许用膨化硝铵炸药	0.90~0.98	2800~3300	10~14	5~8	280~320
大包膨化硝铵炸药	0.88~0.92	3000~3300	12~14	4~7	280~300
抗水膨化硝铵炸药	0.90~0.95	3200~3500	13~15	4~7	320~340
高威力膨化硝铵炸药	0.90~0.95	3500~3800	14~17	7~12	350~370
低爆速膨化硝铵炸药	0.60~0.80	2200~2800	8~12	4~6	260~300
膨化硝铵震源药柱	0.90~1.20	3500~5500			

3.2.4 乳化铵油炸药

乳化铵油炸药（又称重铵油炸药）是由乳胶基质和粒状铵油炸药混合后得到的一种混合物。乳胶基质（乳胶体）是由硝酸铵水溶液的液滴在高温下和柴油、气泡、乳化剂等结合而成的。乳胶基质与铵油炸药混合后，乳胶基质包覆在硝酸铵颗粒表面并充填了硝酸铵颗粒间的空隙。这种新颖的结构，使得炸药的密度和威力可以随配比的灵活改变而任意调节，因而适应范围更广。例如，当乳胶基质由5%增加到30%时，炸药的密度由0.9g/cm^3增加到1.30g/cm^3。铵油炸药与乳胶基质的比例可在90：10至10：90的较大范围内改变，以满足不同矿山各种爆破工程的要求。乳化铵油炸药的抗水性能取决于乳胶基质的质量和加入量，一般来说，随着乳胶基质加入量的增加，抗水性能增强。表3-9为铵油炸药与乳胶基质不同配比时，乳化铵油炸药的密度、爆速、威力和抗水性能的变化情况。

表 3-9 不同配比的乳化铵油炸药性能指标

铵油炸药：乳胶基质	密度/$g \cdot cm^{-3}$	爆速/$m \cdot s^{-1}$	威力（铵油炸药为1）	抗水性
95：5	0.95 ~ 1.00	3000 ~ 4000	1.04	不好
90：10	1.00 ~ 1.05	3000 ~ 4000	1.10	尚可
80：20	1.15 ~ 1.20	3000 ~ 4000	1.12	较好
70：30	1.25 ~ 1.30	3000 ~ 4000	1.16	很好

我国露天矿山一般采用乳化铵油炸药混装车进行乳化铵油炸药的制备和装药。乳化铵油炸药混装技术主要由两部分组成，一是生产乳胶基质的地面生产系统（简称地面站），二是运输乳胶基质和装填炸药的混装车。在混装车内分别装入粒状硝酸铵、柴油和乳胶基质。一般在装药车上先利用螺旋混料机混制粒状铵油炸药，再将一定比例的乳胶基质与铵油炸药在螺旋混料机中混合均匀后通过装药软管装入炮孔。图 3-3 所示为乳化铵油炸药的生产工艺流程。采用机械化混装技术实现装填炸药机械化，大大提高了生产率，运输与装药过程安全可靠，无污染，装药计量准确，性能稳定，适应性强。通过调节炸药中乳胶基质的含量，改变炸药的密度和威力，可以满足不同岩石爆破的需要。

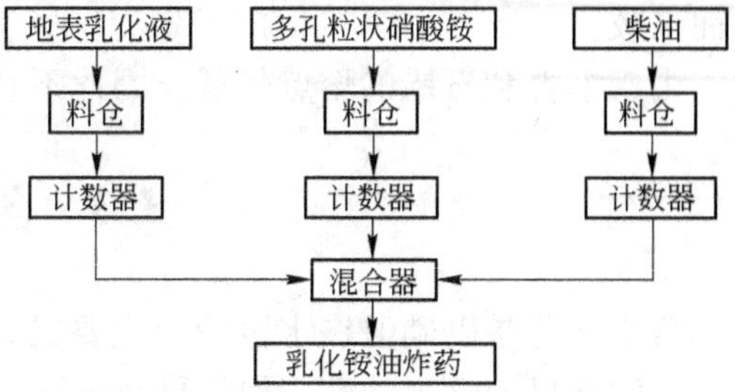

图 3-3 乳化铵油炸药的生产工艺流程

乳化铵油炸药为无雷管感度炸药，需要用起爆药包起爆。

3.2.5 铵松蜡炸药

铵松蜡炸药是用憎水性的松香和石蜡来裹住硝酸铵颗粒而制成的一种抗水炸药。铵松蜡炸药由硝酸铵、松香、石蜡和木粉组成，也可添加适量柴油。硝酸铵和木粉的性质与作用如前所述。硝酸铵作为氧化剂，木粉作为疏松剂和还原剂，松香和石蜡为还原剂和防水剂。

松香是松脂（松油）蒸馏出松节油后的剩余物，其中含有 90% 的松香酸 $C_{19}H_{39}COOH$ 以及 10% 的松香烃 $C_{19}H_{40}$。它的分子结构一端是极性的—COOH 基，另一端是非极性的—$CH(CH_3)_2$基，在与水或油接触时，有定向吸附作用，这样覆盖在硝酸铵颗粒表面的松香就起到憎水作用。

石蜡虽然也可以裹住硝酸铵颗粒，起到憎水作用，然而由于其熔点低（一般为 48 ~ 60℃，而松香可达 172.5℃），加入太多会降低炸药的感度，石蜡的作用是使脆性较强的松香更容易包覆在硝酸铵颗粒表面。同时还可以减少松香在碾混过程中的微细尘粒飞扬现象。铵松蜡炸药采用轮碾机热碾加工而成。

铵松蜡炸药的组分及性能见表 3-10、表 3-11。

表 3-10 铵松蜡炸药组分 （%）

炸药名称	硝酸铵	柴 油	木 粉	松 香	石 蜡
1 号铵松蜡炸药	91 ±1.5		6.5 ±1.0	1.7 ±0.3	0.8 ±0.2
2 号铵松蜡炸药	91 ±1.5	1.5 ±0.5	5.0 ±0.5	1.7 ±0.3	0.8 ±0.2

表 3-11 铵松蜡炸药性能指标

炸药名称	药卷密度 /g·cm^{-3}	水分/%	殉爆距离 /cm	猛度/mm	爆速 /m·s^{-1}	做功能力 /mL
1 号铵松蜡炸药（浸水前）	0.95～1.0	0.1～0.3	7～9	13～15	3400～3800	320～340
1 号铵松蜡炸药（浸水后）	0.95～1.0	0.1～0.3	5～7	12.5～14.5	3300～3700	310～320
2 号铵松蜡炸药（浸水前）	0.95～1.0	≤0.25	7～9	13～15	3500～3800	320～360
2 号铵松蜡炸药（浸水后）	0.95～1.0	≤0.25	4～7	12～15	3200～3500	310～330

铵松蜡炸药的爆炸性能良好，接近 2 号岩石炸药，适用于中硬以上的岩石爆破作业；具有一定的防潮抗水能力，在雨季或潮湿环境下敞露在空气中一段时间后，不会因吸湿潮解而失效。

由于松香和石蜡的熔点较低，因此不宜用于有瓦斯和矿尘爆炸危险的井下爆破作业。

3.3 含水炸药

含水炸药是以硝酸铵水溶液为主要成分的抗水炸药，包括浆状炸药、水胶炸药和乳化炸药。我国目前含水炸药主要以乳化炸药为主，浆状炸药和水胶炸药生产量很小。

3.3.1 浆状炸药

浆状炸药（slurry explosive，slurries）是 1956 年由美国人 Cook 和加拿大工程师 Farnam 共同研制成功的。我国于 1959 年开始研制并很快有了定型产品。浆状炸药是由氧化剂水溶液、敏化剂和胶凝剂等为基本组分组成的含水的抗水炸药。

氧化剂水溶液由硝酸铵加少量硝酸钠溶解于水制成。

敏化剂的作用是提高炸药的感度，包括梯恩梯等单质猛炸药，柴油、金属粉等可燃剂；另加入亚硝酸钠作为发泡剂，使得炸药中形成微小气泡。

胶凝剂起增稠作用，使炸药中不溶于水的固体颗粒及柴油呈悬浮状与水溶液均匀地胶结在一起，形成水包油型胶凝体，即氧化剂水溶液为连续相，可燃剂和敏化剂为分散相。常用的胶凝剂有白芨、槐豆胶、田菁胶、皂角胶以及聚丙烯酰胺等。

除此之外，炸药中还加入少量交联剂、表面活性剂和安定剂等。交联剂（助胶剂）的作用是使胶凝剂的线型结构的分子聚塑交联、键合成网状结构，提高胶凝效果和稠化程度，增强抗水能力。常用硼砂或硼砂与重铬酸钠的混合水溶液。表面活性剂在浆状炸药中起乳化作用和增塑作用，提高耐冻能力。常采用十二烷基苯磺酸钠或十二烷基磺酸钠。安定剂用于提高炸药的安定性，防止其变质。常用尿素作为安定剂。

表 3-12 列出了国产浆状炸药的主要品种和组分。

表 3-12 国产浆状炸药的主要品种和组分 （%）

炸药牌号	硝酸铵	硝酸钠	梯恩梯	水	柴油	胶凝剂	交联剂	表面活性剂	尿素	其他
4 号浆状炸药	60.2		17.5	16.0		2.0（白芨粉）	1.3（硼砂）		3.0	
5 号浆状炸药	70.2～71.5		5.0	15.0	4.0	2.4（白芨粉）	1.4（硼砂）	1.0		

续表 3-12

炸药牌号	硝酸铵	硝酸钠	梯恩梯	水	柴油	胶凝剂	交联剂	表面活性剂	尿素	其他
槐1号浆状炸药	67.9	10.0		9.0	3.5	0.6（槐豆胶）	2.0①	2.5		4.0（硫黄粉）
白云1号抗冻浆状炸药	45	10.0	17.3	15.0		0.7（皂角胶）	2.0②	1.0	3.0	3.0（乙二醇）
田菁10号浆状炸药	57.5	10.0	10.0	11+2	2.0	0.7（田菁胶）	1.0③	3.0	3.0	2.0（硫黄粉）

①硼砂0.145%，重铬酸钾0.06%，水1.795%；

②硼砂0.1%，重铬酸钾0.1%，亚硝酸钠0.14%，水1.66%；

③交联发泡溶液。

浆状炸药具有抗水性强、密度高、爆炸威力较大、成本低、使用安全等优点，曾经在露天有水深孔爆破中广泛采用。目前我国浆状炸药的产量已经很少。

国产浆状炸药的主要性能指标见表3-13。

表3-13 国产浆状炸药的主要性能指标

炸药牌号	药卷密度/$g\cdot cm^{-3}$	爆速/$m\cdot s^{-1}$	临界直径/cm
4号浆状炸药	1.4~1.5	4400~5600	96
5号浆状炸药	1.15~1.24	4500~5600	≤45
槐1号浆状炸药	1.1~1.2	3200~3500	
白云1号抗冻浆状炸药	1.17~1.27	5600	≤78
田菁10号浆状炸药	1.25~1.31	4500~5000	70~80

3.3.2 水胶炸药

水胶炸药（water gel explosive）是20世纪70年代在浆状炸药的基础上发展起来的一种含水抗水炸药。水胶炸药是以硝酸甲胺为主要敏化剂，加入氧化剂、可燃剂、密度调节剂等材料，经溶解、混合后，悬浮于有胶凝剂的水溶液中，再经化学交联而制成的一种凝胶状的工业炸药。

氧化剂水溶液与浆状炸药相同。

敏化剂采用具有爆炸性能的硝酸甲胺（$CH_3NH_2\cdot HNO_3$，简称MANN）。硝酸甲胺比硝酸铵更容易溶解于水，使氧化剂和敏化剂相互混合更均匀，耦合状态更好。另外，硝酸甲胺不含水时感度较高，而其水溶液浓度小于86%时，则不具备雷管感度，利用这一特性制造炸药保证了制造过程的安全。

水胶炸药的爆轰感度通常高于浆状炸药，可制成岩石水胶炸药、煤矿许用水胶炸药和露天水胶炸药。

国产水胶炸药的主要性能指标见表3-14。

表 3-14 国产水胶炸药的主要性能指标

炸药名称	炸药密度 /g·cm^{-3}	爆速 /m·s^{-1}	猛度/mm	殉爆距离 /cm	做功能力 /mL	爆炸后有毒气体含量 /L·kg^{-1}	可燃气安全度	使用保证期 /d
1 号岩石水胶炸药	1.05~1.30	≥4200	≥16	≥4	≥320	≤80	—	270
2 号岩石水胶炸药	1.05~1.30	≥3200	≥12	≥3	≥260	≤80	—	270
一级煤矿水胶炸药	0.95~1.25	≥3200	≥10	≥3	≥220	≤80	合格	180
二级煤矿水胶炸药	0.95~1.25	≥3200	≥10	≥2	≥220	≤80	合格	180
三级煤矿水胶炸药	0.95~1.25	≥3000	≥8	≥2	≥180	≤80	合格	180
露天水胶炸药	1.00~1.35	≥3200	≥12	≥3	≥240	—	—	180

3.3.3 乳化炸药

乳化炸药（emulsion explosive）是20世纪60年代末由美国阿特拉斯（Atlas）化学工业有限公司研制成功的一种新型的抗水炸药。它借助于乳化剂的作用使氧化剂水溶液悬浮在油相材料中，形成油包水型乳状液。这一结构特点增强了含水炸药的抗水性和爆轰感度。

3.3.3.1 乳化炸药的组分

（1）氧化剂水溶液。氧化剂水溶液以硝酸铵为主，加入部分硝酸钠，用于降低炸药的“析晶”点，提高炸药的爆炸性能、稳定性和耐冻性。硝酸铵和硝酸钠的比例以3:1~4:1为最佳。将氧化剂溶解于水，形成氧化剂水溶液，组成乳化炸药的分散相。水的含量对乳化炸药的稳定性、爆炸性能及密度均有显著的影响。在一定的范围内，随着水含量的增加，炸药贮存的稳定性提高，密度下降。爆速和猛度的最大值通常出现于水含量为10%~12%的范围内，一般来说，以8%~18%为宜。

（2）复合油相。复合油相包括柴油、机油、重油、石蜡、凡士林等，作为乳化炸药的连续相。复合油相既是可燃物，又是敏化剂，同时对炸药成品的外观状态、抗水性能和贮存的稳定性有明显的影响，一般加入量为1%~5%。

（3）乳化剂。乳化剂在化学结构上一般都由极性基和非极性基构成，极性基易溶于水具有亲水性质，称为亲水基；非极性基易溶于油，称为亲油基。在油-水体系中加入乳化剂后，亲水基溶于水中，亲油基溶于油中，这样就在油-水两相之间形成一层致密的界面膜，降低了界面张力，同时对液滴起保护作用。

衡量乳化性能最常用的指标是亲水亲油平衡值（HLB）。HLB值低表示乳化剂的亲油性强，易形成油包水（W/O）型体系；HLB值高则表示亲水性强，易形成水包油（O/W）型体系。因此HLB值有一定的加和性，利用这一特性，可制备出不同HLB值的系列乳化液。经验表明，HLB为3~7的乳化剂多数可以用于乳化炸药作为乳化剂。乳化炸药中可以含有一种或多种乳化剂。常用的有失水山梨糖醇单油酸酯（Span-80）、聚异丁烯丁二酰亚胺等。

在乳化剂的作用下，硝酸铵水溶液变成小水滴，而燃料油却吸附在水珠表面，形成油包水型乳状液，所以又把硝酸铵水溶液称为内相，燃料油称为外相。油包水的水珠很小，一般为2μm。

（4）发泡剂和密度调整剂。加入亚硝酸钠可以产生微小气泡，或直接加入空心玻璃珠、膨胀珍珠岩粉等，以提高炸药的感度，同时调整炸药的密度。

（5）少量添加剂。包括乳化促进剂、晶形改性剂和稳定剂等，加入量一般为0.1%～0.5%。有时加入铝粉提高炸药热效应，煤矿许用炸药需加入消焰剂。

几种国产乳化炸药系列的组分见表3-15。

表3-15 几种国产乳化炸药系列的组分 （%）

系列或型号	硝酸铵（钠）	硝酸甲胺	水	乳化剂	油相材料	铝粉	添加剂	密度调整剂
EL系列	65～75		8～12	1～2	3～5		2.1～2.2	0.3～0.5
CLH系列	63～80		5～11	1～2	3～5	2	10～15	
SB系列	67～80		3～13	1～2	3.5～6		6～9	1.5～3
BME系列	36～51		6～9	1.0～1.5	2.0～3.5	1～2	1.0～1.5	
RJ系列	58～85	8～10	8～15	1～3	2～5		0.5～2	0.2～1
WR系列	78～80		10～13	0.8～2	3～5		5～6.5	
岩石型	65～86		8～13	0.8～1.2	4～6		1～3	
煤矿许用型	65～80		8～13	0.8～1.2	3～5		5～10（消焰剂）	

3.3.3.2 乳化炸药的主要性能

乳化炸药由于具有油包水型的结构，油膜包覆在氧化剂水溶液水滴表面，即防止外部水分侵入，又可防止内部的水分蒸发。因此具有很好的爆炸性能，爆速最高可达5000 m/s，临界直径为12～16mm，可以用雷管起爆。抗水性能强，浸水96h，其爆炸性能变化甚微。机械感度较低，安全性能好。加工工艺简单，原料来源广泛，生产成本较低。乳化炸药主要性能指标见表3-16。

表3-16 乳化炸药主要性能指标

炸药名称	药卷密度 /g·cm⁻³	炸药密度 /g·cm⁻³	爆速 /m·s⁻¹	猛度 /mm	殉爆距离 /cm	做功能力 /mL	爆炸后有毒气体含量 /L·kg⁻¹	可燃气安全度	使用保证期 /d
1号岩石乳化炸药	0.95～1.30	1.00～1.30	≥4500	≥16	≥4	≥320	≤80	—	180
2号岩石乳化炸药	0.95～1.30	1.00～1.30	≥3200	≥12	≥3	≥260	≤80	—	180
一级煤矿乳化炸药	0.95～1.25	1.00～1.30	≥3000	≥10	≥2	≥220	≤80	合格	120
二级煤矿乳化炸药	0.95～1.25	1.00～1.30	≥3000	≥10	≥2	≥220	≤80	合格	120
三级煤矿乳化炸药	0.95～1.25	1.00～1.30	≥2800	≥8	≥2	≥210	≤80	合格	120
有雷管感度露天乳化炸药	1.10～1.30	1.15～1.35	≥3000	≥10	≥2	≥240	—	—	120
无雷管感度露天乳化炸药	—	1.00～1.35	≥3500	—	—	—	—	—	15

3.3.3.3 乳化炸药现场混装系统

将混制炸药所用的各种原材料运送至爆破现场附近地面站，在地面站只制备氧化剂水溶液、油相混合溶液和密度调整剂。装药前，将已经备好的各种溶液装到混装车上的各储存罐内，待汽车开至爆破现场，利用汽车动力在车上完成乳化、掺混及泵送等工序，将炸药定量地送入炮孔中。

3.3.4 粉状乳化炸药

粉状乳化炸药具有与乳化炸药相似的微观结构。它是将油包水型的乳胶体，通过喷雾制粉、旋转闪蒸或冷却固化后粉碎等方法制成一种粉状的含水炸药。其最终产品不再是乳胶体，而是以极薄油膜包覆的硝酸铵等无机盐结晶粉末。粉状乳化炸药保持了乳化炸药氧化剂与可燃剂接触紧密充分的特点，且呈粉末状态，具有较高的爆轰感度、良好的爆炸性能和稳定性。生产、运输和使用更为方便，更符合人们的使用习惯。

粉状乳化炸药制备工艺中的乳胶制备与常规乳化炸药基本相同，首先制备水相和油相溶液，通过自动控制将油相和水相溶液按配方要求输入常压连续乳化器进行乳化。制备好的乳胶由输送泵送入制粉塔中的三流式雾化器雾化成粉，粉体物料经塔底集料器进入振动式流化床进行流化处理后经出料口输出，送入包装工房装填成小直径药卷。

粉状乳化炸药主要性能指标见表3-17。

表3-17 粉状乳化炸药主要性能指标

项 目	药卷密度 /$g\cdot cm^{-3}$	临界直径 /cm	爆速 /$m\cdot s^{-1}$	猛度/mm	殉爆距离 /cm	做功能力 /mL	爆炸后有毒气体含量 /$L\cdot kg^{-1}$	使用保证期 /d
指 标	0.85～1.05	8～10	≥3400	≥13	≥5	≥300	≤80	180

3.4 铵梯类炸药

3.4.1 铵梯炸药

铵梯炸药，又称为工业粉状铵梯炸药（industrial powdery explosive contained ammonium nitrate and trinitrotoluene），主要成分是硝酸铵、梯恩梯和木粉。

硝酸铵为氧化剂，梯恩梯为还原剂和敏化剂，木粉为疏松剂和还原剂。与梯恩梯、木粉与硝酸铵混合后，可以制成近似零氧平衡的炸药，使各种成分反应完全，提高能量的利用率。同时由于梯恩梯感度较高，使得铵梯炸药很容易被雷管引爆，故梯恩梯起到了敏化剂的作用。梯恩梯是一种有毒的物质，其粉尘、蒸气通过皮肤和呼吸道侵入体内，可以造成中毒性肝炎和再生障碍性贫血等疾病，严重时可致人死亡。因此铵梯炸药在国内已停止生产和使用。

按使用范围不同，铵梯炸药分为露天铵梯炸药、岩石铵梯炸药和煤矿许用铵梯炸药三大类。按抗水性能分为普通铵梯炸药和抗水铵梯炸药两大类。露天铵梯炸药适用于露天爆破工程，岩石铵梯炸药适用于露天或无可燃气体和粉尘爆炸危险的地下爆破工程，煤矿许用铵梯炸药适用于有可燃气体和粉尘爆炸危险的地下爆破工程，抗水铵梯炸药适用于一般有水作业的爆破工程。

表 3-18 为铵梯炸药的组分。从表 3-18 中可以看出，露天铵梯炸药梯恩梯含量相对较少，而木粉含量增加。在煤矿许用炸药中，加入了约 15% ~20% 的食盐，作为消焰剂。由于硝酸铵具有吸湿结块性，不能用在有水的工作面，为此，在其中加入少量石蜡和沥青等抗水剂，制成抗水铵梯炸药。

表 3-18　铵梯炸药的组分　（%）

炸药名称	硝酸铵	梯恩梯	木粉	盐	抗水剂
1 号露天铵梯炸药	80.0 ~80.4	9.0 ~11.0	7.0 ~9.0	—	—
2 号露天铵梯炸药	84.0 ~88.0	4.0 ~6.0	8.0 ~10.0	—	—
2 号抗水露天铵梯炸药	84.0 ~88.0	4.0 ~6.0	7.2 ~9.2	—	0.6 ~1.0
3 号露天铵梯炸药	86.0 ~90.0	2.5 ~3.5	8.0 ~10.0	—	—
2 号岩石铵梯炸药	83.5 ~86.5	10.0 ~12.0	3.5 ~4.5	—	—
2 号抗水岩石铵梯炸药	83.5 ~86.5	10.0 ~11.5	2.7 ~3.7	—	0.6 ~1.0
3 号岩石铵梯炸药	80.5 ~83.5	13.0 ~15.0	3.5 ~4.5	—	—
4 号抗水岩石铵梯炸药	77.7 ~80.7	18.5 ~21.5	—	—	0.5 ~1.0
2 号煤矿许用铵梯炸药	69.5 ~72.5	9.5 ~10.5	3.5 ~4.5	14.0 ~16.0	—
2 号抗水煤矿许用铵梯炸药	70.5 ~73.5	9.5 ~10.5	1.7 ~2.7	14.0 ~16.0	0.6 ~1.0
3 号煤矿许用铵梯炸药	65.5 ~68.5	9.5 ~10.5	2.5 ~3.5	19.0 ~21.0	—
3 号抗水煤矿许用铵梯炸药	65.5 ~68.5	9.5 ~10.5	2.1 ~3.1	19.0 ~21.0	0.3 ~0.5

表 3-19 为铵梯炸药的性能指标。不同炸药的性能指标要求不同。例如岩石铵梯炸药和煤矿许用铵梯炸药的含水量不大于 0.3%，在有效期内不大于 0.5%，含水量大于 0.5% 时，不能用于井下，还可以用于露天爆破作业；为了保证井下作业人员的安全和身体健康，要求用于井下爆破作业的岩石铵梯炸药和煤矿许用铵梯炸药爆炸后有毒气体的生成量不应超过 80L/kg。

表 3-19　铵梯炸药的性能指标

炸药名称	水分 /%	殉爆距离/cm		猛度 /cm	药卷密度 /g·cm^{-3}	爆速 /m·s^{-1}	做功能力 /mL	有效期 /月	有效期内殉爆距离 /cm	有效期内水分 /%	爆炸后有毒气体含量 /L·kg^{-1}	可燃气安全度
		浸水前	浸水后									
1 号露天铵梯炸药	≤0.5	≥4	—	≥11	0.85 ~1.10	—	≥278	4	≥2	≤1.0	—	—
2 号露天铵梯炸药	≤0.5	≥3	—	≥11	0.85 ~1.10	≥2100	≥228	4	≥2	≤1.0	—	—
2 号抗水露天铵梯炸药	≤0.5		≥2	≥11	0.85 ~1.10	≥2100	≥228	4	≥2	≤1.0	—	—
3 号露天铵梯炸药	≤0.5	≥2	—	≥5	0.85 ~1.10	—	≥208	4	≥1	≤1.0	—	—
2 号岩石铵梯炸药	≤0.3	≥5	—	≥12	0.95 ~1.10	≥3200	≥298	6	≥3	≤0.5	≤80	—

续表 3-19

炸药名称	水分/%	殉爆距离/cm		猛度/cm	药卷密度/g·cm^{-3}	爆速/m·s^{-1}	做功能力/mL	有效期/月	有效期内殉爆距离/cm	有效期内水分/%	爆炸后有毒气体含量/L·kg^{-1}	可燃气安全度
		浸水前	浸水后									
2号抗水岩石铵梯炸药	≤0.3	≥5	≥4	≥12	0.95~1.10	≥3200	≥298	6	≥3	≤0.5	≤80	—
3号岩石铵梯炸药	≤0.3	≥6	—	≥13	0.95~1.10	≥3300	≥328	6	≥3	≤0.5	≤80	—
4号抗水岩石铵梯炸药	≤0.3	≥6	≥4	≥14	1.00~1.20	≥3500	≥338	8	≥3	≤0.5	≤80	—
2号煤矿许用铵梯炸药	≤0.3	≥5	—	≥10	0.95~1.10	≥2500	≥228	4	≥3	≤0.5	≤80	合格
2号抗水煤矿许用铵梯炸药	≤0.3	≥4	≥3	≥10	0.95~1.10	≥2500	≥228	4	≥2	≤0.5	≤80	合格
3号煤矿许用铵梯炸药	≤0.3	≥4	—	≥10	0.95~1.10	≥2600	≥218	4	≥2	≤0.5	≤80	合格
3号抗水煤矿许用铵梯炸药	≤0.3	≥4	≥3	≥10	0.95~1.10	≥2600	≥218	4	≥2	≤0.5	≤80	合格

露天铵梯炸药和煤矿许用铵梯炸药的有效期为4个月，岩石铵梯炸药的有效期为6个月，抗水岩石铵梯炸药的有效期为8个月。

铵梯炸药对冲击、摩擦和火花等感度低，在制造、运输、贮藏和使用上都很安全。能够被8号雷管引爆，使用方便；爆炸威力较高；与硝化甘油炸药相比，成本大大降低，能够广泛应用。由于硝酸铵具有吸湿结块性，所以普通铵梯炸药容易吸湿结块，结块后会大大降低炸药的感度和威力，甚至发生拒爆。另外铵梯炸药中梯恩梯为有毒物质，在制造和使用过程中对环境都有一定的污染，因此铵梯炸药已被无梯炸药所取代。

3.4.2 铵梯油炸药

铵梯油炸药的主要成分除了硝酸铵、梯恩梯和木粉外，还添加了复合油相。复合油相能够使硝酸铵或梯恩梯粒子表面形成液固相界面膜，提高硝酸铵的防潮抗水性能；同时在生产过程中抑制硝酸铵及梯恩梯粉尘的飞扬，降低炸药体系的机械感度以提高其安全性能，改善炸药体系的爆炸反应条件并提高爆炸能量，起到燃料型敏化剂作用，减少梯恩梯的用量。调节复合油相的配比，使炸药的氧平衡近似为零，可以降低炸药爆轰产物中氮氧化物的生成量，从而减少爆轰产物中有毒气体的含量。

要求复合油相有一点稠度，成膜性能好；能包覆硝酸铵粒子表面而不是渗入粒子内部，导致孔隙的减少影响爆轰性能；形成的界面膜具有减少粉尘及防潮作用；复合油相与硝酸铵等物料应有良好的相容性和热稳定性。

复合油相主要由柴油、机油、重油、石蜡油、煤焦油、工业凡士林等高热值燃料以及石蜡、沥青、松香等抗水防潮剂、稠度调节剂、钝化剂组成，并加入一定量的非离子型表面活性剂（Span-80）以及亲油性分散剂（硬脂酸或氧化石蜡）等复合配制而成。

目前有2号和4号铵梯油炸药两个品种，组分及主要性能指标见表3-20、表3-21。与铵梯炸药相比，以复合油相代替部分梯恩梯，减少了梯恩梯的用量，减少了环境污染。

表 3-20 铵梯油炸药的组分 （%）

炸药名称	硝酸铵	梯恩梯	木 粉	复合油相	改性剂（外加）
2 号岩石铵梯油炸药	87.5	7	4	1.5	
4 号岩石铵梯油炸药	91.3 ±1.5	2 ±0.2	4 ±0.5	2.7 ±0.3	0.3 ±0.1

表 3-21 铵梯油炸药主要性能指标

炸药名称	水分 /%	爆速 /m·s⁻¹	做功能力 /mL	猛度 /mm	殉爆距离 /cm	药卷密度 /g·cm⁻³	有效期 /月	有效期内殉爆距离/mm	有效期内水分/%
2 号岩石铵梯油炸药	≤0.3	≥3200	≥298	≥12	≥4	0.95～1.10	6	≥3	≤0.5
4 号岩石铵梯油炸药	≤0.3	≥3200	≥320	≥12	≥4	0.95～1.10	6	≥3	≤0.5

3.5 硝化甘油炸药

硝化甘油炸药（dynamite）是以硝化甘油为主要成分，以硝化棉为吸收剂，以硝酸铵、硝酸钠、硝酸钾等为氧化剂，加入少量木粉作为还原剂和疏松剂的一种工业炸药，分为胶质和粉状两种。

以 6%～8% 硝化棉，溶于 94%～92% 硝化甘油，形成冻胶状的微黄色、半透明的弹塑性炸药物质，称为爆胶。爆胶是浓度最高的胶质炸药。密度约为 1.63g/cm³。虽然爆胶的冲击和摩擦感度比纯硝化甘油或古尔代那买特低，但危险性仍很大，爆炸时生成的有毒气体也较多。

硝化棉（NC），是由干净棉纤维与混合胶（浓硝酸＋浓硫酸）反应制得，加压蒸煮前为白色纤维，蒸煮后成为各种黏度的液体。具有爆炸性能，易于点燃，密闭时转化为爆炸。

为了改善爆炸性能，在爆胶中加入硝酸铵、硝酸钠、硝酸钾等氧化剂以及木粉，即制成胶质硝化甘油炸药。加入一定量的硝化乙二醇可以降低炸药的冻结点，提高其抗冻性能。胶质炸药具有弹性和塑性，具有一定的抗水能力，但随着其他成分的加入而降低。密度为 1.4～1.72g/cm³。物理安定性差，长期储存有老化、渗油现象。胶质炸药老化后干结变硬失去弹性和塑性，密度变大，爆炸性能下降。老化的胶质炸药不能被 8 号雷管直接起爆。长期贮存硝化甘油从炸药中渗出，冻结熔化后的炸药渗出尤为严重。渗出的硝化甘油机械感度高。

胶质炸药的撞击感度随炸药中爆胶含量的多少和爆胶中胶棉含量的多少而改变。爆胶少或胶棉含量大，感度低，反之则高。

粉状硝化甘油炸药中不含有硝化棉，硝化甘油含量一般不超过 10%。粉状硝化甘油炸药因硝化甘油含量少，又都被木粉、硝酸铵等吸附，所以不会渗油老化，能保持较好的爆炸性能。结块的粉状硝化甘油炸药仍具有一定的起爆感度和传爆能力。

硝化甘油炸药在 20 世纪 50 年代中期以前曾作为工业炸药的主流产品广泛应用于各种爆破工程。然而由于它的撞击和摩擦感度高，安全性差，且价格高、保管期短、容易老化，随着铵油炸药的出现而应用范围日益减小，一般只在水下爆破、地震勘探爆破和一些特定的爆破作业中使用。

国产胶质硝化甘油炸药的组分和主要性能指标见表3-22和表3-23。

表3-22 国产胶质硝化甘油炸药组分 (%)

炸药名称	硝化甘油	硝化棉	硝酸铵	淀 粉	木 粉	梯恩梯	附加物
1号普通胶质炸药	39.0~41.0	1.4~2.1	50.8~53.0	2.5~3.5	2.5~3.5		
2号普通胶质炸药	39.0~41.0	1.4~2.1	51.1~54.1		5.2~6.2		
3号普通胶质炸药	23.5~26.5	0.5~2.0	63.0~66.2		2.5~3.5	4.8~6.8	0.2~1.0
耐冻胶质炸药	39.0~41.0（混合硝酸酯）	1.4~2.1	51.1~54.1	2.15~3.5	2.0~3.5		

表3-23 国产胶质硝化甘油炸药主要性能指标

炸药名称	炸药密度 $/g \cdot cm^{-3}$	爆速 $/m \cdot s^{-1}$	猛度/mm	殉爆距离 /cm	做功能力 /mL	耐水级别
1号普通胶质炸药	1.4~1.6	≥6000	≥15	≥8	≥360	1级
2号普通胶质炸药	1.4~1.6	≥6000	≥15	≥8	≥360	1级
3号普通胶质炸药	1.35~1.55	≥6000	≥15	≥8	≥360	2级
耐冻胶质炸药	1.35~1.55	≥6000	≥15	≥8	≥360	2级

3.6 煤矿许用炸药

3.6.1 煤矿瓦斯与煤尘

煤矿瓦斯实际上是指瓦斯与空气的混合物。瓦斯是与煤同时生成的，由植物遗体（纤维素）生成煤的过程表示为：

$$4C_6H_{10}O_5 \longrightarrow 7CH_4 + 8CO_2 + 3H_2O + C_9H_6O(\text{煤})$$

煤矿按瓦斯涌出量的大小，分为低瓦斯矿井（瓦斯涌出量不超过$10m^3/t$）、高瓦斯矿井（瓦斯涌出量大于$10m^3/t$）和煤与瓦斯突出矿井。矿井瓦斯等级越高，发生爆炸的危险性越大。一般来说，井下空气中的瓦斯浓度在4%~5%时，就有发生爆炸的危险。《煤矿安全规程》规定，采区回风巷、采掘工作面回风巷风流中瓦斯浓度超过1.0%或二氧化碳浓度超过1.5%时，必须停止工作，撤出人员，采取措施，进行处理。

煤尘是指在热能作用下能够发生爆炸的细煤粉，通常把0.75~1.0mm以下的煤粉称为煤尘。煤尘不仅可以单独爆炸，而且可以与瓦斯一起爆炸，危害更大。研究表明，0.75~1.0mm的煤尘爆炸下限浓度为$45g/m^3$。随着空气中瓦斯含量的增大，煤尘爆炸下限浓度急剧下降。煤尘爆炸的上限浓度，因煤质和试验条件的不同，各国的数据标准也不一致。试验表明，爆炸力最强的浓度为$300 \sim 400g/m^3$。

研究表明，爆破作业引起瓦斯和煤尘爆炸的主要原因是：

（1）炸药爆炸时形成的空气冲击波的绝热压缩；

（2）炸药爆炸时生成的炽热的或燃着的固体颗粒的点火作用；

（3）炸药爆炸时生成的爆炸气体产物及二次火焰的直接加热。

3.6.2 煤矿许用炸药的特点

一般来说，允许在有瓦斯和煤尘爆炸危险的地方使用的炸药应该具有以下特点：

（1）能量有一定的限制。炸药的爆热、爆温、爆压和爆速都要求低一些，爆破后，不致引起矿井大气的局部高温；

（2）具有较高的起爆感度和较好的传爆能力，以保证爆炸的完全性和传爆的稳定性，减少爆炸产物中未反应的炽热固体颗粒；

（3）不含金属粉末，以防爆炸后生成炽热的固体颗粒。

为此，一般煤矿许用炸药中都含有氯化钠作为消焰剂。氯化钠是一种热容量大的物质，在炸药爆炸时，能吸收一部分爆热而降低炸药的爆温，减小火焰，缩短火焰持续时间，从而达到防止矿井大气局部温度升高的作用。同时，消焰剂还对瓦斯-空气混合物的氧化燃烧反应起负催化作用，破坏瓦斯氧化燃烧时的连锁反应活动中心，促成链的中断，抑制瓦斯-空气混合物的爆炸。

3.6.3 煤矿许用炸药的品种与分级

煤矿许用炸药的品种较多，一般工业炸药都包含煤矿许用炸药，如煤矿许用铵梯炸药、煤矿许用膨胀化硝铵炸药、煤矿许用水胶炸药、煤矿许用乳化炸药、煤矿许用粉状乳化炸药等。

煤矿许用炸药按可燃气安全度分为一级、二级、三级。各级半数引火量（在规定条件下，引火概率为50%的炸药质量）标准值为一级100g、二级180g、三级400g。

《爆破安全规程》规定，煤矿井下爆破作业，必须使用煤矿许用炸药和煤矿许用电雷管。煤矿许用炸药的选用应遵守下列规定：

（1）低瓦斯矿井的岩石掘进工作面，应使用安全等级不低于一级的煤矿许用炸药；

（2）低瓦斯矿井的煤层掘进工作面，半煤岩掘进工作面应使用安全等级不低于二级的煤矿许用炸药；

（3）高瓦斯矿井、低瓦斯矿井的高瓦斯区域，应使用安全等级不低于三级的煤矿许用炸药。有煤（岩）与瓦斯突出危险的工作面，应使用安全等级不低于三级的煤矿许用含水炸药；

（4）不应使用黑火药；

（5）同一工作面不应使用两种不同品种的炸药。

4 起爆器材与起爆方法

用于引爆炸药的器材称为起爆器材，不同的起爆方法使用不同的起爆器材。工程爆破中常用的起爆方法有导火索（火雷管）起爆法、电力（电雷管）起爆法、导爆管起爆法和导爆索起爆法。起爆器材主要有火雷管、电雷管、导爆管雷管等工业雷管，导火索、导爆索、导爆管及点火材料、导线、起爆器等。由于火雷管已停止生产，导火索起爆法已不再使用。

4.1 工业火雷管与工业导火索

4.1.1 工业火雷管

工业火雷管（简称火雷管，plain detonators 或 flash detonator）是能够直接被导火索火焰起爆的在管壳内装有起爆药和猛炸药的一个小型药包，用来引爆工业炸药。

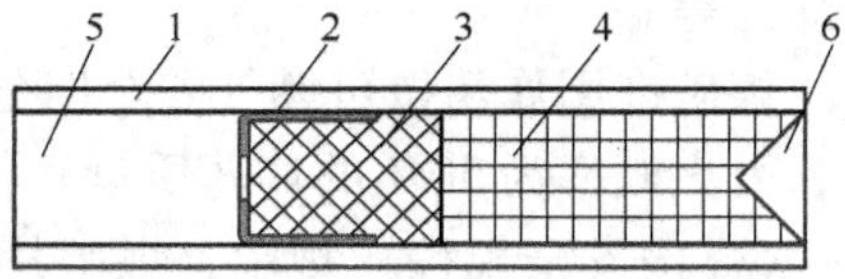

图 4-1 火雷管的结构示意图

1—管壳；2—加强帽；3—起爆药；4—加强药；5—开口端；6—聚能穴

4.1.1.1 火雷管的结构

火雷管的结构如图 4-1 所示，它由管壳、起爆药、加强药和加强帽四部分组成。

A 管壳

管壳的作用是作为起爆药和加强药的容器，形成一个具有一定强度的药包，以保护起爆药和加强药不直接与外界作用，为起爆药提供良好的封闭条件，提高爆炸威力。管壳按使用材料的不同分为金属管壳（包括钢、铝、防锈铝、铜、覆铜钢）、塑料管壳和纸制管壳三种。管壳被做成圆筒形，一端开口，另一端封闭并做成凹穴状，称为聚能穴，以提高该方向的起爆能力。

管壳内径为 6.15 ~6.40mm。

B 起爆药

起爆药（副装药）和加强药（主装药）是雷管中的主体，在雷管靠近开口端，装入起爆药，由于其火焰感度较高，很容易由导火索喷出的火焰引爆。在起爆药下面装入单质猛炸药作为加强药，以提高雷管的威力。

起爆药一般采用雷汞、氮化铅、二硝基重氮酚（DDNP），以二硝基重氮酚最为常用。起爆药装药量必须保证加强药完全爆轰。

C 加强药

加强药常用黑索今（RDX）、特屈儿或黑索今-梯恩梯混合炸药。加强药装药量的多少决定了雷管的起爆威力的大小。

工业雷管按主装药药量的多少分为 6 号和 8 号两种雷管。国家标准规定，主装药药量 6 号雷管不低于 0.4g，8 号雷管不低于 0.6g。

D 加强帽

加强帽由 0.2mm 厚的铜片冲压制成，中间有不小于 1.9mm 的小孔，孔下面有一绢垫将小孔封闭。加强帽装在起爆药上面，封闭雷管的装药，以防止起爆药从管中倒出、外界杂物侵入起爆药中而引爆雷管以及起爆药受潮；同时使雷管中形成一个密闭的小室，提高炸药的起爆威力。

在加强帽上面留有空位，即开口端用于插入导火索，非金属壳空位长度不小于 15mm，金属壳空位不小于 10mm。

4.1.1.2 雷管质量检验

通过振动试验和穿孔实验来检验雷管的质量。

（1）振动试验。雷管在振动机上振动 10min，不允许爆炸、撒药粉和加强帽移动。

（2）穿孔实验。将雷管放置在一铅板上，雷管爆炸后在铅板上穿出一小孔。要求 6 号雷管和 8 号雷管分别能爆穿 4mm 和 5mm 厚的铅板，其穿出的孔径大于雷管的直径。否则认为雷管不合格。不合格的雷管应就地销毁，不能继续保存和使用。

4.1.1.3 雷管的编码

在工业雷管管壳外表合适部位必须编上出厂编码，编码由生产企业代号、生产时间和特征号、流水号组成，10 年内出厂雷管不重号。在基本包装单元（盒）外必须贴有能跟踪盒内雷管编码关联信息的一维条码；在包装箱外必须贴有能跟踪箱内雷管编码关联信息的一维条码。

雷管管壳外表编码由 13 位数字组成，包括生产企业代号，生产年份代号，生产月份，生产日期，特征号和流水号等。例如：编码为 57 2 05 05 1 91166 的雷管为绵阳久安实业公司（代号 57）2002 年 5 月 5 日生产的，由第 1 号编码机编码，第 911 盒内第 66 发雷管。

4.1.2 工业导火索

工业导火索（简称导火索，safety fuse），是以黑火药为药芯，以棉线、纸、塑料、沥青等为被覆材料制成的索状起爆器材，其作用是传递火焰，引爆雷管。

导火索的结构如图 4-2 所示。

导火索由芯线、索芯和被覆材料等组成。芯线是指导火索中心的三根撑线，一般用棉

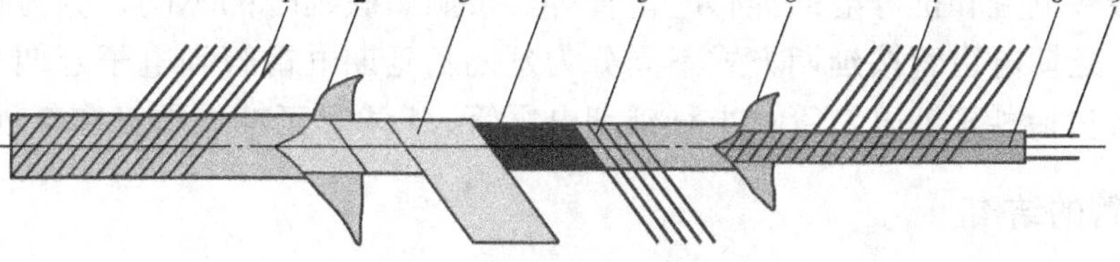

图 4-2 导火索结构示意图

1—外层线；2—外层纸（挂涂料）；3—中层纸；4—防潮层；
5—中层线；6—内层纸；7—内层线；8—索芯；9—芯线

纱线或人造纤维做成，其作用是使黑火药持续而均匀地分布于索芯中；索芯是导火索重要组成部分，用轻微压缩的粉状或粒状黑火药制成。导火索的燃烧速度取决于索芯黑火药的组分配比，常用的工业导火索的黑火药的配方为：硝酸钾63%、硫27%、木炭10%。导火索索芯外面是被覆材料，包括内层线、内层纸、中层线、防潮层、中层纸、外层纸和外层线。

导火索按燃烧时间不同分为普通型和缓燃型两种。

导火索的质量和性能应满足以下要求：

(1) 外观。导火索索杆应均匀。不允许有发霉、损伤、明显油污、剪断处散头、外层线在同一索段有两根或两根以上断（并）线的现象，索头必须封以防潮剂；允许外层线排列不均，其长度不大于10cm；外层线断（并）一根，其连续长度小于6cm；普通型导火索的表面为棉线和纸的本色，缓燃型导火索的外层线有一根绿线。

(2) 尺寸。直径(5.5 ± 0.3)mm，药芯直径不小于2.2mm。索卷长度250m时不小于248m，100m时不小于99m。

(3) 燃烧时间。普通型导火索燃烧时间为100~125s/m，缓燃型导火索燃烧时间为180~215s/m。

(4) 批燃烧时间极差。普通型导火索优级品不大于10s，一级品不大于15s；缓燃型导火索不大于25s。

(5) 燃烧性能。导火索在传火时不能有断火，透火，外壳燃烧及爆声等现象。

(6) 抗水性。导火索在温度为(20 ± 5)℃、深度为1m的静水中浸4h，燃烧性能符合上面的标准。

(7) 耐热性。导火索在温度(45 ± 2)℃的恒温箱中放置2h，不允许有黏结和外壳破坏的现象。

(8) 耐寒性。导火索在温度为(-25 ± 2)℃的条件下放置1h。不允许有裂纹和折断现象。

导火索必须贮存在干燥、通风、温度不超过28℃、相对湿度不超过70%的库房内。在原包装条件下，其保证期自生产之日起为两年。

4.2 电雷管

工业电雷管（简称电雷管，industrial electric detonator）是电力起爆系统的核心，按照用途的不同，分为普通电雷管和特种用途电雷管。后者又分为煤矿许用电雷管、地震勘探电雷管、抗杂散电流和抗静电的钝感电雷管等。按照爆破延时的不同，分为瞬发电雷管和延期电雷管。延期电雷管按延期方式不同分为延期药延期电雷管和电子延期电雷管，按延期时间不同又包括秒延期电雷管、半秒延期电雷管、1/4秒延期电雷管和毫秒延期电雷管。

4.2.1 电雷管的结构

4.2.1.1 瞬发电雷管

瞬发电雷管是在起爆电流足够大的情况下，通电即爆炸的电雷管，与火雷管相比，多了一个电点火装置。电点火装置由桥丝、引火头和脚线三部分组成，如图 4-3（a）所示。

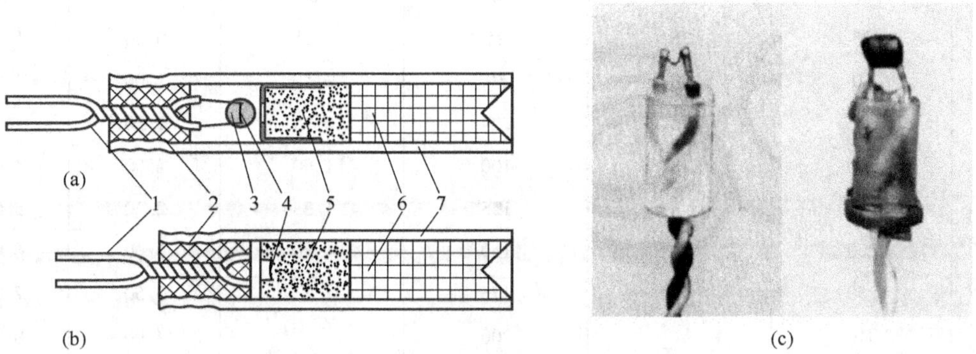

图 4-3 瞬发电雷管结构示意图

（a）药头式；（b）直插式；（c）桥丝与引火头

1—脚线；2—密封塞；3—引火头；4—桥丝；5—起爆药；6—加强药；7—管壳

图 4-3（c）为桥丝和引火头的外形。桥丝是一个很细的电阻丝，通电能灼热，使引火头发火。有康铜和镍铬两种材料，直径 0.035 ~ 0.050mm，长度 4 ~ 6mm。康铜丝电阻 0.7 ~ 1.0Ω，镍铬丝电阻 2.5 ~ 3.0Ω。

引火头能够燃烧产生火焰，引爆起爆药。由可燃剂和氧化剂组成。目前国内使用的引火药有三类：氯酸钾-硫氰酸铅类、氯酸钾-木炭类以及在氯酸钾-木炭类基础上再加上部分氧化剂和可燃剂。

脚线是与桥丝两端相连的导线，为桥丝输送电流。采用两根不同颜色的聚氯乙烯绝缘电线，线芯为铜芯或铁芯（镀锌钢芯），线芯直径铜芯 0.4 ~ 0.6mm，铁芯 0.44 ~ 0.59mm。脚线长度一般为 2m，以便使用时伸到炮孔外面并相互之间连接成电爆网路。要求脚线应具有一定的绝缘性和抗拉、抗挠曲和抗折断能力。

电雷管的原理是当脚线两端通以足够的电流时，桥丝上产生足够的热量使桥丝温度上升，引燃引火头，火焰进入药室，引爆起爆药和加强药。这种由引火头燃烧引爆起爆药的电雷管称为药头式瞬发电雷管。

图 4-3（b）所示直插式电雷管，它没有引火头和加强帽，将桥丝直接插入起爆药中，桥丝发热直接引爆起爆药。这种结构电雷管需用 DDNP 作起爆药，因为 DDNP 的热感度较高。

4.2.1.2 延期电雷管

通以足够的电流后延迟一段时间才爆炸的电雷管称为延期电雷管。我国延期电雷管分为秒延期、半秒延期、1/4 秒延期和毫秒延期等系列，延期时间见表 4-1，其中第 2 毫秒系列为煤矿许用毫秒延期电雷管。要求电雷管应有区分段别的明显标志。若采用脚线颜色区别段别，其颜色一般应符合表 4-2 的规定。

表 4-1 国产延期电雷管系列及延期时间

段号	第1毫秒系列/ms	第2毫秒系列/ms	第3毫秒系列/ms	1/4秒系列/s	半秒系列/s	秒系列/s
1	0	0	0	0	0	0
2	25	25	25	0.25	0.50	1.00
3	50	50	50	0.50	1.00	2.00
4	75	75	75	0.75	1.50	3.00
5	110	100	100	1.00	2.00	4.00
6	150		125	1.25	2.50	5.00
7	200		150	1.50	3.00	6.00
8	250		175		3.50	7.00
9	310		200		4.00	8.00
10	380		225		4.50	9.00
11	460		250			10.00
12	550		275			
13	650		300			
14	760		325			
15	880		350			
16	1020		375			
17	1200		400			
18	1400		425			
19	1700		450			
20	2000		475			
21			500			

表 4-2 电雷管各段脚线颜色

段 别	1	2	3	4	5
脚线颜色	灰红	灰黄	灰蓝	灰白	绿红

在电点火装置与起爆药之间加上一段精制的导火索或延期药，就制成了秒延期电雷管，如图 4-4 所示。引火头燃烧后首先点燃精制的导火索或延期药，经过一段时间后，再引爆起爆药，实现延期起爆。通过调整精制导火索的长度或调整黑火药的组分配比而改变燃速来实现不同的延期时间。

根据结构不同，秒延期电雷管分为索式结构和装配式结构两种，索式结构又包括整体管壳式和两段管壳式。整体管壳式多为金属管壳，精制导火索装配在管壳内。两段管壳式的点火部分和装药部分为两部分，由精制导火索连接起来。一般在管壳上设有两个排气孔，便于及时排出导火索燃烧时产生的气体产物，以免压力升高而影响燃速。为防止受潮，排气孔用蜡纸密封。装配式结构雷管内装有延期体壳，内装延期药。

毫秒延期电雷管的延期时间以毫秒计，所以需要延期药的延期时间更精确。我国早期

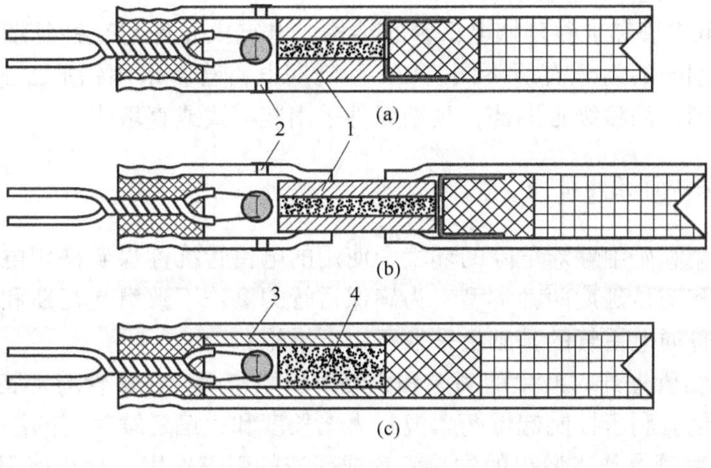

图 4-4　秒延期电雷管结构示意图

(a) 整体管壳式；(b) 两段管壳式；(c) 装配式结构

1—精制导火索；2—排气孔；3—延期壳体；4—延期药

毫秒延期电雷管的延期元件采用具有一定燃烧速度和燃烧精度的延期药，延期药的装填方式有装配式（图 4-5（a））和直填式（图 4-5（b））两种。装配式是将延期药先在延期内管装压好，然后将其装入雷管内，直填式则是将延期药装入雷管内，再反扣长内管后，直接在雷管内加压。目前我国毫秒延期电雷管的延期元件更多的是采用铅质延期体（图 4-5（c）），同时取消了加强帽。铅质体由 3 根（或 5 根）内装延期药的铅锑合金管经多次拔拉后制成。由于铅质延期体内的延期药分布均匀，延期精度高，所以在毫秒延期雷管中得到了广泛的应用。

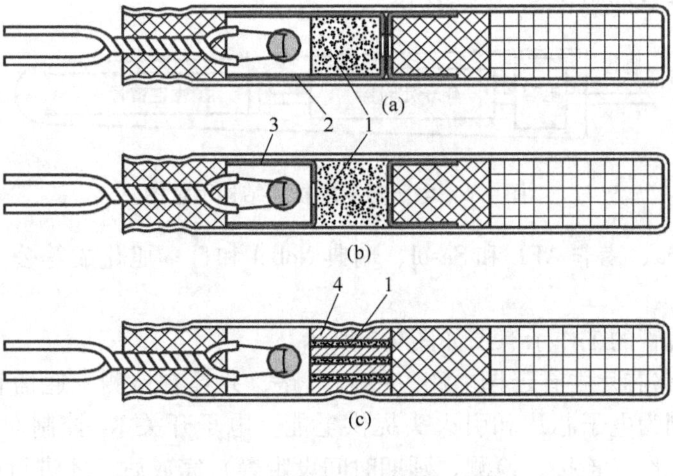

图 4-5　毫秒延期电雷管结构示意图

(a) 装配式；(b) 直填式；(c) 铅质体结构

1—延期药；2—延期内管；3—长内管；4—铅质延期体

延期药一般采用极易燃的硅铁和铅丹混合而成，再加入适量的三硫化二锑（Sb_2S_3）

作消焰剂，来调整燃速，使延期时间准确。

1/4 秒延期电雷管和半秒延期电雷管的结构、电点火元件与毫秒延期电雷管相近，只是引火药头和延期药的组分有所不同。1/4 秒延期电雷管多采用铅质三芯或五芯延期体；半秒延期电雷管则采用秒级延期药，延期元件采用装配式或直填式。

4.2.1.3 煤矿许用电雷管

允许在有瓦斯和矿尘爆炸危险的环境中使用的电雷管统称煤矿许用电雷管。煤矿许用电雷管分为瞬发和毫秒延期两种类型。为确保雷管的爆炸不致引起瓦斯和煤尘的爆炸，煤矿许用电雷管在普通电雷管的基础上采取了以下措施：

（1）为消除雷管爆炸时产生的高温和火焰的引燃作用，在雷管的主装药内加入适量的消焰剂或采用其他有利于控制起爆药爆温、火焰长度和火焰延续时间的添加剂。

（2）为消除雷管爆炸飞散出的灼热碎片或残渣的引燃作用，禁止使用铝质管壳。

（3）采用铅质五芯延期体，减少了延期药用量，并能吸收燃烧热，同时具有抑制延期药燃烧残渣喷出的作用。

（4）采用燃烧温度低、气体生成量少的延期药。加强雷管的密封性，避免延期药燃烧时，火焰喷出管体引爆瓦斯或煤尘。

煤矿许用毫秒延期电雷管的段别分为五段，最长延期时间不超过 130ms。

4.2.1.4 电子延期电雷管

电子延期电雷管是一种可以随意设定并准确实现延期发火时间的新型电雷管，它是起爆器材领域最为引人注目的进展。其本质是用一个微型电子芯片取代了普通电雷管中的延期药与电点火元件，如图 4-6 所示。每发雷管的延时可在 0 ~ 100ms 范围内按毫秒量级编程设定，延时精度可控制在 0. 2ms 以内。

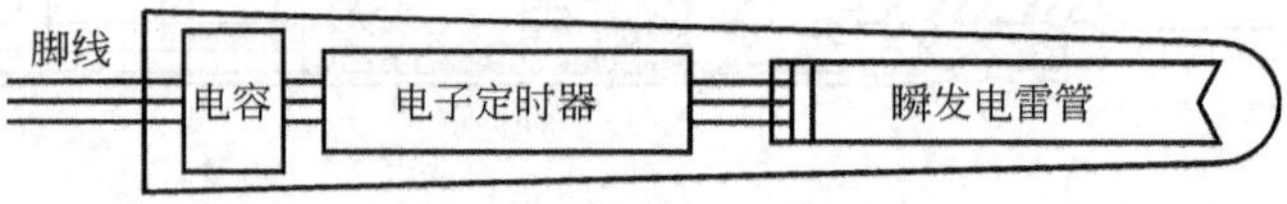

图 4-6 电子延期电雷管结构示意图

澳大利亚 Orica、南非 AEL 和 Sasol、瑞典 Nobel 和日本旭化成等公司都相继推出了数码电子雷管产品。

电子延期电雷管的工作示意图如图 4-7 所示。

延期/控制电路芯片中有延期电路、控制电路，并具有检测、通信管理等功能。储能电容 C_1 和 C_2 分别为电子芯片和引火头提供电能。电子开关 K_1 控制对起爆电容 C_2 的充电。在起爆准备工作（连接、检测、延期时间设定等）完成后，才进行此项目工作，充电完毕，雷管处于待起爆状态；如果有紧急情况需要终止爆破操作时，可由电子开关 K_2 把 C_2 中的电能释放。在延期时间到达后，电子开关 K_3 控制把 C_2 的储能释放到电子点火头上，从而完成电子雷管的起爆工作。延期/控制电路是电子雷管的核心控制部分，由于各公司对电子雷管的认识上的差异性，以及采取的技术手段的不同，生产的电子雷管不同，

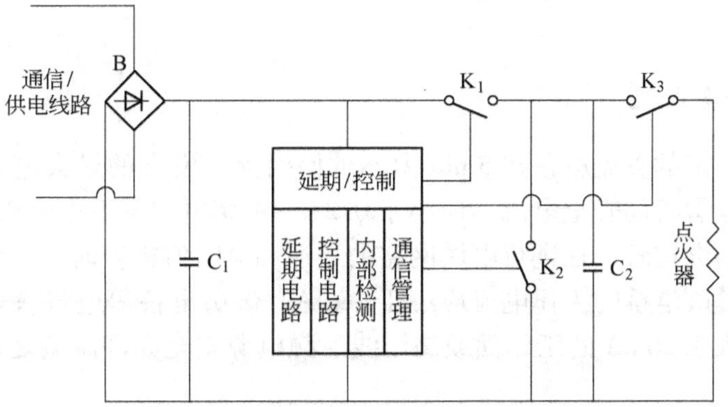

图 4-7 电子延期电雷管的工作示意图

但其延期和控制的功能是雷管的基本功能。

与普通电雷管相比，电子电雷管延时精确，而且控制了通往引火头的电源，从而可以有效地防止静电、杂散电流、电磁辐射、雷电等意外电流引起雷管早爆的事故。

4.2.1.5 钝感电雷管

钝感电雷管（抗杂散电流电雷管、抗静电电雷管）适用于存在着杂散电流、静电、电磁辐射及雷电等意外电流的场所。

不按指定通路而流动的电流均称为杂散电流。在金属矿山，使用许多电器设备，由于架线电机车牵引网路、动力或照明线路及各种电器设备的漏电或短路等原因往往在岩石或设备当中存在着大小方向不同的电流或电位。一旦雷管脚线与岩石或设备接触，就很容易在雷管的桥丝中产生电流，就是杂散电流。电磁辐射及雷电等容易在电爆网路中产生感应电流。

钝感电雷管的安全电流和发火电流高于普通电雷管，因此才保证在有外来电流的环境中应用。《爆破安全规程》（GB 6722）规定，在杂散电流大于 30mA 的工作面或高压线射频电源安全允许距离之内，不应采用普通电雷管起爆。

4.2.2 电雷管的主要参数

4.2.2.1 电雷管的全电阻

电雷管的全电阻是电雷管的一个重要基本参数。它等于桥丝的电阻与脚线的电阻之和。要求 2m 长脚线的电雷管的全电阻符合下列条件：

（1）铜芯脚线不大于 4.0Ω，上下限差不大于 1.0Ω；

（2）铁芯脚线不大于 6.3Ω，上下限差值不大于 2.0Ω。

安全规程规定，同一起爆网路，应使用同厂、同批、同型号的电雷管，电雷管的电阻值差不得大于产品说明书的规定。

4.2.2.2 最小发火电流

给雷管通过恒定的直流电，能使引火头发火的最低的电流值称为最小发火电流

（最低准爆电流）。国产电雷管的最小发火电流要求不大于0.45A，钝感电雷管不大于1.0A。

4.2.2.3 安全电流

给雷管通以恒定的直流电，在5min内不致使引火头发火的最大电流值称为电雷管的安全电流。国产电雷管的安全电流不应小于0.2A，钝感电雷管不小于0.3A。

为了安全使用电雷管，在进行电爆网路的导通和电阻值检查时，应使用专用导通器和爆破电桥，专用爆破电桥的工作电流应小于30mA。爆破电桥等电气仪表，应每月检查一次。在杂散电流大于30mA的工作面或高压线射频电源安全允许距离之内，不应采用普通电雷管起爆。

4.2.2.4 发火冲能

通过桥丝电流的平方与通电时间的乘积称为电流起始能。使电雷管引火头发火的最小电流起始能称为发火冲能或点燃起始能。发火冲能表明了电雷管在发火时间内1Ω桥丝提供的热量。由于桥丝产生的热量不全部用来使桥丝温度升高，有一部分热量损失，当电流较小时，损失的热量增加，需要的发火冲能增大。因此发火冲能与电流大小有关。

发火冲能越大，引火头发火越困难。国产电雷管的发火冲能为2.0~7.9A^2·ms。

4.2.2.5 串联起爆电流

在一批电雷管中，单独对每个雷管通以最小发火电流，它将逐个全部爆炸。如果将同一批雷管，若干个串联起来，通过调整电源电压使流过网路的电流恰好等于最小发火电流，结果会发现并不是所有串联的雷管都能爆炸，总会有一些雷管不爆炸。产生上述现象的原因在于电雷管电学性质的不均匀性。即对于同一批合格产品，由于桥丝材质、桥丝焊接质量的差异及引火药的物理状态的不均匀性，各发雷管之间的各项电学特性参数值都不可能完全一样，因而表现为对电能具有不同的感度。因此在串联情况下，总是最敏感的雷管先得到足够的电能而爆炸，造成串联网路断路。当通过网路的电流较低时，感度较低的一些雷管，此时还没有获得足够的能量来点燃引火药，由于网路已断，这些雷管的引火头不能继续获得电能因而不能发火引爆雷管。试验表明，通过串联网路的电流越大，不爆炸的雷管数就越少，当电流增大至某一数值时，串联的雷管均能爆炸。能使规定发数的串联电雷管全部起爆的恒定直流电流称为串联准爆电流。国产电雷管串联20发的串联起爆电流要求不大于1.2A，钝感电雷管不大于1.5A。

为了可靠地起爆电雷管，《爆破安全规程》规定，起爆电源功率应能保证全部电雷管准爆，流经每个雷管的电流应满足：一般爆破，交流电不小于2.5A，直流电不小于2A；硐室爆破，交流电不小于4A，直流电不小于2.5A。

4.3 导爆管与导爆管雷管

导爆管起爆法是20世纪70年代瑞典诺贝尔公司发明的一种新型的起爆方法。导爆管起爆系统由导爆管、导爆管雷管、连接元件和激发器材组成。

4.3.1 导爆管

导爆管（shock-conducting tube）又称为塑料导爆管，是一种内壁涂敷有猛炸药的塑料细管，分为普通塑料导爆管和高强度塑料导爆管。我国普通塑料导爆管一般由低密度聚乙烯加工而成，无色透明，外径2.8～3.1mm，内径(1.4±0.10)mm。涂敷在内壁上的炸药一般为91%的奥克托今或黑索今，加9%的铝粉，药量为14～18mg/m。爆速在1600～2000m/s范围内，同批极差不超过100m/s。

高强度塑料导爆管适用于混装炸药车、高温乳化炸药及高低温环境下孔内及地表网络连接，具有良好的抗静电、抗杂散电流性能，使用安全，简单、可靠，是普通塑料导爆管的更新换代产品。抗拉强度可以提高到196N，耐柴油性能强，在50℃条件下，在0号柴油中浸7天，或在乳化炸药中浸4天后，仍可靠传爆；在-30℃～80℃条件下仍可靠传爆。受意外拉伸后，其延伸率不大于100%时，仍可靠传爆。

导爆管在激发元件的作用下，使塑料管内的炸药爆炸。由于药量很小，在炸药中不能产生稳定的爆轰波，但能在塑料管空气中产生超前冲击波，冲击波引爆管壁上的炸药，又为空气冲击波的传播提供能量。

试验表明，若外界某种因素堵塞了塑料管中的空气通道，导爆管的稳定传爆便在此被中断，说明导爆管的传爆是依靠管内冲击波来传递能量的；采用明火和撞击都不能引起导爆管爆炸，需具有一定压力的空气强激波的作用引爆导爆管；导爆管的传爆过程中，携带的能量很少，不能直接起爆炸药，但能引爆雷管。

导爆管在贮存期间，需将端头烧熔封口，防止受潮、进水和尘粒，以便长期保存。为了判断导爆管是否传爆，发展了变色导爆管；为防止透火，近来又发展了双层导爆管，使得传爆安全性提高。

4.3.2 导爆管雷管

导爆管雷管（detonator with shock-conducting tube）是用导爆管起爆的雷管，它是在火雷管的基础上加上导爆管和卡口塞制成，加上延期装置就制成了延期导爆管雷管（图4-8）。卡口塞一般由塑料或橡胶压注成型，是导爆管和火雷管的连接体，起固定导爆管和火雷管的作用。同时，卡口后还能起到防潮的作用，因此导爆管雷管可以实现在水中爆破，比火雷管具有更好的抗水和防潮性。

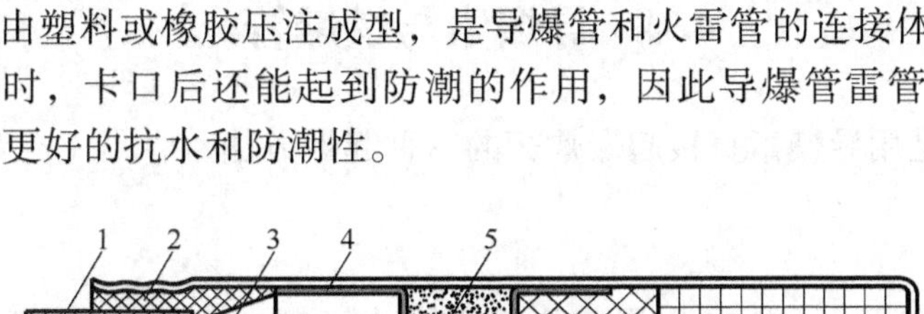

图4-8 毫秒延期导爆管雷管结构示意图

1—导爆管；2—卡口塞；3—消爆空腔；4—空信帽；5—延期药

导爆管雷管按抗拉性能分为普通型导爆管雷管和高强度型导爆管雷管。普通型导爆管雷管在19.6N的静拉力下持续1min，导爆管不应从卡口塞内脱出；高强度型导爆管在78.4N的静压力下持续1min，导爆管不应从卡口塞内脱出。

导爆管雷管按延期时间分为毫秒导爆管雷管、1/4 秒导爆管雷管、半秒导爆管雷管和秒导爆管雷管。各段别导爆管雷管的延期时间见表 4-3。

表 4-3 各段别导爆管雷管的延期时间

段别	毫秒导爆管雷管/ms		1/4 秒导爆管雷管/s	半秒导爆管雷管/s		秒导爆管雷管/s	
	第一系列	第二系列		第一系列	第二系列	第一系列	第二系列
1	0	0	0	0	0	0	0
2	25	25	0.25	0.50	0.50	2.5	1.0
3	50	50	0.50	1.00	1.00	4.0	2.0
4	75	75	0.75	1.50	1.50	6.0	3.0
5	110	100	1.00	2.00	2.00	8.0	4.0
6	150	125	1.25	2.50	2.50	10.0	5.0
7	200	150	1.50	3.00	3.00		6.0
8	250	175	1.75	3.60	3.50		7.0
9	310	200	2.00	4.50	4.00		8.0
10	380	225	2.25	5.50	4.50		9.0
11	460	250					
12	550	275					
13	650	300					
14	760	325					
15	880	350					
16	1020	375					
17	1200	400					
18	1400	425					
19	1700	450					
20	2000	475					
21		500					

导爆管雷管有明显辨认段别的标志；导爆管与火雷管结合应牢固，不应脱出或松动。导爆管的长度一般为 3m，也可按合同规定确定其长度。

4.4 导爆索与继爆管

导爆索起爆法是用导爆索直接起爆炸药的一种起爆方法。

4.4.1 导爆索

导爆索（detonating cord）是以黑索今或太安为索芯，以棉线、塑料或金属为被覆材料制成的一种索状起爆器材，用于传递爆轰，引爆炸药。根据用途不同，分为普通导爆索、煤矿许用导爆索、震源导爆索、油气井导爆索等。

普通导爆索用于露天或无瓦斯和矿尘爆炸危险的井下爆破作业。药芯密度为 $1.2g/cm^3$，药量 12～14g/m，爆速不低于 6000m/s。具有一定的防水性能和耐热性能，棉线导爆索在深度 1m、水温 10～25℃的静水中浸 4h，塑料导爆索在水压 50kPa、水温 10～25℃的静水中浸 5h 后，按规定的方法连接，应爆轰完全。1.5m 长的导爆索应能完全起爆一个符合规定的 200g 压装梯恩梯药块。导爆索承受 500N 静拉力后，仍应爆轰完全。

有瓦斯和矿尘爆炸危险的井下爆破作业只允许使用煤矿许用导爆索。煤矿许用导爆索与普通导爆索相比，在药芯和被覆材料中加入了适量的消焰剂，以减小爆轰过程中产生的火焰，降低温度。

震源导爆索是用于地震勘探震源的导爆索，装药量大于普通导爆索，一般为(38±2.0)g/m，外径不大于9.5mm。抗水性能优于普通导爆索，棉线震源导爆索在深度1m（或水压为10kPa）、水温10~25℃的静水中浸24h，塑料导爆索在深度2m（或水压20kPa）、水温10~25℃的静水中浸24h，按规定方法连接应爆轰完全。

油气井导爆索是以耐热炸药为药芯、以耐温耐压材料为被覆材料制成的一种用于引爆油井射孔弹的耐温、耐压的高能导爆索。为了保证在油井内高温、高压条件下的爆轰性能和起爆能力，增强了塑料涂层并增大了索芯药量和密度。包括无枪身油井导爆索和有枪身油井导爆索。

4.4.2 继爆管

继爆管是专门与导爆索配合使用的延期起爆器材。在导爆索起爆网路中加入继爆管，可以实现毫秒延期起爆。

图4-9所示较简单的单向继爆管，其本质上是一个毫秒延期雷管，为防止雷管被击穿，在其中加上了消爆管和大内管。导爆索爆炸后产生的高温高压气体首先通过消爆管和大内管降温降压，形成一股热气流引燃延期药，延期药燃烧后引爆起爆药和加强药，爆炸后再引爆另一端导爆索，从而实现延期。单向继爆管具有方向性，如果传爆方向与导爆索的传爆方向相反，则不能正常传爆。

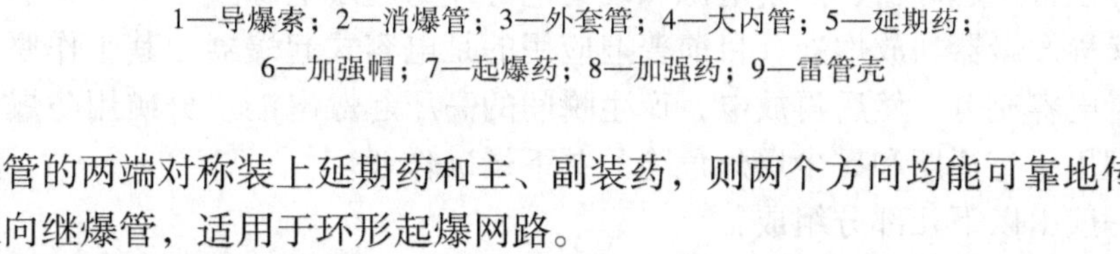

图4-9 单向继爆管
1—导爆索；2—消爆管；3—外套管；4—大内管；5—延期药；
6—加强帽；7—起爆药；8—加强药；9—雷管壳

在消爆管的两端对称装上延期药和主、副装药，则两个方向均能可靠地传爆，这种继爆管称为双向继爆管，适用于环形起爆网路。

继爆管根据其延期时间的不同，亦将其分成若干段。段数越大延期时间越长。

4.5 起 爆 方 法

4.5.1 电力起爆法

电雷管、导线和起爆电源构成了电力起爆系统。

4.5.1.1 起爆药包

与雷管绑在一起的药包为起爆药包。加工起爆药包，应在指定的安全地点进行，加工数量不应超过当班爆破作业用量。

加工方法是首先用木、竹、铜、铝等材料制成的锥子（直径稍大于雷管直径）在药包一端沿轴向方向（或侧面倾斜方向）扎出一个小孔，然后将起爆雷管轻轻地插入药包，最后用胶布或雷管脚线绑紧。

4.5.1.2 电雷管的连接

将多发电雷管脚线连接在一起并与起爆电源相连，即形成电爆网路。电爆网路可以采用串联、并联和串并混合联方式。一般用绝缘良好的铜芯线或铝芯线作为导线。《爆破安全规程》规定，电爆网路不应使用裸露导线，不得利用铁轨、钢管、钢丝作爆破线路，爆破网路应与大地绝缘，电爆网路与电源之间宜设置中间开关；电力起爆网路的所有导线接头，均应按电工接线法连接，并确保其对外绝缘。在潮湿有水的地区，应避免导线接头接触地面或浸泡在水中；硐室爆破时硐室内导线应用绝缘性能良好的铜芯线。水下电爆网路的导线（含主线连接线）应采用有足够强度且防水性和柔韧性良好的绝缘胶质线，爆破主线路呈松弛状态扎系在伸缩性小的主绳上，水中不应有接头，不宜用铝（或铁）芯线作水下电爆网路的导线。

在大型的爆破网路中，常将导线按其位置与作用的不同分为端线、连接线、区域线和主线。用于加长雷管的脚线使之能够引出炮孔外的部分称为端线，一般采用线芯断面为 $0.2 \sim 0.4mm^2$ 的铜芯绝缘线；连接线用于将所有的电雷管连接在一起形成一个相对独立的并联或串联网路，一般采用 $1 \sim 4mm^2$ 的铜芯或铝芯绝缘线；当爆破规模较大需要分区时，区域线用于将各分区相对独立的网路连接成一个大的电爆网路并与主线相连。一般采用断面稍大于连接线的铜芯或铝芯绝缘线；与爆破电源相连接的导线称为主线，根据爆破规模的大小可采用断面为 $16 \sim 150mm^2$ 的铜芯或铝芯电缆线。

4.5.1.3 电爆网路的起爆

电力起爆法常用起爆器、照明电源和动力电源作为起爆电源。

起爆器又称发爆器、放炮器，目前普遍应用的是电容式起爆器，其工作原理是利用干电池对大容量电容充电，然后再放电，产生瞬间的高压起爆电能。分矿用防爆型和一般型两类，防爆型用于有瓦斯和矿尘爆炸危险的井下爆破作业。

起爆器一般由以下几部分组成：

（1）低压直流电源，一般采用4.5V或6V干电池；

（2）晶体管变流器，将直流电源变换成交流电源，经升压变压器升到几百伏；

（3）整流电路，将交流高压电源整流成为直流高压电源；

（4）储能电路，高压直流电源随即向储能电路的主电容器充电；

（5）限时电路，是矿用防爆型起爆器必需的组成部分，一般由机械式毫秒开关组成。其目的是防止电雷管引爆后，爆破电路被拉断或重新搭接产生电火花引起瓦斯或煤尘爆炸。《煤矿用电容式发爆器》（GB 7958—2000）规定：在额定负载范围内发爆器的安全供电时间应不大于4ms或达到4ms时输出端子两端电压应降低到本质安全电路规定值以下；

（6）显示电路，一般由电压表、氖灯和分压线路构成。电压表显示主电容的充电电压，当电压达到额定电压后，氖灯发光，指示可以起爆；

（7）外壳，分为防爆和非防爆两种类型，防爆型外壳可以防止电路系统的触电火花引燃瓦斯；

（8）钥匙开关和放电回路，在接到准备起爆的命令后，由爆破员插入开关钥匙，将开关旋至“充电”位置，主电容充电至氖灯发亮；接到起爆命令后，将开关旋至“起爆”位置，主电容接通电爆网路放电，引爆电雷管。随即开关接通内置放电电阻，释放主电容中剩余电荷。

除有瓦斯和矿尘爆炸危险的地方必须用防爆型起爆器外，其他地方均可用动力线路或照明线路作为起爆电源。

煤矿井下应使用防爆型起爆器（发爆器），图4-10所示为MFd-50型防爆发爆器。开凿或延深通达地面的井筒时，无瓦斯的井底工作面可使用其他电源起爆，但电压不应超过380V，并应有防爆型电力起爆接线盒。

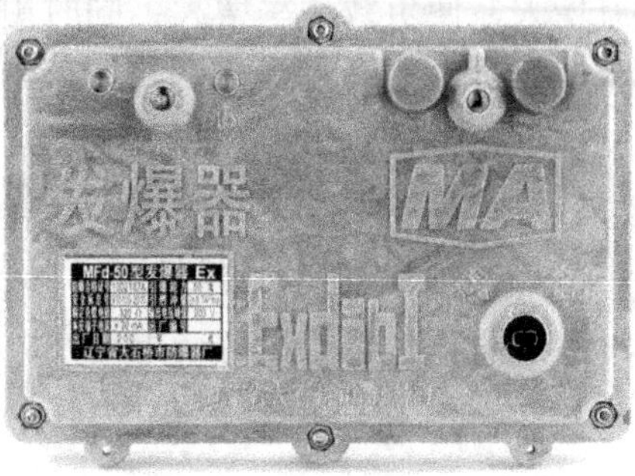

图4-10　MFd-50型防爆发爆器

4.5.1.4　电爆网路连接与计算

电爆网路最基本的连接方式是串联和并联，如图4-11所示。大规模爆破时，因为雷管较多，宜采用串联和并联混合连接方式。爆破网路设计时，须进行爆破网路的计算，流经每一发雷管的电流值须大于安全规程中规定的电流值。

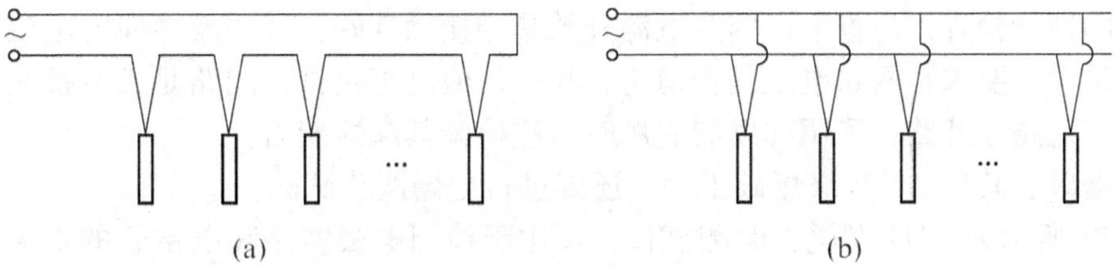

图4-11　电爆网路连接方式
（a）串联网路；（b）并联网路

A　串联网路

设电雷管的全电阻为 r，导线电阻为 R_1，电爆网路总电压为 U，则网路的总电阻为：$R=R_1+nr$，流经每一发雷管的电流等于网路的总电流：

$$i=I=\frac{U}{R_1+nr} \tag{4-1}$$

式中　n——串联的电雷管数。

串联网路连接简单容易，所需总电流小。但网路上只要有一个雷管断路，整个网路将不能正常起爆。

B 并联网路

设并联网路导线电阻为 R_1，忽略脚线之间连接线的电阻，则并联网路总电阻为 $R = R_1 + \frac{r}{m}$，流经每一发雷管的电流为：

$$i = \frac{I}{m} = \frac{U}{mR_1 + r} \tag{4-2}$$

式中 m——并联的电雷管数。

并联网路中有一个雷管断路并不影响其他雷管发火。然而并联网路由于总电阻变小总电流增大，使负载功率增大，同时由于电流增大，消耗在线路上的能量损耗增大。《爆破安全规程》规定，起爆电源功率应能保证全部电雷管准爆。

C 混合联网路

混合联可以串并联或并串联。设有 N 发雷管，将其分成 m 组，组间并联，每组中有 n 发雷管，雷管间串联，或分成 n 组串联，每组 m 发雷管并联，则 $N = mn$，总电阻为：$R = R_1 + \frac{nr}{m}$，流经每一发雷管的电流为：

$$i = \frac{I}{m} = \frac{U}{mR_1 + nr} \tag{4-3}$$

在相同的电压条件下，混合联可以比简单串联和简单并联起爆更多的雷管。

4.5.1.5 电爆网路的测量与检测

为了确保炸药可靠起爆，应对电爆网路进行检测。检测内容包括在实施爆破前对所有使用的爆破器材进行外观检查；对电雷管的电阻值进行测定；对使用的仪表、电线和电源进行必要的性能检查；检查电爆网路电源开关是否接触良好，开关及导线的电流通过能力是否能满足设计要求，网路电阻是否稳定，与设计值是否相符，网路是否有接头接地或锈蚀，是否有短路或开路；采用起爆器起爆时，应检验其起爆能力。

硐室爆破和其他 A、B 级爆破工程，还要进行起爆网路试验。

图 4-12 所示为 QJ41 型电雷管测试仪，适用于检测电爆网路和电雷管的直流电阻，适合于周围空气温度为 −40 ~ +50℃、相对湿度不超过 98% 的野外条件下使用。测量范围 0 ~ 3kΩ，准确度 1.5%，电源 1.5V（1 号干电池），测量仪通过被测电雷管的最大电流（误操作时）不超过 27mA。测试仪具有读数照明装置，适用于夜间爆破作业。

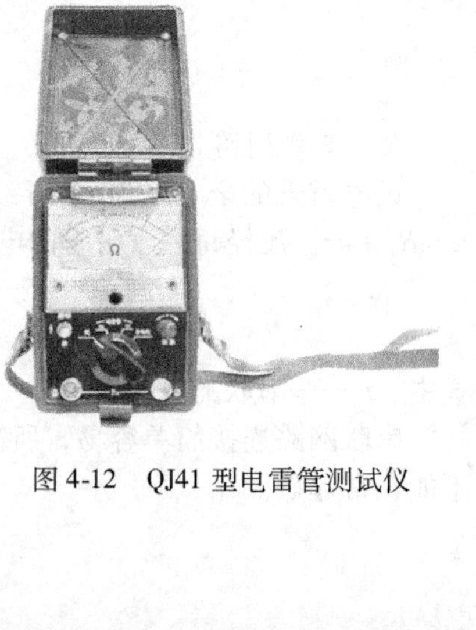

图 4-12 QJ41 型电雷管测试仪

电力起爆法可以通过检测起爆网路，最大限度地提高起爆的可靠性；一次可以起爆大量雷管，提高一次爆破规模；作业人员撤至安全地方后才通电起爆，提高了爆破的安全性。电力起爆法的缺点是操作复杂，需要有足够的起爆电源，采用普通电雷管作业受杂散电流和静电的影响。

4.5.2 导爆管起爆法

4.5.2.1 导爆管的连接

导爆管之间可通过连接元件来连接。连接方式分为有传爆雷管连接和无传爆雷管连接两大类。

图 4-13 所示为由连接块构成的有传爆雷管的连接元件，中间是主导爆管连接的一发传爆雷管，并用塑料卡子卡紧，周围有 8～20 根被发导爆管。主导爆管先引爆传爆雷管，传爆雷管爆炸激发周围的被发导爆管，从而实现导爆管之间的连接。

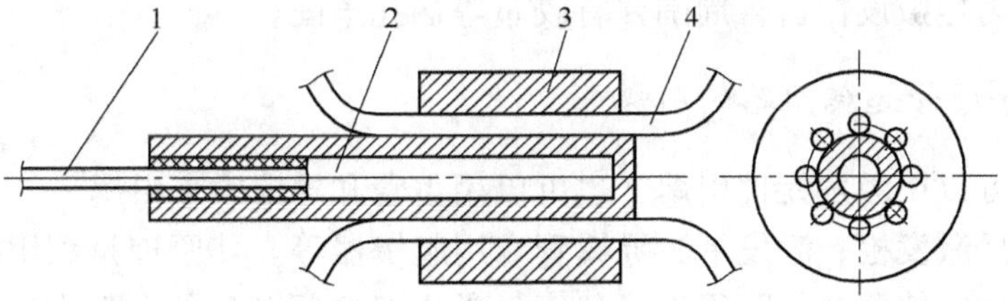

图 4-13　连接块结构示意图

1—主爆导爆管；2—传爆雷管；3—塑料连接块；4—从爆导爆管

图 4-14 所示为无传爆雷管的多通路连通管，分为分岔式和集束式两种结构，有三通管、四通管和五通管三种。根据导爆管自身的传爆特性，导爆管中若有不大于 15cm 的断

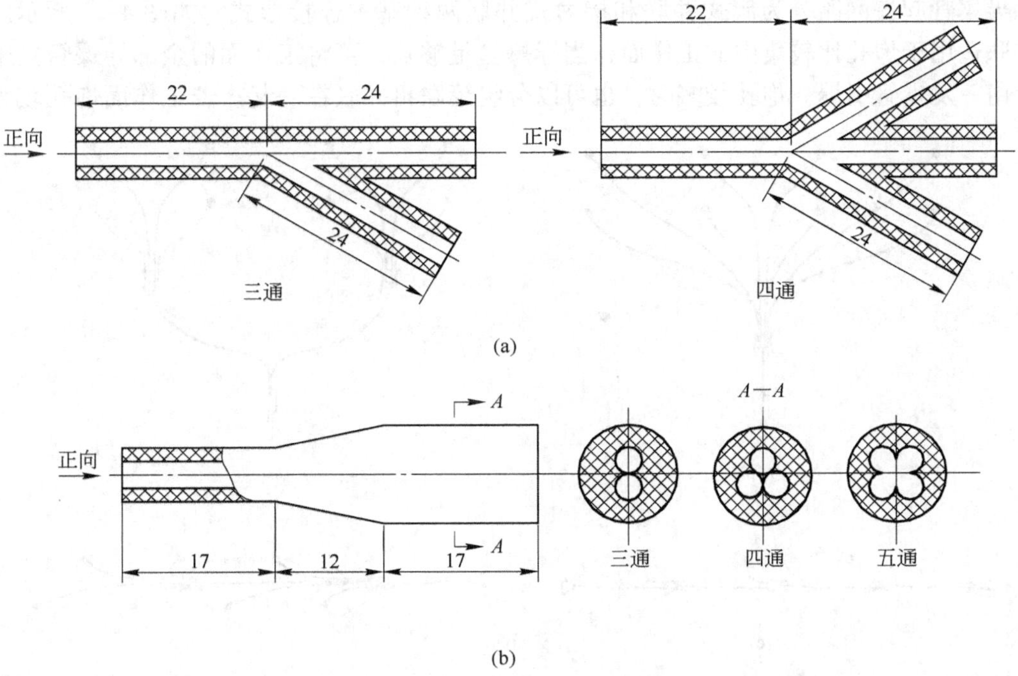

图 4-14　连通管结构示意图

（a）分岔式连通管；（b）集束式连通管

药时，冲击波仍能继续传播。因此不需要传爆雷管，利用主爆导爆管中的冲击气流能够可靠地引爆被发导爆管。使用多路连通管时，应注意采用正向传爆。连通管中的每个空孔都应插入导爆管，如果被发导爆管不足以将空孔插满，则应将空孔堵死或多插一段空爆导爆管，以减少主爆导爆管的能量损失。

使用连通管连接的网路抗拉能力小，防水性差。

导爆管起爆网路也可以直接用导爆管雷管来连接而不用连接元件，即将被发导爆管直接绑在主爆导爆管的雷管周周。一发 8 号雷管最多可以引爆 50 根导爆管，使用时一般不应超过 20 根导爆管。雷管与导爆管直接连接时，导爆管雷管与导爆管捆扎端端头的距离应不小于 15cm，同时应有防止雷管聚能穴炸断导爆管和延时雷管的气孔烧坏导爆管的措施，导爆管应均匀地敷设在雷管周围并有胶布等捆扎牢固。

4.5.2.2 导爆管起爆网路的引爆

导爆管网路可以用激发元件引爆，也可以用雷管和导爆索来引爆。

激发元件包括激发枪、激发笔、导爆管专用起爆器等。其原理是利用撞击火帽产生的高压气流或电容放电使两个相距很近（1mm）的电极之间产生的电弧来激发导爆管。

可以直接用雷管引爆导爆管。雷管与导爆管之间可采用有传爆雷管的连接块连接，或将导爆管直接绑在雷管周围。也可以利用导爆索引爆导爆管。导爆索与导爆管连接时需采用垂直连接，以避免导爆索爆炸冲能炸断导爆管而造成拒爆。

4.5.2.3 导爆管起爆网路连接形式

导爆管起爆网路分为簇式并联和接力式并联两种基本连接形式，如图 4-15 所示。簇式并联适用于炮孔比较集中的工作面，当导爆管足够长，可将工作面的全部导爆管集中在一起由一发雷管引爆。炮孔较多时，也可以分组簇联再并联在一起。若工作面炮孔较为分

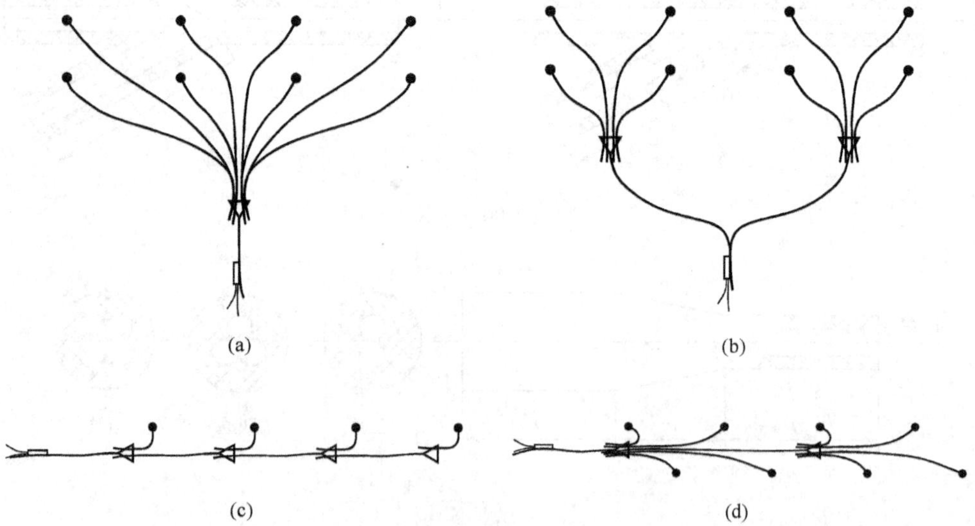

图 4-15 导爆管网路连接示意图

（a）簇式并联；（b）分组簇式并联；（c）单发接力并联；（d）多发接力并联

散，导爆管长度有限时，可采用接力式并联方式，每一发传爆雷管上可以并联一发或多发导爆管。重要的爆破工程，为了提高所有炮孔起爆的可靠性，需采用复式起爆网路，每个炮孔中装两发雷管，形成两个相互独立起爆网路。

4.5.2.4 导爆管毫秒延期起爆网路

导爆管起爆网路，一般可通过延期雷管实现延期爆破，延期时间由导爆管雷管的段数来控制，称为孔内延期。此时地表的传爆雷管需采用一段（瞬发）雷管。

对于毫秒起爆网路，如果一次起爆的炮孔数较多而需要延期的段数较多，单靠孔内延期不能满足要求时，可考虑采用孔外毫秒延期，即传爆雷管采用毫秒雷管，由于传爆雷管的延期时间具有累加性，因此，炮孔的延期时间应等于炮孔中雷管本身的延期时间与该炮孔前端所有传爆雷管的延期时间之和。采用孔外延期时应注意在后起爆的雷管爆炸前，先起爆的炮孔爆破后不应对导爆管起爆网路产生破坏作用，否则会造成拒爆现象，为此在孔内宜装高段位雷管，孔外用低段位雷管。

导爆管起爆系统操作简单，使用安全可靠，具有抗杂散电流和抗静电性能，适用于露天爆破作业和无瓦斯和矿尘爆炸危险的井下爆破作业。

4.5.3 导爆索起爆法

导爆索可以直接起爆炸药，用导爆索将各个炮孔的药包连接在一起，就形成了导爆索起爆网路。

导爆索起爆网路一般可采用单向并联或束状并联连接。一般设一根主干导爆索，支导爆索并联在主干导爆索上，形成单向并联网路（图 4-16（a））。束状连接是将所有炮孔的导爆索捆绑在一起然后再与主导爆索相连接，如图 4-16（b）所示。这种连接方法导爆索消耗量大，只有当炮孔比较集中时才适用。将主导爆索的两端联在一起形成一个环状并联

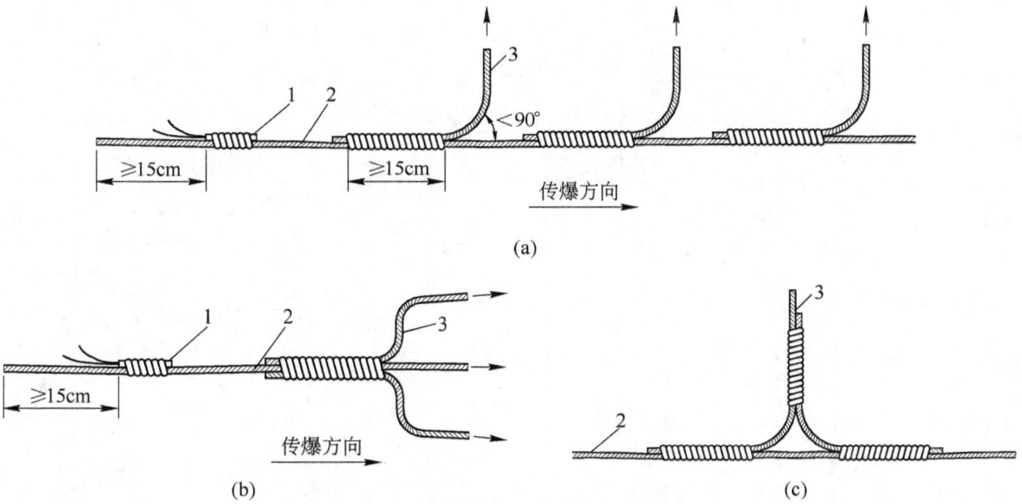

图 4-16 导爆索起爆网路连接示意图

（a）单向并联；（b）束状并联；（c）双向并联

1—雷管；2—主干导爆索；3—支导爆索

网路，有利于提高传爆的可靠性，此时须采用双向并联（三角形连接）形式，如图 4-16（c）所示。

将继爆管接在导爆索各支线上，可以实现导爆索起爆网路的毫秒延期起爆。

导爆索须由雷管来引爆，将起爆雷管直接绑在导爆索上即可，要求雷管与导爆索捆扎端端头的距离应不小于 15cm，雷管的聚能穴应朝向导爆索的传爆方向。

导爆索与炸药连接时，可将导爆索插入药包或直接敷在药包表面用胶布捆扎牢固。起爆药包可以放在孔口位置，也可以放在孔底位置。放在孔底时，导爆索贯穿整个炮孔，导爆索用量增加，但由于导爆索爆速大于工业炸药的爆速，可以使炸药均由导爆索起爆，缩短了起爆时间，也可以防止由于炸药变质导致的拒爆现象。

导爆索之间的连接宜采用搭接、水手接和 T 形接三种方式（图 4-17）。搭接时，要求搭接长度不小于 15cm。中间不得夹有异物和炸药卷，捆扎应牢固，支线与主线传爆方向的夹角应小于 90°，连接导爆索中间不应出现打结或打圈。交叉敷设时，应在两根交叉导爆索之间设置厚度不小于 10cm 的木质垫块。

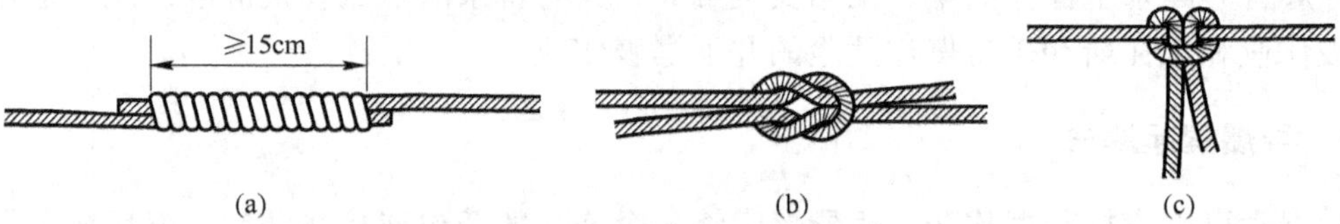

图 4-17 导爆索连接形式
（a）搭接；（b）水手接；（c）T 形接

导爆索起爆法的优点是安全性好，操作简单，使用方便，传爆稳定，起爆可靠，可用于深孔爆破、预裂爆破和光面爆破、硐室爆破。缺点是成本高，爆破噪声大，在人口稠密区和居民区不宜采用。

5 岩石爆破理论

岩石是矿山开采的对象，也是凿岩爆破的对象。岩石在爆破作用下的破碎效果除了与炸药性质及爆炸作用有关外，还与岩石性质及岩石破碎机理有关，从实践中可知，对于不同的岩石，药包位置的不同以及药量的多少，破碎岩石的效果是不一样的，所以对岩石性质以及岩石爆破理论的认识，有助于为安全可靠地实施爆破作业提供依据。

由于岩石是一种非均质的各向异性的材料，炸药爆炸是一个高温、高压和高速变化的过程，炸药爆炸及对岩石的破坏作用是在几十微秒到几十毫秒内瞬间完成的，所以岩石的爆破破碎是一个非常复杂的过程，对岩石爆破破碎机理的认识也是一个艰难的过程。

5.1 岩石的工程地质特征

5.1.1 岩石的矿物成分及组织特征

岩石是由一种或多种矿物组成的集合体。矿物是自然界存在的单质或化合物。

岩石的坚固程度可以用坚固性来表示，岩石的坚固性表征对不同的方法破碎岩石的难易程度，它是一个综合指标，是各种物理力学性质的综合反映，岩石的坚固性越强，越难破碎，坚固性越弱，越容易破碎。

由于岩石中各种矿物成分有各自的物理、力学性质，有各自的晶体结构和破裂特点，所以说岩石的性质与岩石中的矿物成分和组织特征有关。

矿物的硬度是影响岩石坚固性的主要因素，组成岩石矿物的硬度越高，其坚固性也越强。较硬的矿物有石英、长石、角闪石、辉石和橄榄石等，莫氏硬度大于5。中等硬度的矿物有方解石、白云石、蛇纹石等，莫氏硬度一般为3~5。较软的矿物有云母、滑石、高岭土、绿泥石等，莫氏硬度小于3。

岩石的组织特征是指岩石的结构和构造。岩石的结构是指岩石中矿物的结晶程度、结晶颗粒的大小和形状及彼此的组合方式，取决于地质作用的环境。岩石的构造是指岩石中矿物集合体之间，矿物集合体与其他组分之间的排列方式和充填方式，反映着地质作用的性质。

岩石的坚固性与岩石的结构和构造有密切的联系。不同的岩石有不同的结构。岩浆岩绝大多数是结晶结构，其坚固性主要取决于晶粒之间结合的牢固程度。一般来讲，组成岩石的晶体颗粒越细、越致密，颗粒大小越均匀，晶粒之间结合得越牢固，坚固性越强。如细粒花岗岩抗压强度可以达到260MPa，而粗粒花岗岩抗压强度仅为120MPa。沉积岩绝大多数为碎屑结构，其坚固性除了与矿物成分、晶粒大小有关外，还取决于胶结物的强度。根据胶结物的成分不同，可分为泥质胶结物、钙质胶结物、硅质胶结物和铁质胶结物。其中硅质成分坚固性最强，铁质成分次之，钙质和泥质成分坚固性最差。变质岩一般为变晶结构，其坚固程度主要取决于变质程度及原来的岩石结构，一般变质程度越高，组织越致密，坚固性越强。

岩浆岩、沉积岩和变质岩均有块状构造，几乎各向同性，坚固性较强。沉积岩和变质岩又具有层理和片理状构造，呈各向异性，非常容易沿层理面破坏。

5.1.2 岩体结构特征

岩体中存在着大量的地质界面（如裂隙、断层等），称为结构面。不同方向的结构面将岩体分割成不同形状和大小的块体，称为结构体。不同形态、规模、性质的结构面和结构体的相互结合，构成了岩体结构。

按结构面的成因不同，岩体结构面分为原生结构面、构造结构面和次生结构面三类。原生结构面又包括沉积结构面、火成结构面和变质结构面，是岩石建造形成过程中产生的结构面。构造结构面包括断层、节理（裂隙）和劈理，是地壳运动过程中由构造应力的作用而产生的各种破裂面。次生结构面是岩体受卸载、风化和地下水等次生作用所形成的结构面，包括风化裂隙、卸荷裂隙等。

岩体的结构面在空间上的分布形式称为结构面的产状。岩体的结构面是岩体中的弱面，控制着岩体的完整性和力学性质，对爆破作用方向、岩石破裂的形成机制和发育规律有较大影响，同时也影响到爆破破岩块度。

岩体结构面对爆破的影响主要体现在如下几个方面：

（1）结构面破坏岩石的完整性，使岩石容易沿着结构弱面破坏。由于结构面处强度小，在应力波作用下，裂隙尖端应力集中作用增强，所以岩石沿结构面首先开裂。在爆轰气体产物膨胀作用下，岩石产生移动，由于各质点移动速度和方向的不同，岩石沿着结构面继续开裂。爆轰气体还会侵入到结构面中，产生劈裂作用。

由于岩石破碎受岩石结构面的控制，因此结构面的分布影响着岩石的破裂特征和块度分布。研究表明，结构面发育程度对较大粒径的块度分布有控制性影响，而2cm以下的粒径块度主要受岩石力学强度的影响。因此结构面较发育的岩石中爆破时，应考虑结构面对爆破块度的影响。

（2）应力波传播的阻尼作用和能量吸收作用。应力波传播至断层或裂隙等结构面处时，会发生反射，能量不能有效地传递，部分能量反射回来，使结构面内侧的岩石破坏作用加强，此时的结构面相当于自由面的作用。而在结构面外侧的岩石由于不能获得足够的能量，破坏作用减弱。如果张开的结构面中充填有空气或泥质材料，则起到吸收能量的作用，结构面外侧岩石不能得到有效的破碎。

（3）泄能作用。当结构面与自由面连通时，爆轰气体产物容易沿着结构面逸出，爆炸能量过早地泄掉，影响爆破效果。在断层、软弱带、软夹层及溶洞等地质构造附近布置药包时，都应考虑泄能对爆破的影响。

（4）改变爆破漏斗破裂线。当爆破漏斗范围的层理、断层或裂隙等结构面非常发育时，结构面与药包的相对位置和产状不同，爆破漏斗的形状和爆破方量会受到不同程度的影响。图5-1（a）所示的爆破漏斗，上破裂线势必沿结构面发展，使爆破漏斗范围减少；图5-1（b）所示的爆破漏斗，爆破后上部岩石将沿结构面坍滑，上破裂线后移，爆破漏斗范围增大。图5-2（a）中，层理面与自由面平行，破裂线受层理面的影响使爆破漏斗体积

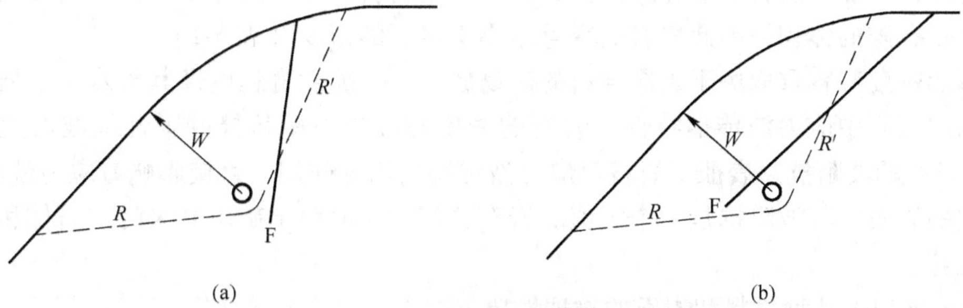

图 5-1 结构面对爆破漏斗的影响

（a）结构面在爆破漏斗内；（b）结构面在爆破漏斗外

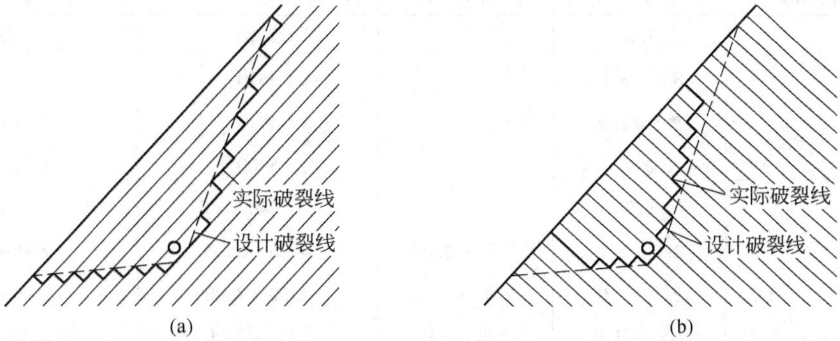

图 5-2 层理面对爆破漏斗的影响

（a）层理面与自由面平行；（b）层理面与自由面垂直

增大；图 5-2（b）中，层理面与自由面垂直，破裂线受层理面的影响使爆破漏斗体积减小。

5.2 岩石的物理性质

5.2.1 岩石的孔隙度

任何岩石当中都存在着一定的孔隙，孔隙的大小对岩石坚固性有很大的影响。岩石中孔隙的大小用孔隙度来表示：

$$\eta = \frac{V_0}{V} \times 100\% \tag{5-1}$$

式中 V_0——岩石中孔隙的体积；

V——岩石的体积。

岩石孔隙的存在，削弱了岩石颗粒之间的连接力而使岩石强度降低，岩石中孔隙度越大，岩石中颗粒间结合得越不牢固，岩石的强度越低。

5.2.2 岩石的密度和容重

岩石的密度和容重均是指单位体积岩石的质量，分别用 ρ 和 γ 来表示。只是在测量岩石的密度时，一般将岩石中的孔隙去掉，即只测量岩石中固相的体积，而测岩石的容重时包含了岩石孔隙的体积，因此岩石的容重略小于岩石的密度（表5-1）。

岩石的密度和容重取决于组成岩石的矿物成分、孔隙发育程度及其含水量。岩石的密度用来描述岩石中应力波传播特性。岩石的密度与在岩石中传播的弹性纵波波速的乘积 ρC_p 称为岩石的波阻抗，表征了岩石对应力波传播的阻尼作用，直接影响着应力波的传播。对于特定的岩石，其波阻抗是一个定值。岩石的容重一般用于矿山开采时矿石体积和储量之间的换算。

表5-1列出了几种材料和岩石的物理性质。

表5-1 几种材料和岩石的物理性质

岩石名称	孔隙度/%	密度/g·cm^{-3}	容重/t·m^{-3}	弹性纵波速度/m·s^{-1}	波阻抗/kg·(cm^2·s)$^{-1}$
钢		7.8		5130	4000
铜		8.4~8.9		3670	3170
铝		2.5~2.9		5090	1370
玻璃		2.4		5300	1270
橡胶		1.3		46	6
花岗岩	0.5~1.5	2.6~2.7	2.56~2.67	4000~6800	800~1900
玄武岩	0.1~0.2	2.8~3.0	2.75~2.9	4500~7000	1400~2000
辉绿岩	0.6~1.2	2.85~3.0	2.8~2.9	4700~7500	1800~2300
石灰岩	5.0~20	2.71~2.85	2.46~2.65	3200~5500	700~1900
白云岩	1.0~5.0	2.5~2.6	2.3~2.4	5200~6700	1200~1900
砂岩	5.0~25	2.58~2.69	2.47~2.56	3000~4600	600~1300
页岩	10~30	2.2~2.4	2.0~2.3	1830~3970	430~930
板岩		2.3~2.7	2.1~2.57	2500~6000	575~1620
片麻岩	0.5~1.5	2.9~3.0	2.65~2.85	5500~6000	1400~1700
大理岩	0.5~2.0	2.6~2.7	2.5	4400~5900	1200~1700
石英岩	0.1~0.8	2.65~2.9	2.54~2.85	5000~6500	1100~1900
黏土	45	1.6~2.1	1.6~2.0		
沙子	30~50	1.5~1.7	1.4~1.6		

5.2.3 岩石的碎胀性

岩石破碎后体积增大的性质叫做岩石的碎胀性，用碎胀系数（松散系数）来表示，碎胀系数等于岩石破碎后的体积与原岩体积之比。

岩石爆破破碎后，由于体积增大，需要在爆破以前要留有一定的空间容纳破碎后体积增大的岩石，这个预留的空间称为补偿空间，其大小根据碎胀系数来确定。

在采掘工程中，选用装载、运输、提升等设备容器时，须考虑岩石的碎胀系数。岩石的容重除以碎胀系数，即为松散岩石的容重。

几种岩石的碎胀系数见表5-2。

表 5-2 几种岩石的碎胀系数

岩石类别	砂岩、砾岩	沙质黏土	中硬岩石	坚硬岩石
碎胀系数 K	1.05 ~ 1.20	1.20 ~ 1.25	1.30 ~ 1.50	1.50 ~ 2.50

5.3 岩石的力学性质

岩石的力学性质是指在外载荷作用下岩石的变形规律与破坏特征。当岩石受外载荷作用时，其变形和破坏特征不仅与材料本身的性质有关，还与外载荷性质有很大的关系。

外载荷随时间的变化用加载率 $\dot{\sigma}$（或加载速度）来描述，在外载荷作用下，岩石质点产生的应变随时间变化，用应变率 $\dot{\varepsilon}$ 来表示。在弹性范围内，应力和应变之间存在着线性关系。因此加载率与应变率也存在着线性关系。当岩石的应变率小于 $10^{-4}\mathrm{s}^{-1}$ 时，可视为静载荷。

$$\dot{\sigma} = \frac{\mathrm{d}\sigma}{\mathrm{d}t} \tag{5-2}$$

$$\dot{\varepsilon} = \frac{\mathrm{d}\varepsilon}{\mathrm{d}t} \tag{5-3}$$

$$\dot{\sigma} = E\dot{\varepsilon} \tag{5-4}$$

式中 E——岩石的弹性模量。

炸药爆炸是一种强扰动源，爆轰波瞬间作用于岩石，使岩石应力状态参数产生突跃变化，并以冲击波形式向远处传播，随着传播距离的增大，冲击波能量迅速衰减而转化为应力波。现场测试表明，爆源近区冲击波作用下岩石的应变率最大可达 $10^{11}\mathrm{s}^{-1}$，中远区应力波作用下岩石的应变率也可达到 $10^{4}\mathrm{s}^{-1}$。

根据加载率的不同，外载荷可按表 5-3 来划分。

表 5-3 不同加载率的载荷状态

加载应变率/s^{-1}	载荷状态	加载手段	动静明显区别
$<10^{-6}$	蠕 变	蠕变试验机	惯性力可忽略
$10^{-6} \sim 10^{-4}$	静 态	普通液压或刚性伺服试验机	惯性力可忽略
$10^{-4} \sim 10$	准静态	气动快速加载机	惯性力不可忽略
$10 \sim 10^{4}$	动 态	霍普金森压杆或其改型装置	惯性力不可忽略
$>10^{4}$	超动态	轻型炮或平面波发生器	惯性力不可忽略

5.3.1 岩石的变形特征

岩石的变形特征用应力-应变曲线来表示。

岩石的应力应变曲线，因岩石的矿物成分及内部结构的不同而具有明显的差异。对于各类岩石，破坏前的应力-应变曲线可归纳为弹性体、弹塑性体、塑弹性体、塑弹塑性体四类（图 5-3）。

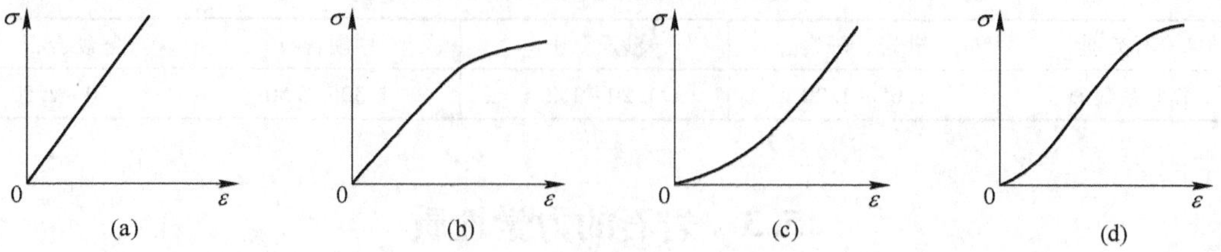

图 5-3 不同岩石的应力-应变曲线

（a）弹性体；（b）弹塑性体；（c）塑弹性体；（d）塑弹塑性体

在一般的研究中，常将岩石看作是弹性介质，按弹性理论，确定其弹性性质。岩石的弹性性质用弹性常数来表示，常用的弹性常数有弹性模量 E、泊松比 μ、剪切模量 G、体积模量 K 和拉梅常数 λ。

岩石的弹性模量定义为单轴压缩条件下轴向压应力与轴向应变之比：

$$E = \frac{\sigma}{\varepsilon} \tag{5-5}$$

对于非线弹性的岩石，弹性模量有以下三种定义：

初始模量：$E = \left(\frac{d\sigma}{d\varepsilon}\right)_0$，即过原点的切线斜率；

切线模量：$E = \left(\frac{d\sigma}{d\varepsilon}\right)_P$，过任意点 P 的切线斜率；

割线模量：$E = \left(\frac{\sigma}{\varepsilon}\right)_P$，过任意点 P 的纵横坐标之比。

国际岩石力学学会（ISRM）建议采用以下三种定义之一作为非线弹性岩石的弹性模量：

（1）$\sigma = 0.5R_c$（R_c 为岩石的单轴抗压强度）点的切线模量；

（2）$\sigma = 0.5R_c$ 点的割线模量；

（3）弹性范围内近似直线段的平均斜率。

一般来说，岩石的弹性模量为 20～50GPa。

泊松比是指单轴压缩条件下岩石的横向应变与纵向应变之比的绝对值：

$$\mu = \left|\frac{\varepsilon_2}{\varepsilon_1}\right| \tag{5-6}$$

一般岩石在弹性范围内，$\mu = 0.15 \sim 0.35$。

岩石的剪切模量、体积模量和拉梅常数分别为：

$$\begin{cases} G = \dfrac{E}{2(1+\mu)} \\ K = \dfrac{\sigma_1 + \sigma_2 + \sigma_3}{\varepsilon_1 + \varepsilon_2 + \varepsilon_3} = \dfrac{E}{3(1-2\mu)} \\ \lambda = \dfrac{E\mu}{(1+\mu)(1-2\mu)} \end{cases} \tag{5-7}$$

岩石的应力-应变关系，称为本构关系或本构方程。本构方程一般利用岩石的单轴或三轴试验得到岩石的应力-应变曲线，通过回归方法建立，或把试验应力-应变曲线典型化为力学模型。在弹性范围内，岩石的应力-应变关系服从虎克定律：

$$\sigma = E\varepsilon \tag{5-8a}$$

对于理想弹塑性体，本构方程可写为：

$$\sigma = \begin{cases} E\varepsilon, & \varepsilon \leqslant \varepsilon_e \\ E\varepsilon_e, & \varepsilon > \varepsilon_e \end{cases} \tag{5-8b}$$

5.3.2　岩石的强度特征

岩石的强度指岩石在外载荷作用下抵抗外力破坏的能力。根据外载荷形式的不同，分为抗压强度、抗拉强度和抗剪强度。抗压强度又分为单轴抗压强度和三轴抗压强度。

单轴抗压强度是指岩石试件在单轴压力作用下发生破坏时的极限强度。

单轴抗拉强度是指岩石试件在单轴拉力作用下发生破坏时的极限强度。

抗剪强度是指岩石抵抗剪切破坏的最大能力。抗剪强度用发生剪断时剪切面上的极限应力τ表示，与试件施加的压应力、岩石的内聚力 c 和内摩擦角 φ 有如下关系：

$$\tau = \sigma\tan\varphi + c \tag{5-9}$$

岩石的抗压强度较高，抗拉和抗剪强度较低。一般抗拉强度比抗压强度小 90% ~ 98%，抗剪强度比抗压强度小 87% ~92%。在大多数情况下，岩石的破坏是剪切破坏和拉伸破坏。

由于岩石的结构构造不同，岩石呈各向异性，岩石的强度也呈各向异性。

表 5-4 列出了常见岩石的主要力学性质。

表 5-4　常见岩石的主要力学性质

岩石名称	抗压强度 /MPa	抗拉强度 /MPa	抗剪强度 /MPa	弹性模量 /GPa	泊松比	内摩擦角 /(°)	内聚力 /MPa
花岗岩	70 ~ 200	2.1 ~ 5.7	5.1 ~ 13.5	15.4 ~ 69	0.36 ~ 0.02	70 ~ 87	14 ~ 52
玄武岩	120 ~ 250	3.4 ~ 7.1	8.1 ~ 17	43 ~ 106	0.20 ~ 0.02	75 ~ 87	20 ~ 60
辉绿岩	160 ~ 250	4.5 ~ 7.1	10.8 ~ 17	67 ~ 79	0.16 ~ 0.02	85 ~ 87	30 ~ 55
石灰岩	10 ~ 200	0.6 ~ 11.8	0.9 ~ 16.5	21 ~ 84	0.50 ~ 0.04	27 ~ 85	30 ~ 55
白云岩	40 ~ 140	1.1 ~ 4.0	2.1 ~ 9.5	13 ~ 34	0.36 ~ 0.16	65 ~ 87	32 ~ 50
页　岩	20 ~ 40	1.4 ~ 2.8	1.7 ~ 3.3	13 ~ 21	0.25 ~ 0.16	45 ~ 76	3 ~ 20
板　岩	120 ~ 140	3.4 ~ 4.0	8.1 ~ 9.5	22 ~ 34	0.16 ~ 0.10	75 ~ 87	3 ~ 20
片麻岩	80 ~ 180	2.5 ~ 5.1	5.4 ~ 12.2	15 ~ 70	0.30 ~ 0.05	70 ~ 87	26 ~ 32
大理岩	70 ~ 140	2.0 ~ 4.0	4.8 ~ 9.6	10 ~ 34	0.36 ~ 0.16	75 ~ 87	15 ~ 30
石英岩	87 ~ 360	2.5 ~ 10.2	5.9 ~ 24.5	45 ~ 142	0.15 ~ 0.10	80 ~ 87	23 ~ 28

岩石的动态抗压强度随加载率的增加而增大。一般来说，对于岩石爆破可近似地用式（5-10）统一表达岩石动态抗压强度与静态抗压强度的关系。

$$R_{cd} = R_c \dot{\varepsilon}^{\frac{1}{3}} \tag{5-10}$$

式中　R_{cd}——岩石动态抗压强度，MPa；

R_c——岩石静态抗压强度，MPa；

$\dot{\varepsilon}$——加载应变率，s^{-1}。

在岩石爆破中，岩石的加载应变率一般 $\dot{\varepsilon}$ 在 $1 \sim 10^4 s^{-1}$ 之间。在压缩圈内，加载率较高，可取 $\dot{\varepsilon} = 10^2 \sim 10^4 s^{-1}$；在压缩圈外，加载率降低，可取 $\dot{\varepsilon} = 1 \sim 10^3 s^{-1}$。

岩石的动态抗拉强度随加载应变率的变化很小，在岩石爆破时可按静态抗拉强度计算。

5.3.3　岩石的硬度与磨蚀性

岩石的硬度是指岩石表面抵抗工具侵入的能力。岩石的硬度又分为静压入硬度和冲击压入硬度。用一定形状、一定材料的压头以静压力压入岩石的表面，使之产生残余变形或破碎，以受压岩石单位面积上的压力值来表示静压入硬度。用冲锤以一定的速度冲击岩石表面，以冲锤回弹高度作为冲击压入硬度的指标。岩石的硬度直接影响岩石的凿岩效率，硬度越高的岩石，工具侵入越困难，凿岩速度越低。

岩石对工具的磨蚀能力称为岩石的磨蚀性。岩石的磨蚀性直接影响着凿岩工具的损耗率，影响磨蚀性的主要因素有矿物的硬度，结晶颗粒大小，结晶状态等，例如矿物颗粒越大，矿物硬度越高，结晶程度越好，磨蚀性就越强。磨蚀性强的岩石有各种砂岩、燧岩、粗中粒花岗岩、多孔安山岩和各种高硅化的岩石等。

5.3.4　爆炸应力波

5.3.4.1　应力波的概念

当外载荷作用于固体介质表面时，受到作用的介质质点的应力和应变会发生改变并引起相邻介质质点的应力和应变发生改变。当加载速度非常小时（静载荷），应变率非常低，可不考虑应力和应变的变化过程，不需要考虑惯性力的影响。如果加载速度非常大（动载荷），应变率非常高，就不得不考虑介质中应力和应变的变化过程和惯性力。

在固体介质中应力和应变改变的传播称为应力波。在外载荷作用下介质内部应力和应变的变化过程，就是应力波的传播过程。所以，在动载荷作用下，岩石内介质质点的应力状态（σ，ε，v）既是坐标的函数，也是时间的函数，岩石的应力在岩体中的分布称为岩石中的应力场。

由炸药的爆炸作用而引起的在固体介质中应力应变改变的传播称为爆炸应力波。

5.3.4.2　爆炸应力波的特性

当炸药在无限均质岩体中爆炸时，在岩石中产生应力波，在距离爆源不同的地点，爆炸应力波表现出不同的特性，一般将应力波分冲击波、压缩波应力波（简称压缩波或应力波）和地震波三个阶段，如图 5-4 所示。

（1）冲击波。炸药爆炸后，在药包附近的岩石中产生冲击波。冲击波是一种强烈的压

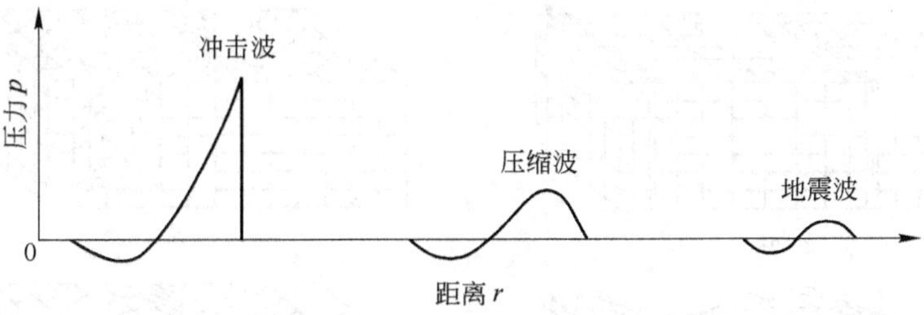

图 5-4 岩石中的爆炸应力波

缩波，具有较陡的波阵面，作用范围非常小，设某点到爆炸中心的距离 r 与药包半径 r_e 之比为比例距离，则有 $\bar{r}=\frac{r}{r_e}=3\sim15$。冲击波对岩石作用非常强烈，可使岩石产生塑性流动、压碎和破裂。冲击波波速大于岩石中的声速，应力峰值衰减极快。冲击波的压力峰值随比例距离的衰减规律为：

$$p = p_m \bar{r}^{-\alpha} \tag{5-11}$$

式中 p——冲击波波阵面上的压力峰值；

p_m——炸药爆炸作用于孔壁处压力峰值；

α——压力衰减指数，$\alpha = 2+\frac{\mu}{1-\mu}$，$\mu$ 为岩石泊松比，一般 μ 为 0.1～0.45，α 为 2.11～2.82。

一般认为衰减速度与比例距离的 3 次方成正比。

（2）压缩波。随着比例距离的增大，冲击波衰减为压缩应力波（简称压缩波或应力波）。压缩波波阵面的状态参数变化变缓，作用范围增大，一般 $\bar{r}=120\sim150$；对岩石的作用减弱，但仍然能够引起岩石破坏及残余变形；波速等于岩石中的声速；应力衰减速度变慢，认为与比例距离的平方成正比，$\alpha = 2-\frac{\mu}{1-\mu}=1.18\sim1.89$。

（3）地震波。当比例距离再增大时，应力波衰减为具有周期性振动的地震波。地震波波阵面的状态参数变化更缓，作用范围更大，比例距离 $\bar{r}>150$；地震波不能引起岩石破坏，只能引起岩石质点的振动，当介质质点的振动速度很大时，可使地表的建筑物或构筑物发生破坏；地震波传播速度等于岩石中的声速，应力衰减与比例距离呈线性关系。

以上所述爆炸应力波的特点，均是假设爆炸应力波在无限均质介质中传播的情形，在非均介质中传播时复杂得多。

5.3.4.3 应力波的分类

岩石中的应力波按其传播的途径和位置不同可分为体积波和表面波两种。在介质内部传播的波称为体积波，只沿介质体的边界面传播的波称为表面波。

按波的传播方向与介质质点的运动方向的相互关系又分为纵波（P 波）、横波（S 波）、瑞利波和勒夫波，如图 5-5 所示。

纵波：介质质点的运动方向与波的传播方向一致或相反。纵波可引起岩石介质的压缩

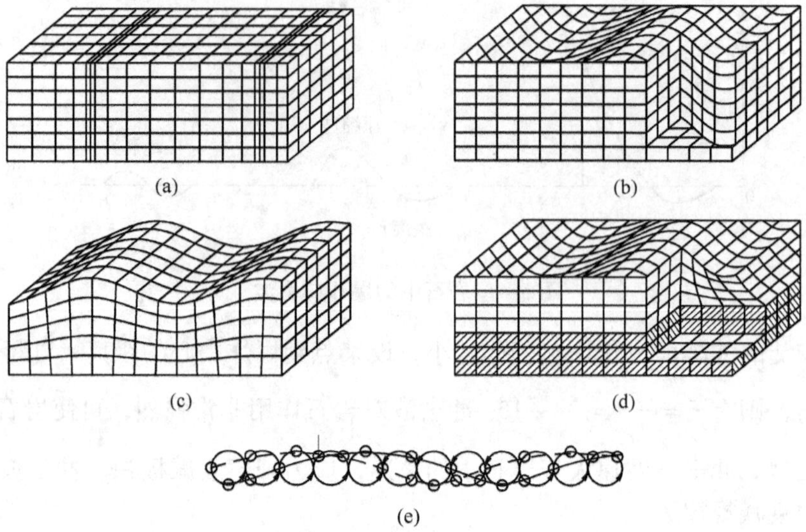

图 5-5　应力波传播引起的介质变形

（a）纵波；（b）横波；（c）瑞利波；（d）勒夫波；（e）瑞利波质点运动轨迹

或膨胀（拉伸），故又称为膨胀波，包括压缩波和拉伸波。纵波是岩石破碎的主要原因。

横波：质点的运动方向与波的传播方向垂直。横波又称为畸变波、剪切波，横波在岩石中产生剪应力。

纵波和横波属于体积波。

瑞利波：发现于 1890 年，介质质点在垂直于介质表面的平面内做圆形或椭圆形轨迹运动。

勒夫波：发现于 1904 年，介质体表面的质点沿垂直于波的传播方向运动。

瑞利波和勒夫波都属于表面波。表面波传播速度低，衰减慢，在有限介质中传播时携带的能量较大。瑞利波是引起地震破坏的主要原因。

如果应力在弹性极限内，则称为弹性应力波。

5.3.4.4　应力波方程

根据弹性力学理论，应力波的波动方程可以写为：

$$\begin{cases} \dfrac{\partial^2 u}{\partial t^2} = c^2 \nabla^2 u \\ \dfrac{\partial^2 v}{\partial t^2} = c^2 \nabla^2 v \\ \dfrac{\partial^2 w}{\partial t^2} = c^2 \nabla^2 w \end{cases} \tag{5-12}$$

式中　∇^2——$\nabla^2 = \dfrac{\partial^2}{\partial x^2} + \dfrac{\partial^2}{\partial y^2} + \dfrac{\partial^2}{\partial z^2}$；

　　c——波速。

如果把位移只看成是 x 和 t 的函数，则可以得到纵波和横波的平面波动方程：

$$\begin{cases} \dfrac{\partial^2 u}{\partial t^2} = c_p^2 \dfrac{\partial^2 u}{\partial x^2} \\ \dfrac{\partial^2 w}{\partial t^2} = c_s^2 \dfrac{\partial^2 w}{\partial x^2} \end{cases} \tag{5-13}$$

式中 c_p，c_s——分别为弹性纵波和弹性横波波速，按式（5-14）计算：

$$\begin{cases} c_p^2 = \dfrac{E_d(1-\mu_d)}{\rho(1+\mu_d)(1-2\mu_d)} \\ c_s^2 = \dfrac{E_d}{2\rho(1+\mu_d)} = \dfrac{G_d}{\rho} \end{cases} \tag{5-14}$$

式中 μ_d，E_d，G_d——分别为岩石的动态泊松比、动态弹性模量、动态剪切模量。

5.3.4.5 *应力波参数*

弹性应力波在传播过程中所产生的正应力 σ 和剪应力 τ 可由波动方向推出：

$$\begin{cases} \sigma = \rho c_p v_p \\ \tau = \rho c_s v_s \end{cases} \tag{5-15}$$

式中 v_p，v_s——弹性纵波和弹性横波传播过程中质点移动速度。

岩石中应力波波速的大小取决于岩石的物理力学性质，比如岩石的孔隙率、弹性模量、结构完整性等对应力波波速都有影响。利用实验方法可以测得岩石中的弹性纵波和弹性横波波速，从而可以计算出岩石的动态泊松比 μ_d、动态弹性模量 E_d、动态剪切模量 G_d、动态体积模量 K_d 和动态拉梅常数 λ_d。

$$\begin{cases} \mu_d = \dfrac{c_p^2 - 2c_s^2}{2(c_p^2 - c_s^2)} \\ E_d = \dfrac{(1+\mu_d)(1-2\mu_d)}{1-\mu_d}\rho c_p^2 = 2(1+\mu_d)\rho c_s^2 \\ G_d = \rho c_s^2 \\ K_d = \rho\left(c_p^2 - \dfrac{4}{3}c_s^2\right) \\ \lambda_d = \rho(c_p^2 - 2c_s^2) \end{cases} \tag{5-16}$$

常见岩石中的弹性应力波波速见表 5-5。

表 5-5 一些岩石的弹性应力波波速

岩石名称	密度/g·cm^{-3}	岩体的纵波速度/km·s^{-1}	岩石杆内的纵波速度/km·s^{-1}	岩体的横波速度/km·s^{-1}
石灰岩	2.42	3.43	2.92	1.86
石灰岩	2.70	6.33	5.16	3.70
白大理岩	2.73	4.42	3.73	2.80

续表 5-5

岩石名称	密度/g·cm^{-3}	岩体的纵波速度 /km·s^{-1}	岩石杆内的纵波速度 /km·s^{-1}	岩体的横波速度 /km·s^{-1}
砂　岩	2.45	2.44～4.25	—	0.95～3.05
花岗岩	2.60	5.20	4.85	3.10
石英岩	2.65	6.42	5.85	3.70
页　岩	2.35	1.83～3.97	—	1.07～2.28
煤	1.25	1.20	0.86	0.72

5.3.5 应力波在介质交界面的反射与透射

应力波在传播过程中，遇到介质发生改变时，由于两种介质的性质不同，应力波会在两介质交界面处发生反射与透射。

应力波向介质交界面倾斜入射时的情况非常复杂，入射波不管是纵波还是横波，经过交界面后，都要产生反射的纵波和横波以及透射的纵波和横波。

应力波向介质交界面垂直入射时如图 5-6 所示。设有两种介质Ⅰ和Ⅱ，A—A 为介质的交界面。两种介质波阻抗分别为 $\rho_1 c_{p1}$ 和 $\rho_2 c_{p2}$，有一压缩波从介质Ⅰ向介质Ⅱ方向传播，通过介质交界面时产生反射波和透射波。

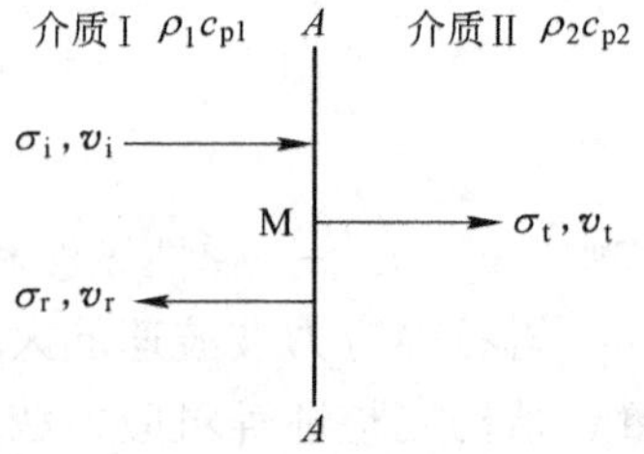

图 5-6　纵波向介质交界面的垂直入射

设入射波、反射波和透射波引起的介质质点的应力分别为 σ_i、σ_r 和 σ_t，质点移动速度分别为 v_i、v_r 和 v_t。由于应力波传播具有连续性，从两种介质分别考察介质交界面上的点 M 的应力和质点移动速度，则有：

$$\sigma_i + \sigma_r = \sigma_t \tag{5-17}$$

$$v_i + v_r = v_t \tag{5-18}$$

将式（5-15）代入式（5-17），并与式（5-18）联立，解出：

$$\begin{cases} \sigma_r = \dfrac{\rho_2 c_{p2} - \rho_1 c_{p1}}{\rho_2 c_{p2} + \rho_1 c_{p1}} \sigma_i \\ \sigma_t = \dfrac{2\rho_2 c_{p2}}{\rho_2 c_{p2} + \rho_1 c_{p1}} \sigma_i \end{cases} \tag{5-19}$$

还可以推出反射波及透射波所携带的能量与入射波所携带的能量的关系：

$$\begin{cases} E_r = \left(\dfrac{\rho_2 c_{p2} - \rho_1 c_{p1}}{\rho_2 c_{p2} + \rho_1 c_{p1}} \right)^2 E_i \\ E_t = \dfrac{4\rho_2 c_{p2} \rho_1 c_{p1}}{(\rho_2 c_{p2} + \rho_1 c_{p1})^2} E_i \end{cases} \tag{5-20}$$

式（5-19）和式（5-20）表明，反射应力、透射应力和反射能量、透射能量除了与入射应力和入射能量有关外，只与两种介质的波阻抗有关，当两种介质的波阻抗不同时，应力波的反射与透射表现出不同的性质。

（1）$\rho_1 c_{p1} = \rho_2 c_{p2}$时，$\sigma_r = 0$，$\sigma_t = \sigma$，没有反射应力，透射应力等于入射应力，$E_r = 0$，$E_t = E_i$，没有反射能量，能量全部透射。相当于应力波在一种介质中传播。

（2）$\rho_1 c_{p1} > \rho_2 c_{p2}$时，$\sigma_r$ 与 σ_i 反号，σ_t 与 σ_i 同号，既有反射波，也有透射波，反射波为拉伸波，透射波为压缩波。$0 < (E_r, E_t) < E_i$，能量既有反射，也有透射。相当于应力波由硬岩向软岩入射。

（3）当 $\rho_1 c_{p1} \gg \rho_2 c_{p2}$ 或 $\rho_2 c_{p2} = 0$ 时，$\sigma_r = -\sigma_i$，$\sigma_t = 0$，有反射应力，反射应力为拉应力。没有透射应力，反射波为拉伸波。$E_r = E_i$，$E_t = 0$，能量全反射，没有透射能量。相当于应力波从岩石向自由面传播。

（4）$\rho_1 c_{p1} < \rho_2 c_{p2}$时，$\sigma_r$ 与 σ_i 同号，且 $\sigma_r < \sigma_i$，有反射波，为压缩波，σ_t 与 σ_i 同号，且 $\sigma_t > \sigma_i$，也有透射波，为压缩波。$0 < (E_r, E_t) < E_i$，能量既有反射，也有透射。相当于由软岩向硬岩入射。

（5）$\rho_1 c_{p1} \ll \rho_2 c_{p2}$ 或 $\rho_1 c_{p1} \to 0$ 时，$\sigma_r = \sigma_i$，$\sigma_t = 2\sigma_i$，反射应力等于入射应力，透射应力等于 2 倍的入射应力，反射波为压缩波，没有透射波。$E_r = E_i$，$E_t = 0$，能量全反射，没有透射。相当于应力波向刚体入射或者从空气中向岩石入射。

5.4　岩石的分级

岩石的种类繁多，不同类型岩石的破碎难易程度有很大差异，即使是同类岩石，由于其矿物成分、结构构造以及结构特征的不同，所表现出来的物理力学性质和破碎的难易程度也不一样。在生产实践中，为了便于针对不同的岩石选择最适宜的爆破方法、参数和工艺，以达到提高生产效率降低生产成本的目的，需要按照岩石破碎的难易程度对岩石进行分级。

用于表征岩石破碎难易程度的指标有许多，比如岩石的抗压强度、单位炸药消耗量、岩体的结构特征、岩石的弹性纵波速度、岩石的破碎功指数等。由此也产生了许多的分级方法，大体上可以分为两大类：一类是按照不同的破碎方法单独对岩石进行分级，如可钻性分级表征岩石凿岩的难易、可爆性分级表征岩石爆破破碎的难易、破碎（邦德）功指数分级表征破碎机破碎岩石的难易等；另一类则是综合性分级，认为不论用什么方法破碎岩石，岩石破碎的难易程度是趋于一致的。

在岩石爆破工程中广泛使用普氏分级法，在岩土工程中使用工程岩体分法级。邦德功指数是评价岩石从大粒径破碎到小粒径的能耗多少的指标，主要用在选矿过程中的破碎与磨矿阶段，在本书中不再论述。

5.4.1　普氏分级

普氏分级又称为岩石的坚固性分级，是由前苏联学者 M. M. 普洛托甲可诺夫于 1926 年提出的。其基本观点认为岩石的坚固性在各方面的表现是趋于一致的，因此可用单一的岩石单轴抗压强度作为岩石的坚固性指标。岩石的坚固性系数 f（普氏系数）由式（5-21）确定：

$$f = \frac{R_c}{10} \tag{5-21}$$

式中　R_c——岩石的单轴抗压强度，MPa。

根据岩石坚固性系数f值的大小，将岩石分为10个级别，见表5-6。

表5-6　普氏岩石分级

等级	坚固性	典 型 岩 石	f值
Ⅰ	最坚固	最坚固、细致和有韧性的石英岩、玄武岩及其他各种特别坚固的岩石	20
Ⅱ	很坚固	很坚固花岗岩、石英斑岩、硅质片岩、较坚固的石英岩、最坚固的砂岩和石灰岩	15
Ⅲ	坚　固	致密花岗岩、很坚固砂岩和石灰岩、石英质脉岩、坚固的砾岩、极坚固的铁矿石	10
Ⅲa	坚　固	坚固的石灰岩、砂岩、大理岩、不坚固花岗岩、黄铁矿	8
Ⅳ	较坚固	一般的砂岩、铁矿石	6
Ⅳa	较坚固	砂质页岩、页岩质砂岩	5
Ⅴ	中　等	坚固的黏土质岩石、不坚固的砂岩和石灰岩	4
Ⅴa	中　等	各种不坚固的页岩、致密的泥灰岩	3
Ⅵ	较软弱	软弱的页岩、很软的石灰岩、白垩、岩盐、冻土、无烟煤、普通泥灰岩、破碎砂岩、胶结砾岩、石质土壤	2
Ⅵa	较软弱	碎石质土壤、破碎页岩、凝结成块的砾石和碎石、坚固的煤、硬化黏土	1.5
Ⅶ	软　弱	致密黏土、软弱的烟煤、坚固的冲击层、黏土质土壤	1.0
Ⅶa	软　弱	轻沙质黏土、黄土、砾石	0.8
Ⅷ	土质岩石	腐殖土、泥煤、轻沙质土壤、湿沙	0.6
Ⅸ	松散性岩石	沙、山麓堆积、细砾石、松土、采下的煤	0.5
Ⅹ	流沙性岩石	流沙、沼泽土壤、含水黄土及其他含水土壤	0.3

普氏分级法简单明确，定量清楚，大致地反映了岩石破碎的一般规律，在国内外矿山应用非常广泛。当然，普氏分级法还有很大的局限性，有些岩石的坚固性在各方面的表现并不一致，有些岩石凿岩容易，但爆破很难，所以普氏分级仅仅是一种近似的粗略的分级方法。

5.4.2　工程岩体分级

工程岩石体分级是一种岩体稳定性分级，也可用于判断岩体爆破破碎难易程度。

国家标准《工程岩体分级标准》（GB 50218）将岩体基本质量定义为岩体所固有的、影响工程岩体稳定性的最基本属性，是由岩石坚硬程度和岩体的完整程度所决定的。工程岩体分级采用定性与定量相结合的方法，分两步进行，首先确定岩体的基本质量，再结合具体工程的特点确定岩体级别。

岩体基本质量分级是将岩体基本质量定性特征和岩石基本质量指标（BQ）相结合，

按表5-7来确定。

表5-7　岩体基本质量级别

基本质量级别	岩体基本质量的定性特征	岩体基本质量指标（*BQ*）
Ⅰ	坚硬岩，岩体完整	>550
Ⅱ	坚硬岩，岩体较完整；较坚硬岩，岩体完整	550～451
Ⅲ	坚硬岩，岩体较破碎；较坚硬岩或软硬岩互层，岩体较完整；较软岩，岩体完整	450～351
Ⅳ	坚硬岩，岩体破碎；较坚硬岩，岩体较破碎～破碎；较软岩或软硬岩互层，且以软岩为主，岩体较完整～较破碎；软岩，岩体较完整～完整	350～251
Ⅴ	较软岩，岩体破碎；软岩，岩体较破碎～破碎；全部极软岩及全部极破碎岩	≤250

岩体基本质量定性特征由表5-8和表5-9所确定的岩石坚硬程度和岩体完整程度组合确定。表5-8中的岩石风化程度按表5-10确定，表5-9中的结构面结合程度按表5-11确定。

表5-8　岩石坚硬程度的定性划分

名　称		定性鉴定	代表性岩石
硬质岩	坚硬岩	锤击声清脆，有回弹，震手，难击碎； 浸水后，大多无吸水反应	未风化～微风化的：花岗岩、正长岩、辉绿岩、玄武岩、安山岩、片麻岩、石英片岩、硅质板岩、石英岩、硅质胶结的砾岩、石英砂岩、硅质石灰岩
	较坚硬岩	锤击声清脆，有轻微回弹，稍震手，较难击碎； 浸水后，有轻微吸水反应	（1）弱风化的坚硬岩； （2）未风化～微风化的：熔结凝灰岩、大理岩、白云岩、石灰岩、钙质胶结的砂岩等
软质岩	较软岩	锤击声不清脆，无回弹，较易击碎； 浸水后，指甲可刻出印痕	（1）强风化的坚硬岩； （2）弱风化的较坚硬岩； （3）未风化～微风化的：凝灰岩、千枚岩、砂质泥岩、泥灰岩、泥质砂岩、粉砂岩、页岩等
	软　岩	锤击声哑，无回弹，有凹痕，易击碎； 浸水后，手可掰开	（1）强风化的坚硬岩； （2）弱风化～强风化的较坚硬岩； （3）弱风化的较软岩； （4）未风化泥岩等
	极软岩	锤击声哑，无回弹，有较深凹痕，手可捏碎； 浸水后，可捏成团	（1）全风化的各种岩石； （2）各种半成岩

表 5-9 岩体完整程度的定性划分

名 称	结构发育程度		主要结构面的结合程度	主要结构面类型	相应结构类型
	组数	平均间距/m			
完 整	1~2	>1.0	结合好或结合一般	节理、裂隙、层面	整体状或巨厚层状结构
较完整	1~2	>1.0	结合差	节理、裂隙、层面	块状或厚层状结构
	2~3	1.0~0.4	结合好或结合一般		块状结构
较破碎	2~3	1.0~0.4	结合差	节理、裂隙、层面、小断层	裂隙块状或中厚层状结构
	≥3	0.4~0.2	结合好		镶嵌碎裂结构
	≥3	0.4~0.2	结合一般		中、薄层状结构
破 碎	≥3	≤0.2	结合差	各种类型结构面	裂隙块状结构
	≥3		结合一般或结合差		碎裂状结构
极破碎	无序		结合很差		散体状结构

表 5-10 岩石风化程度的划分

名 称	风 化 特 征
未风化	结构构造未变，岩质新鲜
微风化	结构构造、矿物色泽基本未变，部分裂隙面有铁锰质渲染
弱风化	结构构造部分破坏，矿物色泽较明显变化，裂隙面出现风化矿物或存在风化夹层
强风化	结构构造大部分破坏，矿物色泽明显变化，长石、云母等多风化成次生矿物
全风化	结构构造全部破坏，矿物成分除石英外，大部分风化成土状

表 5-11 结构面结合程度划分

名 称	结 构 面 特 征
结合好	张开度小于1mm，无充填物
结合好	张开度1~3mm，为硅质或铁质胶结；张开度大于3mm，结构面粗糙，为硅质胶结
结合一般	张开度1~3mm，为钙质或泥质胶结；张开度大于3mm，结构面粗糙，为铁质或钙质胶结
结合差	张开度1~3mm，结构面平直，为泥质或泥质和钙质胶结；张开度大于3mm，多为泥质或岩屑充填
结合很差	泥质充填物或泥夹岩屑充填，充填物厚度大于起伏差

岩体基本质量指标（BQ）根据分级因素的定量指标 R_c（岩石单轴饱和抗压强度）和 K_v（岩体完整性指数）按下式计算：

$$BQ = 90 + 3R_c + 250K_v \tag{5-22}$$

岩体完整性指数 K_v 按下式计算：

$$K_v = \left(\frac{c_{pm}}{c_{pr}}\right)^2 \tag{5-23}$$

式中 c_{pm}，c_{pr}——分别是岩体和岩石的弹性纵波速度，km/s。

岩体的完整性指数（K_v）与定性划分的岩体完整程度的对应关系，见表5-12。

表 5-12 K_v 与定性划分的岩体完整程度的对应关系

K_v	>0.75	0.75~0.55	0.55~0.35	0.35~0.15	<0.15
完整程度	完　整	较完整	较破碎	破　碎	极破碎

5.5 岩石爆破破碎机理

经过长期的实践积累和科学研究，人们对岩石爆破作用原理的研究取得了一定的进展，提出了岩石爆破机理的一些观点，这些理论解释在一定程度上反映了岩石爆破破碎规律，对爆破工程实践具有一定的指导意义和应用价值。

5.5.1 爆炸应力波作用破坏理论

爆炸应力波作用破坏理论认为岩石的破坏主要是由于岩石中爆炸应力波在自由面反射后形成反射拉伸波作用的结果。炸药爆炸产生的爆轰波作用于岩石，在一定范围内产生冲击波，冲击波压力大大超过了岩石的动抗压强度，引起一定范围内的岩石粉碎破坏。冲击波衰减为压缩应力波，应力波遇到自由面时发生反射，形成反射拉伸应力波，如果拉伸应力波产生的拉伸应力大于该处的岩石抗拉强度，则岩石破坏。

这种理论的主要依据是，岩体的破碎过程由自由面开始，应力波遇自由面反射后形成拉伸波。爆轰波压力大于爆轰产物的膨胀压力，岩体中的冲击波主要是由爆轰波压力引起的，岩石的抗拉强度远远小于抗压强度，拉伸波使岩石破坏。

5.5.2 爆轰气体膨胀作用破坏理论

爆轰气体膨胀作用破坏理论认为岩石破碎的主要因素是由于爆轰气体产物膨胀压力作用引起的，即：炸药爆炸后爆轰气体产物迅速膨胀，作用于岩体，在岩体中产生压缩应力场，岩石质点产生径向位移，这种径向位移产生环向的切向拉应力，当切向拉应力大于该点处岩石的抗拉强度时，则岩石发生破坏，产生径向裂隙。

当药包处在自由面附近时，在药包中心距自由面最近的方向上质点的移动速度最大，自由面距离药包中心较远的方向上质点移动速度变小，由于自由面上质点的移动速度不同，则产生剪应力，当剪应力超过该处岩石的抗剪强度时，则该处的岩石产生破坏。

爆轰气体产物膨胀除了破碎岩石外，还推动被破碎的岩块做径向抛掷运动。

爆轰气体膨胀压力破坏理论的重要依据是：（1）岩石发生破碎的时间是在爆轰气体膨胀作用的时间内；（2）炸药中冲击波能量（动能）只占炸药总能量的5%~15%，这样少的能量不足以破碎整体岩石。

5.5.3 爆轰气体膨胀与爆炸应力波共同作用理论

认为岩石的破坏是由爆轰气体产物膨胀和爆炸应力波共同作用的结果，它们各自在岩石破坏过程的不同阶段起重要作用。

开始阶段爆轰波引起岩石中的爆炸应力波，应力波在药包附近压碎岩石，产生空腔，稍远处产生径向裂隙，之后爆轰气体产物膨胀，气体产物渗透到裂隙中，使径向裂隙进一步扩展，称为“气楔作用”。破碎的岩石在爆轰气体产物的膨胀作用下产生移动和抛掷。

苏联学者哈努卡耶夫认为：不同的岩石，爆轰气体和应力波各起的作用不同，当岩石的波阻抗较高时，一般$\rho C_p \geqslant 10 \times 10^5 g/(cm^2 \cdot s)$，岩石坚硬致密，应力波破坏起主导作用。当岩石的波阻抗较低时，一般$\rho C_p \leqslant 2 \times 10^5 g/(cm^2 \cdot s)$，岩石较松软，爆轰气体产物的膨胀压力起主导作用。对于波阻抗介于$(2 \sim 10) \times 10^5 g/(cm^2 \cdot s)$的中等硬度的岩石，爆轰气体产物的膨胀作用和爆炸应力波作用都起重要作用。

5.5.4 岩石爆破的损伤力学理论

长期以来，在岩石爆破机理研究中主要围绕爆破动力学问题展开，而对于岩石破坏准则仍沿用岩石静力学方法，如拉应力破坏理论、莫尔强度理论等。这种简化处理是将岩石看成是不含地质结构面的均质体。现代岩石爆破理论研究发现，岩石爆破过程中80%以上的破裂面是沿岩体各种原生结构面（节理、裂隙、层理）产生的，岩体中各种原生结构面虽然仍具有一定的强度，但相对于岩石强度而言却小得多，加之所占空间体积又小，因而近年来在岩石爆破理论中引入了损伤力学方法，提出了岩石爆破机理的损伤力学理论。

这种理论将岩体中的裂隙视为初始损伤，各种结构弱面和微缺陷为潜在的损伤发展源，通过定义损伤变量、建立岩石动态本构关系和炸药爆轰状态方程，确定岩石爆破过程中的损伤演化方程，认为岩石破裂是损伤积累所致，当岩石损伤变量达到某一临界值时，岩石产生破坏。

利用损伤力学方法，可以实现爆破损伤过程和损伤范围的计算机数值模拟。

5.6 爆破作用分析

5.6.1 爆破的内部作用

当药包埋置在地表以下很深处爆炸时，地表不会出现明显的破坏，这种作用称为爆破的内部作用，相当于在无限岩体中的爆炸情况，在无限岩体中炸药爆炸后岩石的破坏范围很小，根据岩石的破坏特征，一般将岩石的破坏范围分为三个区域，如图5-7所示。

5.6.1.1 压缩区

炸药爆炸后在岩石中产生的冲击波的初始压力可达5～10GPa，远远超过坚硬岩石的动态抗压强度，加之高温高压的爆轰气体产物的膨胀作用，使得药包附近的岩石被压得粉碎，特别是紧挨着药包的岩石会产生塑性流动，药包周围的岩石形成一个空腔，这个空腔称为压缩圈。这个范围称为压缩区或压碎区、粉碎区。

虽然在药包附近的岩石处在冲击波作用之下，由于岩石是受三向应力压缩，冲击波衰减又非常快，所以压缩区的范围非常小，压缩区半径一般是药室半径的1.2～2倍。

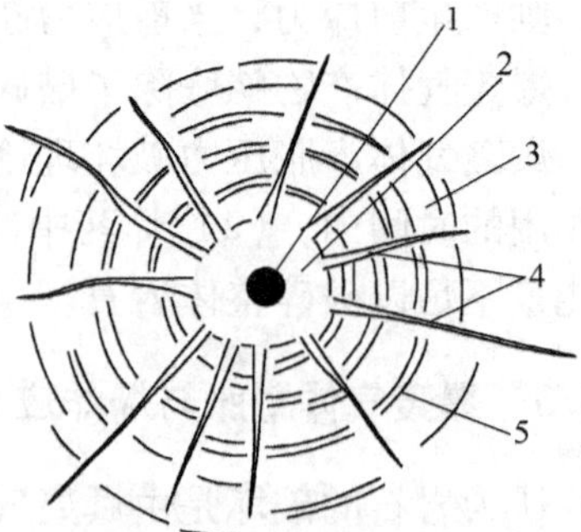

图5-7 爆破内部作用
1—药包；2—压缩区；3—破裂区；4—径向裂隙；5—切向裂隙

硐室爆破时，一般按下式估算压缩区半径：

$$\begin{cases} R_1 = 0.62\sqrt[3]{\dfrac{Q}{\Delta}\mu} & \text{(集中装药)} \\ R_1 = 0.56\sqrt{\dfrac{q}{\Delta}\mu} & \text{(条形装药)} \end{cases} \tag{5-24}$$

式中 Q——集中装药药包质量，t；

q——条形装药单位长度药包质量，t/m；

Δ——装药密度，t/m^3；

μ——岩土压缩系数，按表5-13选取。

表5-13 岩土的压缩系数

岩土性质	黄　土	松散岩土	软　岩	硬　岩
岩石坚固性系数 f	0.5～0.6	0.8～2.0	3～5	>6
岩土压缩系数 μ	200～150	50	20	10

柱状药包爆破时，按式（5-25）计算压缩区半径：

$$\begin{cases} R_1 = \left(\dfrac{p_m B}{R_{cd}}\right)^{\frac{1}{\alpha}} r_b \\ B = \dfrac{1}{\sqrt{2}}\left[(1+b)^2 + (1+b^2) - 2\mu_d(1-\mu_d)(1-b)^2\right]^{\frac{1}{2}} \\ b = \dfrac{\mu_d}{1-\mu_d} \\ \alpha = 2 + \dfrac{\mu_d}{1-\mu_d} \end{cases} \tag{5-25}$$

式中 p_m——作用于孔壁的冲击波压力峰值，MPa；

R_{cd}——岩石动态抗压强度，MPa；

r_b——药室半径，m；

b——侧向应力系数；

α——应力衰减指数。

作用于孔壁的冲击波压力峰值由式（5-26）计算：

$$p_m = \frac{2\rho_r c_{pr}}{\rho_e D + \rho_r c_{pr}} p_H \tag{5-26}$$

式中 $\rho_e D$——炸药的波阻抗，$kg/(cm^2 \cdot s)$；

$\rho_r c_{pr}$——岩石的波阻抗，$kg/(cm^2 \cdot s)$；

p_H——爆轰压力，MPa。

5.6.1.2 破裂区

在压缩区之外，冲击波迅速衰减为压缩波，在压缩波作用下，岩石质点产生径向压应力和切向拉应力。压应力下降至小于岩石的动抗压强度，岩石不能被压碎。切向拉应力仍然大于岩石的抗拉强度，使岩石产生径向裂隙。应力波过后，爆轰气体产物的膨胀作用还会维持较长的时间，在爆轰气体产物的膨胀压缩作用和“气楔”作用下，岩石径向裂隙继续发展。实验表明，径向裂隙的延伸速度是应力波传播速度的0.15～0.4倍，即裂隙的生成滞后于应力波的传播，爆轰气体产物的膨胀作用对于径向裂隙的产生起着重要的作用。

岩石受压缩后，储存一部分弹性变形能，压缩应力消失后，这部分能量会释放出来，引起岩石质点向药包中心的位移，从而引起径向拉应力，产生环状裂隙。环状裂隙只有在气体膨胀压力解除后才产生。

径向裂隙和环状裂隙相互交错，引起岩石破坏。这个范围又称为裂隙区。破裂区范围也不太大，一般小于几十倍的药包半径。

可按式（5-27）计算裂隙区半径 R_2：

$$\begin{cases} R_2 = \left(\dfrac{R_{cd}}{R_{td}}\right)^{\frac{1}{\alpha}} R_1 \\ \alpha = 2 - \dfrac{\mu_d}{1 - \mu_d} \end{cases} \tag{5-27}$$

式中 R_{td}——岩石动态抗拉强度，MPa。

5.6.1.3 振动区

在破裂区范围之外的岩体中，应力波进一步衰减，不能引起岩石的破坏，而只能引起岩石质点的弹性振动，这个范围要大得多，一般可达到几十倍至上百倍的药包直径。

药包在无限岩体中爆炸时，破坏范围非常小，所以在实际爆破当中很少应用，药壶爆破中的扩壶爆破是炸药在无限岩体中爆炸的一个典型例子。

5.6.2 爆破的外部作用

当药包在靠近地表的岩石中爆炸时，除了对岩石产生内部破坏作用外，还对地表附近的岩石产生破坏作用，这就是爆破的外部作用。

5.6.2.1 霍普金森效应

如图5-8（a）所示，在断面为50mm×50mm的大理石长杆的一端安置药包，用雷管起爆，观察爆破后的现象。

爆破后发现，炸药一端被粉碎，稍远处有裂隙，相当于压缩区和破裂区；杆的另一端被破坏成块，称为片落，这部分称为片落区，在杆的中间部分，没有破坏，只有弹性变形，这部分为振动区。随着药量的增加，压缩区、破裂区及片落区范围增大，振动区减小。

上述现象可以用应力波向介质交界面入射来解释。应力波向介质交界面入射时，会产生透射应力波和反射应力波，向自由面入射时，只有反射应力波，没有透射应力波，反射应力波为拉伸应力波。炸药爆炸后，在大理石杆中产生压缩应力波，压缩波传到杆的另一端（自由端）反射回来成拉伸应力波，在岩石中产生拉应力。压缩波和拉伸波会有一段重合，当合成应力为拉应力并大于岩石的抗拉强度时，岩石就发生破坏，这种效应称为霍普金森效应（Hopkinson effect）。图 5-8（b）可以很清楚地解释霍普金森效应。

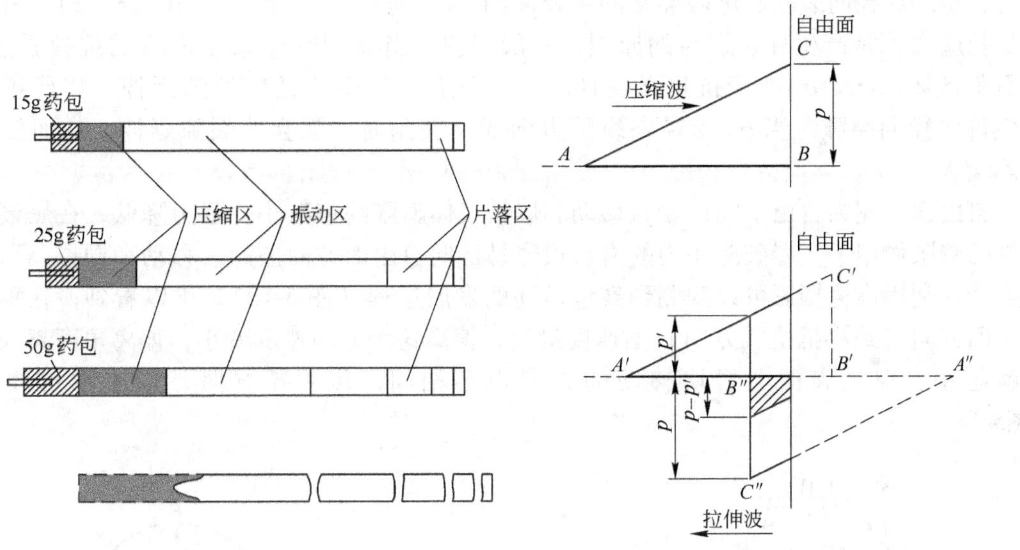

(a) (b)

图 5-8 霍普金森效应实验

（a）霍普金森效应实验；（b）霍普金森效应中的应力波

5.6.2.2 接近自由面爆破作用分析

自由面是指岩石与空气的接触面，又称为临空面。在自由面附近岩石中爆破时，会在岩石表面形成爆破漏斗，岩石的破坏范围将显著增加，破碎效果明显增强。

当炸药爆炸时，在岩石中产生的压缩波从爆心向外传播，遇到自由面时即反射为拉伸波。如果反射拉应力和入射压应力叠加之后所合成的拉应力超过岩石的抗拉强度时，在自由面附近产生霍普金森效应，即部分岩石被拉断或片落，形成片落漏斗。霍普金森效应曾被认为是岩石破坏的主要原因，爆破工程实践和研究表明，岩石片落的范围是有限的。从霍普金森效应看，片落范围很小，当药量较小时，产生片落的可能性较小。故霍普金森效应并不是岩石破坏的主要原因。

当药包在自由面附近爆炸时，岩石中任意一点的应力不仅仅是入射压应力和反射拉应力叠加那么简单，通过实验和应力分析知道，某点的应力状态，受入射纵波（压缩波），反射纵波（拉伸波）和反射横波的共同作用，应力状态既是坐标的函数，也是时间的函数，即（σ_1，σ_2，σ_3）$=f(r, \theta, \varphi, t)$。如图 5-9 所

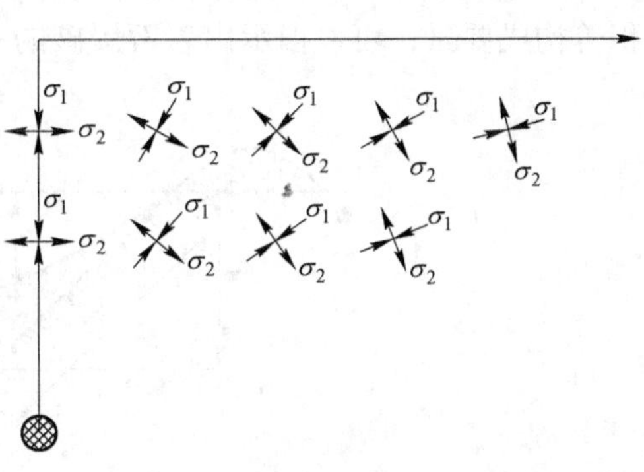

图 5-9 自由面附近质点的应力状态

示，在药包附近，σ_1 与 r 方向重合，远离药包时，σ_1 方向发生偏斜，离药包很远时就几乎跟自由面平行。一般情况下是压应力，只有在最小抵抗线方向上靠近自由面很小的范围内才有可能出现拉应力产生局部片落。σ_2 方向垂直于 σ_1，在（r，θ）平面内，一般是拉应力，是形成径向裂隙和爆破漏斗的主要原因。σ_3 垂直于 σ_1 和 σ_2，在（r，φ）平面内，总是拉应力，是产生环状裂隙的原因。一般来说，当 σ_2 和 σ_3 大于岩石的抗拉强度时，岩石就破坏。σ_2、σ_3 小于抗拉强度时，亦可引起岩石中的径向裂隙延伸。炸药爆炸时产生许多径向裂隙，当 σ_2 与径向裂隙方向成一交角时，就会使裂隙延伸，从而使破坏范围增大。

自由面一侧为自由空间，岩石移动和爆轰气体膨胀约束减小，阻力降低，在爆轰气体产物的膨胀作用下，爆破漏斗内的岩石很容易地向自由面方向破碎、移动和抛掷，形成鼓包运动。利用高速摄影可以观测到鼓包运动的发展过程（图 5-10），可以看到，在垂直于自由面方向（最小抵抗线方向）上速度最大，偏离这个方向速度变小，偏离角度越大，速度就越小。鼓包表面上岩块移动的方向也不相同，其主导方向是最小抵抗线方向（图5-11）。

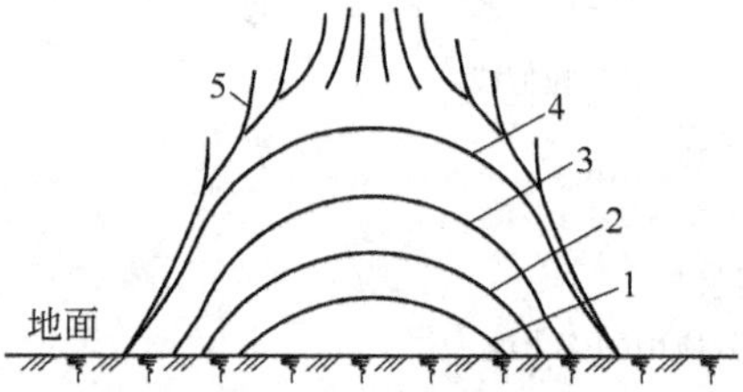

图 5-10 鼓包运动发展过程
1—起爆后 40ms；2—起爆后 80ms；
3—起爆后 120ms；4—起爆后 160ms；
5—起爆后 200ms

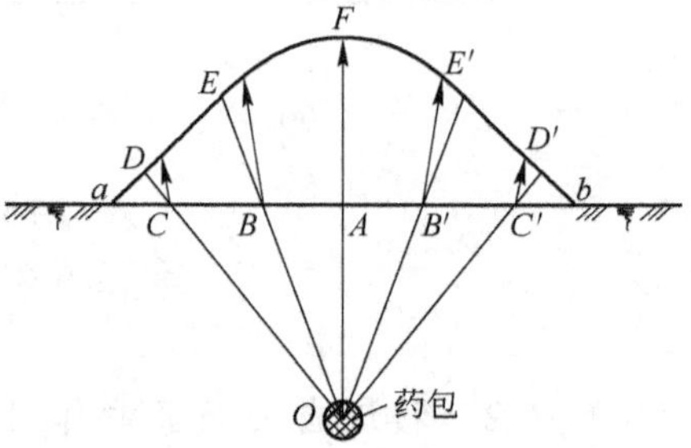

图 5-11 鼓包运动介质质点
移动速度和方向

5.6.3 爆破漏斗

当药包在地表附近爆炸时，在地表会形成一个爆破坑，这个坑称为爆破漏斗（图 5-12）。漏斗爆破是工程爆破当中最简单、最基本的一种爆破形式，研究爆破漏斗的形状、体积等构成要素，可以揭示出岩石爆破的一些基本规律。

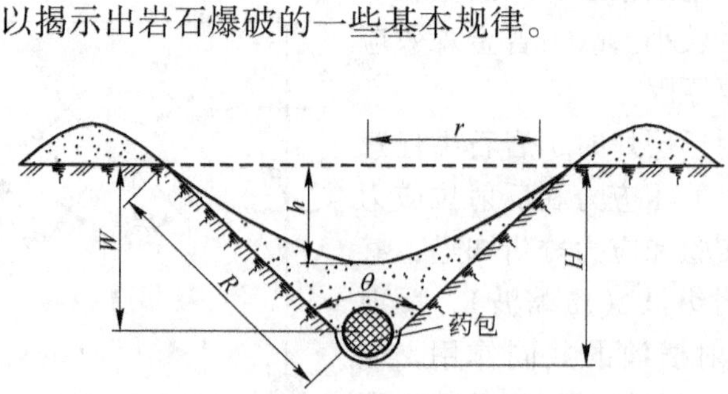

图 5-12 爆破漏斗

5.6.3.1 爆破漏斗的构成要素

爆破漏斗的构成要素如下：

（1）自由面。由上面分析可知，自由面的存在，改变了岩石中的应力状态和约束条件，使得岩石处在更容易破坏、移动和抛掷的状态中，岩石破坏范围增大。自由面越大、越多，越有利于爆破的破坏作用。在爆破工程中应充分利用自由面的作用，必要时应人为地创造新的自由面，以提高爆破效果。

（2）最小抵抗线 W。药包中心到自由面的最短距离称为最小抵抗线，表明了爆破漏斗的深度。在自由面一侧，最小抵抗线方向是约束最小、最容易破碎的方向，是岩石破碎和抛掷的主导方向。

（3）爆破漏斗底圆半径 r。爆破漏斗为一近似的圆锥体，底面为一圆形，底圆半径表明了爆破漏斗范围的大小。

（4）爆破作用半径 R。药包中心到漏斗底圆圆周上任意一点的距离，又称为爆破漏斗的破裂半径，$R = \sqrt{r^2 + W^2}$。

（5）爆破漏斗深度 H。爆破漏斗顶点至自由面的最短距离，表明了爆破漏斗的实际深度。

（6）爆破漏斗可见深度 h。炸药爆炸后，爆破漏斗内的岩石被抛出去后，部分岩石回落至漏斗坑内，自由面至回落岩石表面最低点的垂直距离，称为爆破漏斗的可见深度。

（7）爆破漏斗张开角 θ。爆破漏斗张开角即爆破漏斗顶角。

爆破漏斗的构成要素中，反映爆破漏斗形状和大小的要素有两个，即最小抵抗线和底圆半径，这两个要素确定后，爆破漏斗的形状和大小就基本确定了。

5.6.3.2 爆破作用指数

爆破漏斗底圆半径 r 与最小抵抗线 W 之比称为爆破作用指数，用 n 来表示，即 $n = \frac{r}{W}$。爆破作用指数的大小不仅反映了爆破漏斗底圆半径 r 和最小抵抗线 W 之间的相对关系，也反映了爆破漏斗的形状或者爆破作用程度。n 值越大，r 越大，W 越小，漏斗角 θ 越大，漏斗越浅，说明爆破的抛掷作用越强；n 值越小，r 越小，W 越大，漏斗角 θ 越小，漏斗越深，说明抛掷作用越弱。$n \to \infty$ 时相当于药包在岩石表面爆炸，$n \to 0$ 时则相当于药包在无限岩体中爆炸。

因此在工程爆破中，爆破作用指数 n 值的不同，爆破作用程度和爆破漏斗表现出不同的特征，可以通过选择爆破作用指数，确定爆破作用程度。

（1）当 $n = 1$ 时，$W = r$，爆破漏斗张开角 $\theta = 90°$，称为标准抛掷爆破漏斗，爆破作用称为标准抛掷爆破。标准抛掷爆破漏斗是爆破漏斗的一种特殊形式，工程爆破中计算炸药消耗量时，其他类型的爆破往往以标准抛掷爆破时的炸药消耗量作为参考依据。

（2）当 $n > 1$ 时，$r > W$，爆破漏斗张开角 $\theta > 90°$，称为加强抛掷爆破漏斗，岩石的破碎和抛掷作用都比 $n = 1$ 时加强。爆破作用称为加强抛掷爆破。

（3）当 $0.75 < n < 1$ 时，$r < W$，爆破漏斗张开角 $74° < \theta < 90°$，称为减弱抛掷爆破漏斗或加强松动爆破漏斗，抛掷作用减弱，这时爆破作用称为减弱抛掷爆破或加强松动

爆破。

（4）当$0<n\leqslant 0.75$时，爆破漏斗张开角$\theta\leqslant 74°$，称为松动爆破漏斗，爆破作用为松动爆破，此时岩石产生松动破裂和破碎而没有抛掷作用，自由面没有明显的可见漏斗出现。

5.6.4　利文斯顿爆破漏斗理论

美国的利文斯顿（C. W. Livingston）于1956年提出了以能量平衡为基础的岩石爆破漏斗理论，他认为炸药在岩石中爆炸时传给岩石能量的多少以及能量传递速度取决于岩石性质、炸药性能、药包质量和药包埋置深度等。在一定的岩石和炸药条件下，只取决于药包质量和药包埋深。当药包在地表以下很深的地方（无限岩体中）爆炸，则绝大部分能量被岩石吸收，在地表附近岩石（半无限岩体中）中爆炸时，则一部分能量被岩石吸收，一部分释放到空气中，随着埋深减小，传给岩石的能量比例降低，传给空气的能量比例增加。

利文斯顿根据药包的埋置深度不同，或者炸药爆炸能量作用效果不同，将爆破分为弹性变形、冲击破坏、碎化破坏、空气中爆炸四种类型。

（1）弹性变形。当药包埋在地表以下很深的位置爆炸时，能量全部被岩石吸收，用于压缩区，破裂区和地震区的弹性变形，地表岩石不发生破坏，相当于岩石的内部作用。在药包质量不变，改变药包的埋置深度时，则当药包埋深减小到一个临界值时，地表岩石开始发生破坏，脆性岩石可产生小量片落，塑性岩石将有稍微“隆起”，若埋深再小于这个深度，地表岩石将产生明显的破坏，这个药包的埋置深度称之为临界埋深。临界埋深与药包质量之间有以下关系：

$$N = E\sqrt[3]{Q} \tag{5-28}$$

式中　N——临界埋深，m；

Q——药包质量，kg；

E——岩石的应变能系数，$m/kg^{1/3}$。

E的意义为在一定的装药量条件下岩石表面开始破裂时，埋深与药量（爆炸能量的）的比值，它反映了埋深和药量的关系，随着Q的增加，N值增加，对于一定的炸药和岩石，E值是不变的。若岩石和炸药改变，E值也随之改变。

（2）冲击破坏。如果药包质量不变，埋深进一步减小，则地表岩石将破坏，产生爆破漏斗，随着埋深的减小，爆破漏斗体积增大，药包埋深减小到一定值时，爆破漏斗体积达到最大值，这时的埋深，称为最适宜深度或最佳埋深。令任意埋深d_c与临界埋深N之比为Δ，则有：

$$d_c = \Delta N = \Delta E\sqrt[3]{Q} \tag{5-29}$$

式中，$\Delta = \dfrac{d_c}{N}$，称为深度比，反映了药包埋深的相对大小。

当药包处于最佳埋深d_0时，则$\Delta_0 = \dfrac{d_0}{N}$，称为最佳深度比（或最适宜深度比），这时有：

$$d_0 = \Delta_0 N = \Delta_0 E\sqrt[3]{Q} \tag{5-30}$$

由爆破漏斗实验，可以测得岩石应变能系数 E 和最佳深度比 Δ_0，由式（5-31）可以计算出任意药量时的最佳埋深或任意埋深时的最适宜药量 Q_0，此时可以获得最佳爆破效果。

$$Q_0 = \left(\frac{d}{\Delta_0 E}\right)^3 \tag{5-31}$$

（3）碎化破坏。若药包质量不变，埋深继续减小，则地表岩石破坏严重，漏斗体积变小，一大部分能量释放到空气中。此时抛掷作用增强。

（4）空气中爆炸。当药包埋深很小时，大部分能量释放到空气中，产生空气冲击波，岩石很小部分破碎，相当于在空气中爆炸。

从以上四种形态看出，炸药爆炸能量消耗在以下四个方面：岩石的弹性变形、岩石破碎、岩块的抛散、地震波和空气冲击波。随着药包质量和药包埋深的不同，能量消耗的分配情况也不同。在以上四种形态中，弹性变形阶段和空中爆炸阶段能量利用率都非常低，故在爆破中应避免这两种类型。即使在冲击破坏和碎化破坏两种情况，用于岩石破碎的能量也有所不同。

爆破漏斗体积集中反映了岩石的破碎效果和用于破碎岩石的能量的多少，爆破漏斗体积 V 与埋深和药量有关，若药量固定，则只与埋深有关，两者关系可以用单位药量爆破漏斗体积 V/Q 与深度比 Δ 的关系来表示。由爆破漏斗实验，可以测得爆破漏斗特性曲线，即 V/Q-Δ曲线，如图 5-13 所示。从图 5-13 上可以很明显地看出，当药包处在最佳深度比时，爆破漏斗体积最大。

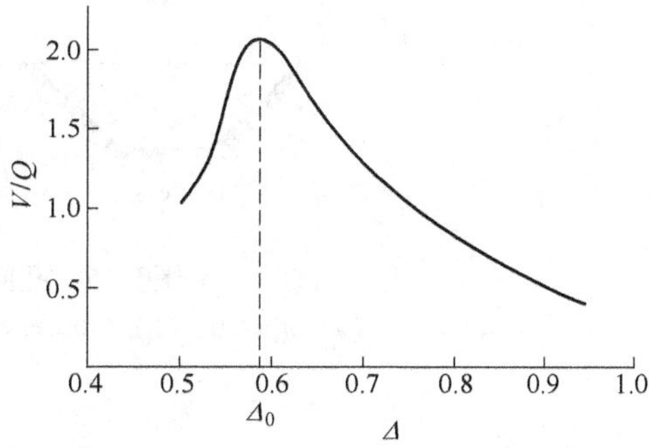

图 5-13 铁燧石爆破漏斗特性曲线

利文斯顿爆破漏斗理论是建立在一系列实验的基础之上的，比较接近于爆破实际，在岩石爆破工程中得到一定程度的应用。

5.6.5 多药包的齐发爆破作用

多药包齐发爆破时，若药包之间距离较大，则每个药包单独作用，与单药爆破时一致。若药包间距较小，每个药包爆破后产生的应力场叠加，岩石破碎效果及破坏范围发生变化。

图 5-14 所示为两相邻炮孔装药齐发爆破时的中心线上拉应力分布示意图。炮孔中药包爆炸时，在应力波和爆轰气体的膨胀压力作用下，在炮孔连线方向上产生径向压应力，垂直于炮孔连线方向产生切向拉应力。由于炮孔周围会产生应力集中现象，使得孔壁附近

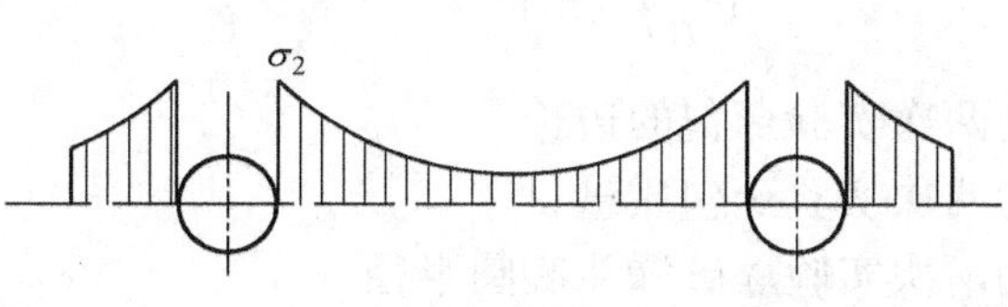

图 5-14 相邻炮孔中心线上拉应力分布示意图

的切向拉应力增加。两个炮孔同时起爆时，两个炮孔爆破后所产生的应力场相互叠加，在炮孔连线方向拉应力值会增大，其中最大值位于沿炮孔连线方向的炮孔壁上，所以只要炮孔间距小于某一个距离，爆破时沿炮孔连线方向上产生的切向拉应力大于岩石的抗拉强度，则沿着炮孔连线方向形成一定宽度的裂缝。裂缝的形成从孔壁开始。

在炮孔连线方向之外，应力场叠加结果，使两个炮孔之间的岩石向着垂直于自由面方向移动、破碎和抛掷。孔距不同，爆破漏斗作用程度不同。

设孔间距为 a，最小抵抗线为 W，则称 $m = \dfrac{a}{W}$ 为炮孔密集系数（或临近系数）。根据工程实践经验，对于标准抛掷爆破，一般当 $m>2.0$ 时，两个药包单独作用形成各自的爆破漏斗（图 5-15（a））；当 $m=1.0\sim2.0$ 时，形成两个爆破漏斗有部分重合（图 5-15（b））；当 $m=0.8\sim1.0$ 时，两个药包共同作用形成一个爆破漏斗，药包底部平坦（图 5-15（c））；当 $m<0.8$ 时，相当于一个药包的作用，爆破作用增强，用于抛掷的能量增加（图 5-15（d））。

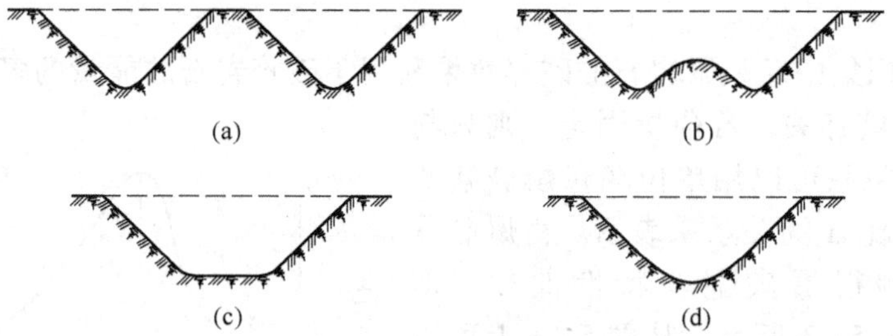

图 5-15　孔间距对爆破漏斗的影响

（a）$m>2.0$；（b）$1.0<m<2.0$；（c）$m=0.8\sim1.0$；（d）$m<0.8$

5.7　装药量计算原理

在实际工程爆破中，装药量的大小是影响爆破效果好坏、爆破安全可靠与否以及爆破成本高低的一个关键的因素，也是工程爆破设计的主要内容之一。

5.7.1　相似法则与体积公式

布洛伯格（Broberg）做了如下实验：在均质岩石表面上放置一药包，药包爆炸后，下面岩石被压缩，压缩区周围形成一个爆破漏斗，设高为 d_K，直径为 L。布洛伯格发现，如果药包的尺寸按一定的比例增加，那么爆破漏斗的体积也按一定的比例增加，即：

$$\left(\frac{L'}{L}\right)^3 = \left(\frac{a'}{a}\right)^3 = \frac{Q'}{Q} \tag{5-32}$$

式中　a，a'——分别为两次实验药包的边长；

Q，Q'——分别为两次实验药包质量；

L，L'——分别为两次实验爆破漏斗底圆半径。

可以看出，药量与漏斗尺寸的三次方成正比，即与爆破岩石的体积成正比，式(5-32)

称为相似法则。由此可以得出结论，对于一定的岩石和炸药，爆破每立方米体积岩石所用炸药量是一个定值，称为单位炸药消耗量。

相似法则可以用体积公式的形式来表述：

$$Q = KV \tag{5-33}$$

式中 K——单位炸药消耗量，简称炸药单耗，kg/m^3；

V——爆破岩石的体积，m^3。

5.7.2 漏斗爆破药量计算

对于标准抛掷爆破漏斗，$r=W$，$n=1$，式（5-33）写成：

$$Q = KW^3 \tag{5-34}$$

事实上爆破每立方米体积岩石所需的药量是一个定值是指同等作用程度时，作用程度不同，所需药量是不一样的。加强或减弱抛掷爆破时，单位炸药消耗量应有所增减，若以标准抛掷爆破时的单位炸药消耗量 K 为基准，则适用于加强或减弱抛掷爆破的装药量计算式为：

$$Q = f(n)KW^3 \tag{5-35}$$

加强抛掷爆破时 $f(n)>1$，标准抛掷爆破时 $f(n)=1$，减弱抛掷爆破时 $f(n)<1$。苏联学者鲍列斯阔夫在 1871 年提出的一个关系式，目前在我国仍广泛应用：

$$f(n) = 0.4 + 0.6n^3 \tag{5-36}$$

即：

$$Q = (0.4 + 0.6n^3)KW^3 \tag{5-37}$$

式（5-35）或式（5-37）作为漏斗爆破药量计算的通用公式，可用于加强松动爆破和抛掷爆破的药量计算。公式中的 K 为标准抛掷爆破时的单位炸药消耗量。公式表明了漏斗爆破时的用药量与最小抵抗线的三次方成正比，反映了爆破漏斗体积与药量之间的关系。

松动爆破时的装药量一般是标准抛掷爆破时的 1/3～1/2，因此适用于松动爆破时的药量计算经验公式为：

$$Q_{松} = (0.33 \sim 0.55)KW^3 \tag{5-38}$$

岩石爆破条件好时取小值，岩石爆破条件较差时取大值。

5.7.3 台阶爆破药量计算

台阶爆破参数（图 5-16）包括：炮孔直径 d、台阶高度 H、底盘抵抗线为 W_d、孔间距为 a、装药密度为 Δ、装药长度 l_e、单位炸药消耗量 q、单孔装药量为 Q。

由体积公式（5-33），单孔装药量为：

$$Q = qaW_dH \tag{5-39}$$

由式（5-39）计算的药量还必须满足炮孔容积的要求，由炮孔容积确定单孔装药量为：

$$Q = \frac{\pi d^2}{4}\Delta l_e \tag{5-40}$$

以上漏斗爆破和台阶爆破的药量计算是体积公式的具体应用，工程爆破的形式千变万化，所以不能简单地套用公式，应抓住体积公式的本质，不论爆破形式怎么改变，都可以很容易地计算出药量的大小。

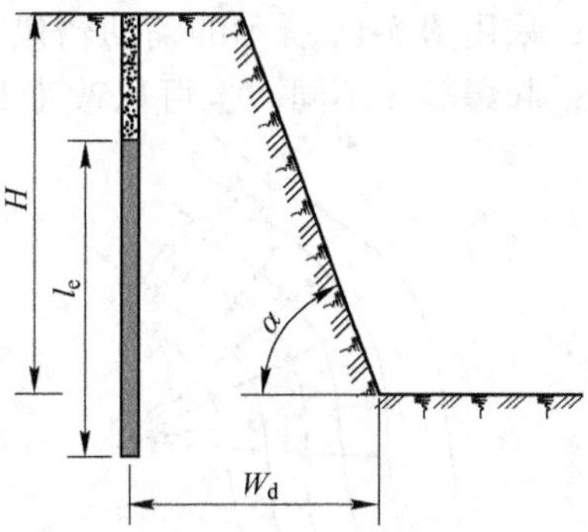

图 5-16 台阶爆破参数

5.7.4　单位炸药消耗量的确定

药量计算中的关键参数是单位炸药消耗量的确定，它直接影响到药量的大小以及爆破效果的好坏，需要考虑多方面的因素来确定，一般采用以下方法：

（1）查阅和参考有关定额、设计资料中的参考值；

（2）采用工程类比法，参照本矿山或类似矿山相似爆破条件下的单位炸药消耗量的统计数据；

（3）在需要爆破的岩石中进行模拟爆破实验，确定较为合适的值。

5.7.5　兰格福斯药量计算公式

兰格福斯（U. Langefors）将梯段爆破装药量的公式写为：

$$Q = K_2W^2 + K_3W^3 + K_4W^4 \tag{5-41}$$

式中　K_2，K_3，K_4——分别为取决于介质的弹塑性、强度和重力的系数。

根据在花岗岩中用代那买特进行实验得到的垂直梯段松动爆破装药量计算式为：

$$Q = 70W^2 + 250W^3 + 4W^4 \tag{5-42}$$

一般认为，当 $W = 1.4 \sim 15$m 时，二次项和四次项的影响在允许范围内，为计算方便，可以忽略，因此在常规爆破中均可以按体积公式来计算。当 $W > 15$m 时，二次项可以忽略，例如硐室爆破，就应该考虑重力的影响。而当 $W < 1.4$m 时，如构筑物拆除爆破，一般 $W < 1$m，此时可忽略四次项。

5.8　岩石爆破作用原理

5.8.1　最小抵抗线原理

由 5.6 节爆破作用分析可知，在自由面最小抵抗线方向上岩石移动约束阻力最小，移动初始速度最大，因此可以得出以下结论：岩石破碎和抛掷的主导方向是最小抵抗线方向，这一原理称为最小抵抗线原理。

最小抵抗线原理在工程爆破中得到广泛的应用。例如要求多个药包向某处集中抛掷，则应选择如图 5-17 所示的凹形地形布置药包。若选用凸形地形，岩石则被抛散而不能集中；采用图 5-18 所示的辅助药包，可以改变主药包的最小抵抗线方向，从而改变抛掷方向；起爆顺序不同，也可以改变最小抵抗线方向，从而改变抛掷方向。如图 5-19 所示露

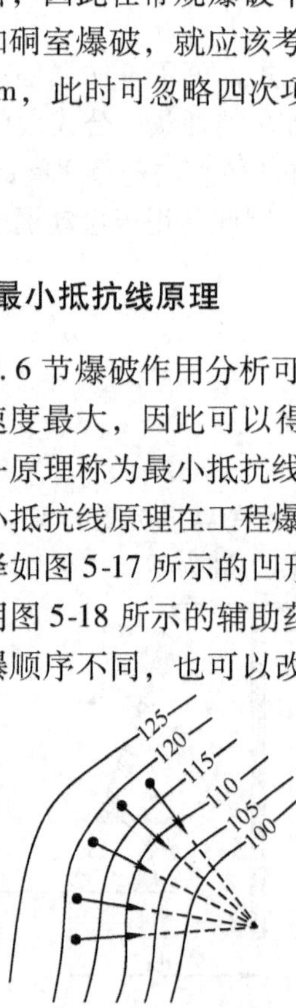

图 5-17　适于集中抛掷堆积的凹形地形

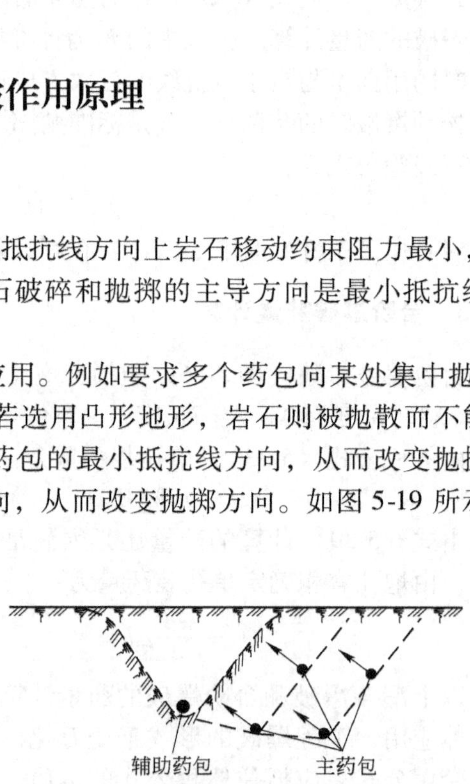

图 5-18　辅助药包改变最小抵抗线方向

天台阶爆破改变起爆顺序后，抛掷方向由正前方改为斜前方，使爆堆更集中。

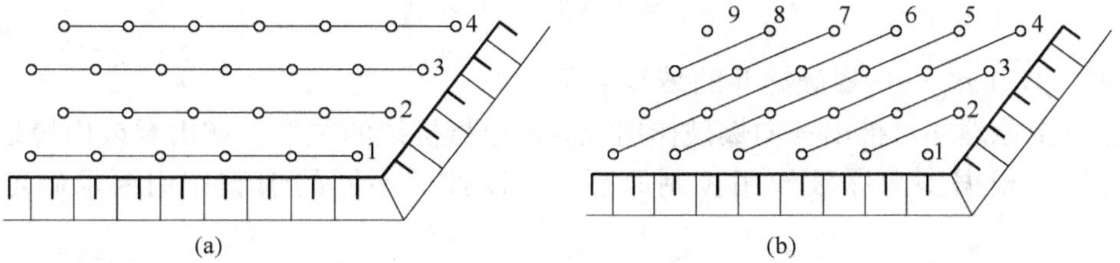

图 5-19　起爆顺序改变最小抵抗线方向

（a）排间顺序起爆；（b）斜线顺序起爆

5.8.2　多向爆破作用控制原理

在多自由面的山脊或山峰爆破时，自由面往往有两个或三个，通过调整最小抵抗线的大小可以控制不同方向的抛掷作用程度，称为多向爆破作用控制原理。以山脊地形为例，这时有两个方向的最小抵抗线。

（1）若 A、B 两侧岩石等量抛掷（图 5-20（a）），显然必须使 $W_A = W_B$，两侧爆破作用程度相同；

（2）若 A、B 两侧不等量抛掷（图 5-20（b）），或 A 侧抛掷，B 侧加强松动，则两侧的最小抵抗线的关系为：

$$W_A = \sqrt[3]{\frac{f(n_B)}{f(n_A)}} W_B \tag{5-43}$$

式中　W_A，W_B——分别为 A、B 两侧最小抵抗线，m；

n_A，n_B——分别为 A、B 两侧爆破作用指数。

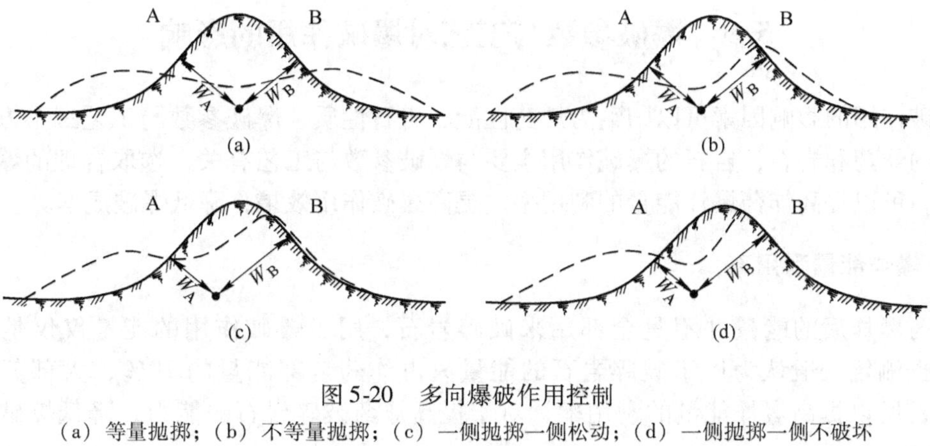

图 5-20　多向爆破作用控制

（a）等量抛掷；（b）不等量抛掷；（c）一侧抛掷一侧松动；（d）一侧抛掷一侧不破坏

$f(n)$按式（5-36）计算。

（3）若使 A 侧抛掷，B 侧松动，则 A、B 两侧最小抵抗线的关系为：

$$W_A = \sqrt[3]{\frac{1}{3f(n_A)}} W_B \tag{5-44}$$

（4）若使 A 侧抛掷，B 侧岩石不破碎，必须满足：

$$W_B \geqslant 1.3W_A\sqrt{1+n_A^2} \tag{5-45}$$

式中 $W_A\sqrt{1+n_A^2}$——爆破漏斗的破裂半径。

根据以上原理亦可推出三向爆破作用控制最小抵抗线的关系。在山脊或山峰地形进行爆破作业时，根据多向爆破作用控制原理，可以按照不同的爆破作用要求确定药包的位置。

5.8.3 群药包共同作用原理

两个并列的等量对称药包同时爆破时，药包之间的岩土一般不发生侧向抛散，只沿着两药包的最小抵抗线方向抛出，有利于控制岩石的抛掷方向，提高抛掷率。将并列的等量对称药包扩展为四个甚至多个，则按最小抵抗线方向抛出岩石的比例大大增加。这个原理称为群药包共同作用原理。

对于非等量药包，岩石抛掷方向会发生一定的偏斜。同时会产生一定的抛散。但大部分岩石是按着几个药包联合作用所决定的方向抛出的。

群药包作用原理在抛掷爆破中广为应用，如定向抛掷筑坝，一般设计成四个以上成对药包，同时起爆。

5.8.4 重力作用原理

在山坡地形（尤其是地形较陡时）爆破时，一部分岩石被抛掷，一部分岩石则依靠重力作用坍塌、滚落。所以在陡峭的山坡、狭窄的山谷等地形条件下爆破时，只需布置松动药包，将上部岩石崩落，靠着重力作用坍塌、滚落，而无需抛掷即可满足要求，这样就可以减少用药量。

5.9 爆破参数与工艺对爆破作用的影响

爆破作用的影响因素可以归纳为炸药性能、岩石性质、爆破参数与工艺三个方面。对于一定的炸药和岩石，岩石的爆破作用主要与爆破参数与工艺有关，选取合理的爆破参数与工艺，可以提高炸药爆炸能量的利用率，提高爆破作用效果，降低爆破成本。

5.9.1 爆炸能量利用率

炸药爆炸后的能量并不是全部用来破碎岩石，用于爆破作用的能量仅仅是一小部分，根据测定一般认为用于破碎岩石的能量只占炸药全部能量的10%，大部分能量浪费掉了，所以提高爆炸能量的利用率，对于提高炸药破碎岩石的能力，降低爆破成本都是有益的。

一般来说，炸药爆炸后，爆炸能量主要消耗在以下几个方面：

（1）压缩区内岩石的粉碎与塑性流动。药包爆炸后，爆轰波作用于岩石产生岩石冲击波，使岩石产生过粉碎。爆炸后的高温高压气体膨胀作用于岩石使岩石温度升高，产生塑性流动。虽然压缩区范围非常小，却消耗一大部分能量。

（2）岩石中产生地震波，岩石质点弹性变形，也消耗掉一部分能量。

（3）炸药爆炸后产生的爆轰气体产物在岩石破碎后释放到空气中产生空气冲击波。

（4）岩石的破碎与抛掷。

在以上四个方面中，只有岩石的破碎与抛掷是有用功（个别不必要的抛掷除外），其他方面都属于无用功，所以如何提高用于破碎与抛掷方面能量所占的比重，减少其他方面所消耗的能量，就成为提高能量利用率的关键。在爆破工程实践中，为了提高能量的利用率，一般采取以下措施：

（1）采用不耦合装药，可以减少炸药爆炸对岩石的过粉碎，减少过粉碎造成的能量损失，实践证明，露天硐室爆破采用不耦合装药可以提高抛掷率。

（2）炮孔填塞可以有效地防止爆轰气体膨胀过程中过早地从炮孔中逸出，延长爆轰气体的作用时间，提高能量的利用率。

（3）合理选择爆破参数，有助于减少不必要的抛掷和过粉碎，降低空气冲击波携带的能量；选用最适宜的爆破类型，可以降低炸药消耗量。如松动爆破的用药量只有抛掷爆破时的1/3～1/2。

5.9.2 炮孔直径与孔网参数对爆破作用的影响

炮孔直径直接影响着炮孔中的装药量。炮孔直径增加，装药量也增加，所以选用大直径炮孔有利于提高单孔爆破量，提高生产率。

孔网参数包括孔间距和排间距（抵抗线），对于一定的岩石和单位炸药消耗量，随着炮孔直径增加，孔网参数必定随之增大，破碎岩石的块度也必然随之增大。所以不同的炮孔直径，所规定的块度尺寸也不同。

孔网参数直接影响着最小抵抗线的大小和药包之间的相互作用程度，因此孔网参数的改变会影响到爆破作用过程及爆破效果。孔网参数的确定取决于岩石性质、炸药性能和自由面情况等，应根据具体的爆破类型和爆破条件来确定。

5.9.3 装药结构

炮孔中的装药结构分为连续密实装药、间隔装药和不耦合装药三类。

5.9.3.1 连续密实装药

连续密实装药是指从孔底开始装入炸药至一定高度，形成连续的药柱，药柱前端为孔口填塞材料。这种装药形式在炮孔爆破中广泛使用。

5.9.3.2 间隔装药

间隔装药又包括分段装药和孔底间隔装药。分段装药是指装入炮孔中的炸药分为两段或三段，各段炸药之间用惰性材料隔开，形成非连续的药包。各段药包可以同时起爆或间隔起爆。根据所使用的间隔材料的不同，又分为炮泥（岩屑）间隔装药、空气间隔装药和水间隔装药。

台阶爆破采用垂直深孔时，底部爆破阻力大，此时需要增大超深，采用连续装药时，药包中心下降，炸药集中在炮孔底部，上部岩石得不到充分的破碎，容易形成大块，采用间隔装药可以避免炸药过于集中于炮孔底，沿炮孔轴线均匀分布，台阶上部岩石破碎均匀，如图5-21所示。

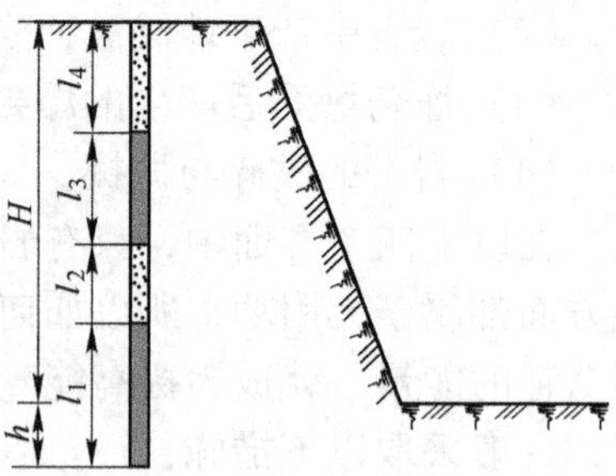

图5-21　间隔装药结构
H—台阶高度；h—超深；
l_1，l_3—装药长度；
l_2—间隔介质长度；
l_4—填塞长度

采用空气间隔装药，炸药爆炸后爆轰气体产物首先沿空气间隙膨胀，空气受到压缩，吸收一部分能量，使炮孔初始压力降低。在爆轰的后阶段，受压缩空气中的能量释放出来做功。空气间隔装药爆破时气体膨胀作用时间更长，有利于提高抛掷率，故在加强抛掷爆破中应用具有显著的优越性。水间隔装药用水作为间隔介质，由于水具有不可压缩性，是很好的传能介质，故爆破后沿炮孔轴线上的压力分布更均匀。

孔底间隔装药是在孔底超深部分留有部分空间不装药，利用上部装药爆破产生的余压破碎岩石，从而达到消除根底的目的。

5.9.3.3　不耦合装药

不耦合装药是指在药包与孔壁之间留有空气间隙的装药结构，药包直径小于炮孔直径（图5-22）。炮孔直径与药包直径之比称为不耦合系数。空气间隙的存在，使爆轰波首先压缩空气，再作用于孔壁，以爆轰波传递到岩石中形成冲击波的形式携带的能量降低，孔壁所受到的初始压力下降，不易对岩石产生压缩粉碎作用，对孔壁的破坏作用大大减弱，由于岩石粉碎吸收的能量大大降低，减少了不必要的能量消耗。与空气间隔装药相似，压缩空气首先储存一部分能量，然后再释放出来，因此以爆轰气体膨胀的形式携带的能量增加，爆轰气体膨胀作用时间延长，能量利用率得以提高。空气间隔装药与不耦合装药一般又称为空气间隙装药。图5-23所示为空气间隙装药爆破时孔壁压力随时间的变化曲线。

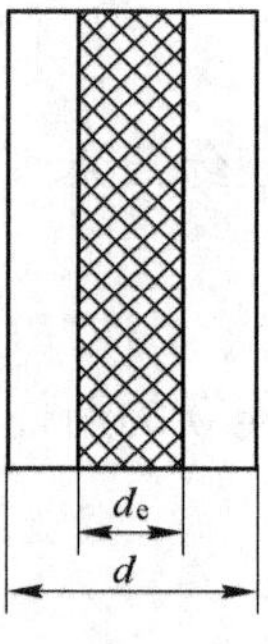

图5-22　不耦合装药结构
d_e—药包直径；d—炮孔直径

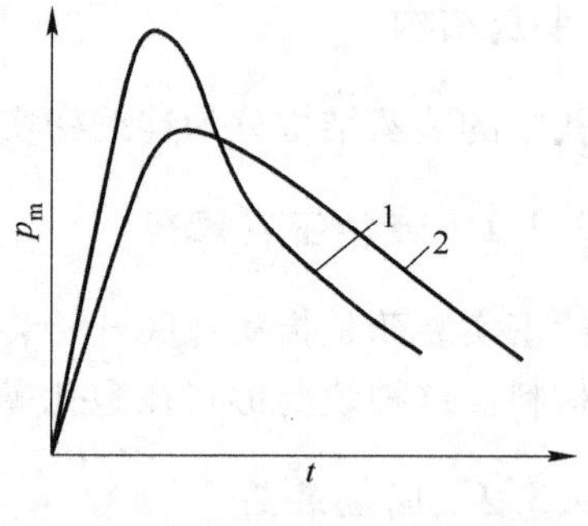

图5-23　孔壁压力-时间曲线
1—连续密实装药；2—空气间隙装药

随着不耦合系数的增大，孔壁上的压力峰值明显降低。实验结果（图5-24）表明，作用在炮孔内壁上的切向拉应力 σ_θ 随着不耦合系数的增加呈指数减少。

在光面爆破和预裂爆破中，广泛使用不耦合装药，有时将不耦合装药与间隔装药结合起来使用，以达到不破坏孔壁的目的。

5.9.4 填塞对爆破作用的影响

填塞的作用在于可以有效地防止爆轰气体过早地从炮孔或硐室中逸出，延长爆轰气体的膨胀作用时间，使炸药反应更充分，放出热量更大，有毒气体排放量更小，从而减少能量损失，提高爆破效果。一般在填塞良好的炮孔中，爆速和殉爆距离都会有明显提高。在井下有瓦斯或矿尘爆炸危险的工作面，良好的填塞还可以降低爆轰气体逸出自由面的温度和压力，防止爆炸一瞬间产生的火焰直接接触空气而引起瓦斯或矿尘发生爆炸，提高爆破的安全性。

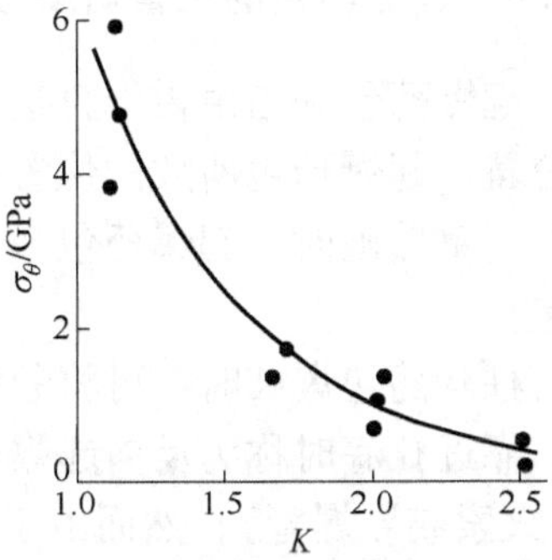

图 5-24 孔壁切向应力与不耦合系数的关系

$K=d/d_e$—不耦合系数；

σ_θ—孔壁处切向应力

填塞效果的好坏与填塞材料的密度（质量）、颗粒级配、填塞长度等有关。填塞物的填塞作用，在力学上属于惯性约束，填塞材料密度越大，填塞效果越好。另外，填塞物被压缩后，对孔壁施加一个作用力，在填塞物与孔壁之间产生摩擦力，填塞物颗粒的合理级配有利于增加摩擦力。

不同的爆破使用不同的材料。露天深孔爆破，孔径较大，一般使用钻孔时产出的岩石粉末（岩屑）填塞，取之比较方便；浅孔爆破可用炮泥填塞。炮泥按黏土与沙子 3∶1 的比例，加 20% 的水制成，加水不能太多，否则炮泥稀软，与孔壁的摩擦力减小，在炮孔中容易移动，达不到应有的填塞效果；硐室爆破采用导硐和药室施工时产出的碎石充填。填塞时应合理搭配不同粒度的碎石和砂土，做到密实填塞。在有瓦斯和矿尘爆炸危险的井下工作面爆破时可采用水炮泥填塞，但孔口应用不小于 0.15m 的炮泥将炮孔填满堵严，以防止水袋脱落，并增加摩擦阻力。

填塞长度与孔径或导硐断面有关，炮孔爆破一般取孔径的 12 ~ 32 倍，视岩石和炸药性质而定，坚硬岩石时取大值，松软岩石取小值。硐室爆破时横巷应全部填塞，平硐内的填塞长度应不小于所填巷道最大尺寸的 4 倍。

《爆破安全规程》规定，硐室、深孔、浅孔、药壶、蛇穴爆破装药后都应进行填塞。不应使用无填塞爆破（扩壶爆破除外）。不应使用石块和易燃材料填塞炮孔，水下炮孔可用碎石渣填塞。易燃物一则不容易将炮孔封住，二则容易点燃造成次生灾害；用石块填塞时，若发生冲炮，石块可能飞得很远，造成危害。

5.9.5 起爆顺序对爆破作用的影响

顺序爆破（或称延期爆破）的目的在于先爆的炮孔为后爆的炮孔提供较多的新的自由面和补偿空间，并改变最小抵抗线的方向，以改善爆破效果。顺序爆破根据延期时间不同分为秒延期爆破和毫秒延期爆破。延期爆破必须要有合理的起爆顺序，否则的话，不但不能创造新的自由面，反而会使爆破效果更差。延期爆破也必须要求起爆器材的质量，如果有一个炮孔因质量问题而拒爆，不能创造新的自由面，后起爆的炮孔的最小抵抗线就会变大，爆破效果也会恶化。

5.9.6 起爆药包的位置对爆破作用的影响

起爆药包是指由雷管直接起爆的药包。起爆药包的位置是指起爆药包在炮孔或硐室中的位置。起爆药包所放的位置不同，决定了爆轰波的传播方向以及岩石破裂发展方向。

药室爆破时，起爆药包一般放置在药包的几何中心，药量很大时，需要放置辅助起爆药包。

柱状药包爆破时，可将起爆药包放置在靠近孔口或靠近孔底，靠近孔口时称为正向起爆，靠近孔底时称为反向起爆。正向起爆时最后装起爆药包，装药比较简便，节省导线（导火索或导爆管），然而由于孔口首先爆破，自由面方向岩石首先破碎移动，爆轰气体过早地逸出。反向起爆时先装起爆药包，需要较多的导线（导火索或导爆管），而孔底先爆，爆轰气体逸出较晚，气体膨胀时间较长，有利于提高爆破效果。

当炸药质量不好时，或药包直径较小，药包较长时，爆轰波传播不很稳定，实验表明，在起爆药包处爆破效果较好，远离起爆药包的地方，爆破效果较差，这时可采用多点起爆，或将导爆索一直伸到孔底，导爆索传爆效果好，导爆索被起爆后，直接起爆炸药。

6 岩土爆破技术

6.1 露天深孔爆破

露天开采时，通常是将矿岩划分成一定厚度的水平分层，自上而下开采。各个水平构成一个阶梯状，每个阶梯称为一个台阶，因此露天深孔爆破又称为露天台阶爆破。

一个台阶的构成要素有：台阶的上部平盘、下部平盘、台阶坡面、台阶坡面角、坡顶线、坡底线，如图6-1所示。

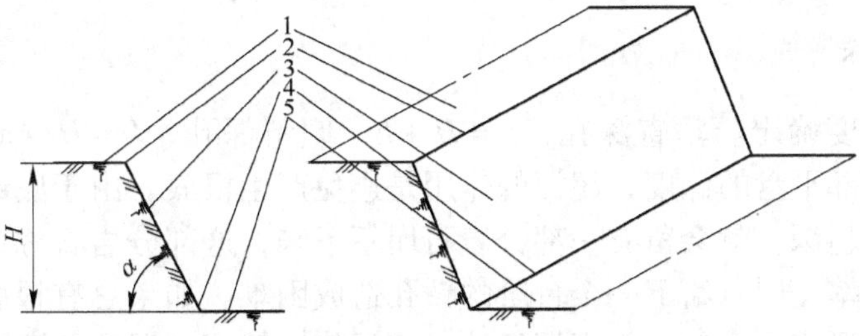

图6-1 露天矿台阶构成

1—上部平盘；2—坡顶线；3—台阶坡面；4—坡底线；5—下部平盘

在上部平盘进行钻孔、装药连线和爆破工作，在下部平盘进行装岩、运输工作。

露天采场不同于地下采场，由于在露天作业，作业空间不受限制，所以可以采用大型的钻孔和装运设备，使露天矿的生产能力大大提高。

6.1.1 深孔布置形式

露天深孔按与台阶平盘的关系分为垂直深孔与倾斜深孔两种，垂直深孔垂直于台阶平盘，倾斜深孔平行于台阶坡面（图6-2）。

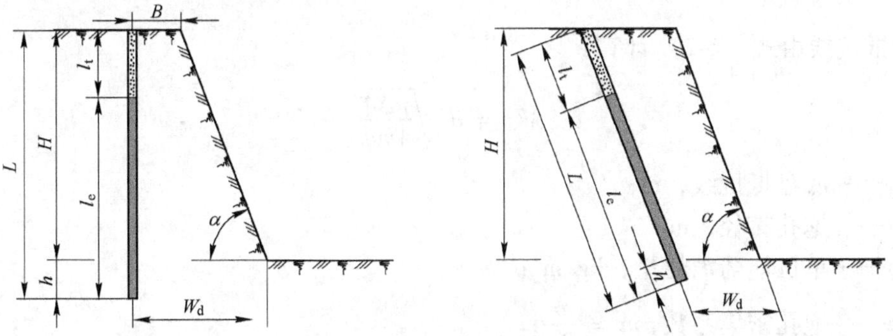

图6-2 露天深孔布置示意图

H—台阶高度；h—超深；W_d—底盘抵抗线；l_e—装药长度；l_t—填塞长度；

α—台阶坡面角；B—钻孔中心至坡顶线的安全距离

从爆破效果来看，倾斜深孔优于垂直深孔，这是因为炸药沿炮孔全长的最小抵抗线相等，从而矿岩破碎均匀，大块少，不容易出根底；爆破后台阶坡面平整、稳固，斜孔钻孔时，钻机至坡顶线的距离大，保证了钻孔作业的安全。

在实际生产中，采用哪种深孔布置形式主要取决于使用的钻孔设备。目前，大型矿山多采用牙轮钻机钻孔，故采用垂直深孔布置形式，中小型矿山多采用潜孔钻机钻孔，一般采用倾斜深孔布置形式。

6.1.2 爆破参数

6.1.2.1 深孔直径

孔径与选用的钻孔设备有关，YZ 系列牙轮钻机，孔径 70 ~ 380mm；KY 系列牙轮钻机，孔径 150 ~ 310mm；潜孔钻机钻孔，孔径为 80 ~ 200mm。孔径越大，单孔装药量越大，孔网参数和单孔爆破量越大，采场生产能力越大。

6.1.2.2 孔深

孔深由台阶高度确定。垂直深孔，$L = H + h$，倾斜深孔，$L = H/\sin\alpha + h$。h 为超深，即炮孔超过台阶下部平盘的深度，超深的作用是避免产生根底。由于底部岩石爆破时的夹制性较大，若没有超深，就会留有一部分岩石崩不下来，这部分岩石称为根底。出现根底后，会影响装岩效率，同时给下一个台阶的钻孔造成困难。如果总有根底出现，台阶下部平盘将越来越高，形成一个斜坡。根据经验，超深值一般可依据底盘抵抗线的值来确定：

$$h = (0.15 \sim 0.35) W_d \tag{6-1}$$

当岩石较松软时，取小值，岩石较硬时取大值。台阶底部有水平层理或软夹层时可不设超深。

6.1.2.3 底盘抵抗线

台阶的坡底线到第一排炮孔中心轴线的水平距离称为底盘抵抗线（图 6-2）。底盘抵抗线是露天深孔爆破的一个重要参数，底盘抵抗线过大，则底部爆破夹制作用大，容易形成根底，后冲作用强，甚至造成冲炮；底盘抵抗线过小，炸药量增加，抛掷作用增强，爆堆容易抛散。

底盘抵抗线由式（6-2）计算：

$$W_d = d\sqrt{\frac{\pi\Delta\tau}{4mq}} \tag{6-2}$$

式中 W_d——底盘抵抗线，m；

d——炮孔直径，m；

q——单位炸药消耗量，kg/m^3；

m——炮孔密集系数，$m = \frac{a}{W_d}$；

Δ——装药密度，kg/m^3；

τ——装药长度与台阶高度之比，$\tau = 0.5 \sim 0.6$。

也可按经验公式选取：

$$W_d = (30 \sim 35)d \qquad (6\text{-}3)$$

当炮孔较浅时，由于填塞部分占有较大比例，故应取小值，反之取大值。

另外，底盘抵抗线也要考虑钻机的安全，对于大型钻机垂直深孔有：

$$W_d \geqslant H\cot\alpha + B \qquad (6\text{-}4)$$

式中 α——台阶坡面角。

B——从深孔中心线到坡顶线的安全距离，$B \geqslant 2.5$m。

6.1.2.4 孔距和排距

孔距是指每排中炮孔之间的距离，结合底盘抵抗线来确定，$a = mW_d$。炮孔密集系数 m 反映了孔间距与底盘抵抗线的关系，当炮孔密集系数不变时，孔距增大，底盘抵抗线减少，一般取 $m = 1.0 \sim 1.5$。采用等边三角形布孔时，$W_d = 0.866a$，或 $a = 1.15W_d$，即 $m = 1.15$。宽孔距爆破技术认为在 aW_d 保持不变的情况下，增大孔间距，减小抵抗线，可以显著改善爆破效果，可取 $m = 2 \sim 6$。

排距是指多排孔爆破时排与排之间的距离，一般等于底盘抵抗线，考虑到后排孔爆破时矿岩阻力作用增加，后排孔排距也可适当减小。

6.1.2.5 填塞长度

合理的填塞，可以阻止爆轰气体过早地从炮孔中逸出，使破碎更加充分，提高炸药的能量利用率。填塞长度与孔径有关，根据经验，填塞长度一般取孔径的 20 ~ 30 倍。坚硬岩石取大值、松软岩石取小值。填塞长度还与抵抗线有关，一般认为，填塞长度应不小于孔口最小抵抗线的长度。根据经验，倾斜孔时取 $(0.9 \sim 1)W_d$，垂直孔时取 $(0.7 \sim 0.8)W_d$。

《爆破安全规程》规定，复杂情况深孔爆破的填塞长度宜大于底盘抵抗线与装药顶部抵抗线平均值的 1.2 倍。如有困难，填塞长度可适当减小，但不应小于上述平均值的 1 倍，并采取控制飞石的有效措施。

6.1.2.6 单孔装药量与单位炸药消耗量

在合理地选择孔网参数的条件下，按体积公式计算单孔装药量：

$$Q = qaW_dH \qquad (6\text{-}5)$$

式中 q——单位炸药消耗量，与岩石性质和炸药性能有关，使用硝酸铵类工业炸药，软岩时可取 $q = 0.15 \sim 0.3\text{kg/m}^3$，中硬岩石取 $q = 0.3 \sim 0.45\text{kg/m}^3$，硬岩石取 $q = 0.45 \sim 0.6\text{kg/m}^3$。

多排孔爆破时，从第二排开始，考虑受前排爆堆的阻力作用，以后各排孔的单孔装药量应适当增加 10% ~20%，或在单孔装药量不变的情况下，排距适当减小 10% ~20%。

表 6-1 为首钢水厂铁矿不同分区的露天深孔爆破参数。表 6-2 和表 6-3 分别为我国部分露天矿山和澳大利亚部分露天矿山深孔爆破参数。

表 6-1 首钢水厂铁矿不同分区露天深孔爆破参数

参 数	难爆区		较难爆区		较易爆区		易爆区	
台阶高度/m	12 ~ 14	12 ~ 14	12 ~ 14	12 ~ 14	12 ~ 14	12 ~ 14	12 ~ 14	12 ~ 14
孔径/mm	250	310	250	310	250	310	250	310
超深/m	2 ~ 3	2 ~ 3	2 ~ 3	2 ~ 3	2 ~ 3	2 ~ 3	2 ~ 3	2 ~ 3
填塞高度/m	5.0 ~ 5.5	6.0 ~ 6.5	5.5 ~ 6.0	6.5 ~ 7.0	6.0 ~ 6.5	7.0 ~ 7.5	6.5 ~ 7.0	7.5 ~ 8.0
底盘抵抗线(清渣)/m	7.0 ~ 7.5	8.0 ~ 8.5	7.5 ~ 8.0	8.5 ~ 9.0	8.0 ~ 8.5	9.0 ~ 10.0	8.5 ~ 9.0	10.0 ~ 10.5
底盘抵抗线(压渣)/m	6.0 ~ 6.5	6.5 ~ 7.0	6.5 ~ 7.0	7.0 ~ 7.5	7.0 ~ 7.5	7.5 ~ 8.0	7.5 ~ 8.0	8.0 ~ 8.5
孔距/m	5.5	6.0	5.5/6.5	6.5/7.5	6.0	7.0	6.0	7.0
排距/m	8.0	10.0	8.5/9.0	11.0	10.0	12.0	11.0	13.0
前排单耗(清渣)/kg · m^{-3}	0.55 ~ 0.60	0.55 ~ 0.60	0.05 ~ 0.55	0.05 ~ 0.55	0.35 ~ 0.40	0.35 ~ 0.40	0.30 ~ 0.33	0.30 ~ 0.33
前排单耗(压渣)/kg · m^{-3}	0.65 ~ 0.70	0.65 ~ 0.70	0.55 ~ 0.60	0.55 ~ 0.60	0.40 ~ 0.45	0.40 ~ 0.45	0.33 ~ 0.38	0.33 ~ 0.38
平均单耗(清渣)/kg · m^{-3}	0.71 ~ 0.72	0.76 ~ 0.78	0.55 ~ 0.63	0.54 ~ 0.61	0.45 ~ 0.49	0.46 ~ 0.49	0.38 ~ 0.41	0.38 ~ 0.43
平均单耗(压渣)/kg · m^{-3}	0.73 ~ 0.74	0.79 ~ 0.80	0.57 ~ 0.65	0.56 ~ 0.63	0.46 ~ 0.50	0.47 ~ 0.50	0.39 ~ 0.43	0.40 ~ 0.44
延米爆破量(清渣)/m^3 · m^{-1}	39.0 ~ 39.8	54.0 ~ 55.0	42.3 ~ 48.6	63.9 ~ 68.5	54.0 ~ 55.0	75.9 ~ 77.2	60.5 ~ 61.6	83.6 ~ 85.0
延米爆破量(压渣)/m^3 · m^{-1}	37.4 ~ 38.2	50.8 ~ 51.9	40.6 ~ 46.7	60.5 ~ 65.1	51.9 ~ 52.9	71.0 ~ 72.2	58.2 ~ 59.3	78.2 ~ 79.6

表 6-2 我国部分露天矿山深孔爆破参数

参 数	南芬露天矿	歪头山铁矿	大冶铁矿	南京吉山铁矿	海州露天矿	大连石灰石矿	南京白云石矿
矿岩种类	硅酸铁/绿泥角闪岩	二层铁/角闪片岩石英岩	矽卡岩化大理岩/花岗闪长岩/磁铁矿	磁铁闪长岩	页岩/砂页岩砂岩/砂砾岩	白云岩	白云岩
岩石坚固性系数 f	16 ~ 20/8 ~ 10	12 ~ 16/8 ~ 12	8 ~ 12/10 ~ 12/10 ~ 14	12 ~ 14	4 ~ 6/7 ~ 8/9 ~ 10	6 ~ 8	6 ~ 8
台阶高度/m	12	12	12	12	9/8 ~ 9/8	12 ~ 13	12
孔径/mm	310	250	170 ~ 200	200	180	250	150
底盘抵抗线/m	12	10/11	6	7	7/6.5/6	9 ~ 10	6 ~ 7
孔距/m	5.0 ~ 6.5/5.5 ~ 7.5	7 ~ 10/7.5 ~ 11	3.5 ~ 4/3 ~ 3.5/3 ~ 3.5	8	7/6/5.5	10 ~ 11	6 ~ 7
排距/m	6.5/7.5	4/5	3.5 ~ 4/4 ~ 4.5/3 ~ 3.5	5	/5.5/5	6 ~ 6.5	4

续表 6-2

参　数	南芬露天矿	歪头山铁矿	大冶铁矿	南京吉山铁矿	海州露天矿	大连石灰石矿	南京白云石矿
前排炮孔密集系数	0.42/0.46	0.7	0.6/0.5/0.5	1.1	1.0/0.9/0.8	1.1	1.0
后排炮孔密集系数	1.0	2.5/2.2	1.0/0.8/1.0	1.6	/1.1/1.1	1.7	1.6
孔深/m	14.5～15.5/13.5～14.5	14.5～15/13.5～14	14.5～15.5/14.5～15/14.5～15	14	11/10.5～11.5/11	14.5～15.5	14～14.5
填塞高度/m	6～7	6～8/7～8	7～8	5.5～6.5	6/5.5/5	6～6.5	4～5
后排药量增加系数	1.15～1.2	1.0	1.3～1.5	1.2	/1.2/1.3	1.0	1.2
单位炸药消耗量/kg·m^{-3}	1.2/0.88	0.68/0.4	0.5～0.6/0.5～0.6/0.8	0.4	0.2/0.3/0.35	0.3～0.4	0.4～0.5
延米爆破量/t·m^{-1}	117/	110～120/110	37～40	90	96/70/54	160～165	50～60

表 6-3　澳大利亚部分露天矿山深孔爆破参数

参　数	纽曼山		戈兹维西						罗泊河		汤姆普·赖斯	帕拉布杜
矿岩性质	矿岩（矿）	软岩（矿）	极硬矿	极硬岩	硬矿	硬岩	软矿	软岩	硬矿	软矿	硬岩（矿）和软岩（矿）	硬岩（矿）和软岩（矿）
台阶高度/m	15	15	10～12	10～12	10～12	10～12	10～12	10～12	15～20	15～20	15	14
孔径/mm	310	380	310	310	310	310	310	310	280	280	380/414	310
超深/m	3.0	3.0	3.0	3.0	3.0	3.0	3.0	1～2	2.0～3.0	2.0～3.0	3.0	2.5～3.0
填塞高度/m	8.0	8.0	8～9	8～9	8～9	8～9	8～9	8～9	5.0	5.0	8～9	8～10
抵抗线/m	8.7	7.8	6.0	7.3	6.0	7.7	6.9	10.0	9.0/9.4	8.7	平均 9.0	6.0～7.8
孔距/m	10.0	20.0	7.0	8.5	8.0	8.9	8.0	10.0	9.0/9.6	10.0	平均 11.0	7.0～9.8
布孔方式	正三角形	三角形	正三角形	正三角形	三角形	三角形	正方形	正方形	正三角形	正三角形	正三角形	正三角形
微差间隔时间/ms	45	45	35～45	35～45	35～45	35～45	35～45	35～45	45～65	45～65	65	35～65
单耗/t·m^{-3} /kg·m^{-3}	0.5/	0.1/	0.35/1.26	0.35/0.97	0.30/1.08	0.30/0.83	0.30/1.08	0.25/0.69	0.20/0.82	0.19/0.77	0.2～0.25/	0.27/0.38～0.89
延米爆破量/m^3·m^{-1}	72.5	166.7	29.4	49.4	33.1	54.1	38.8	79.7	67.5	72.5	87.5	35.6～62.9
炸药品种	乳化、多孔粒状铵油		重铵油、多孔粒状铵油、乳化						底部高威力乳化、中部多孔粒状铵油、上部重铵油		多孔粒状铵油、重铵油	多孔粒状铵油、重铵油

6.1.3 炮孔排列与起爆顺序

炮孔的排列形式有交错排列（三角形排列）和平行排列（矩形和正方形排列）两种。起爆顺序则有排间顺序起爆、V 形及 VI 形起爆、斜线顺序起爆、波浪形顺序起爆、组合式顺序起爆等多种形式。综合起来，起爆顺序可以归结为排间顺序起爆和斜线顺序起爆两种形式。V 形起爆、VI 形起爆及波浪式起爆等是斜线顺序起爆的变形，如图 6-3 所示。

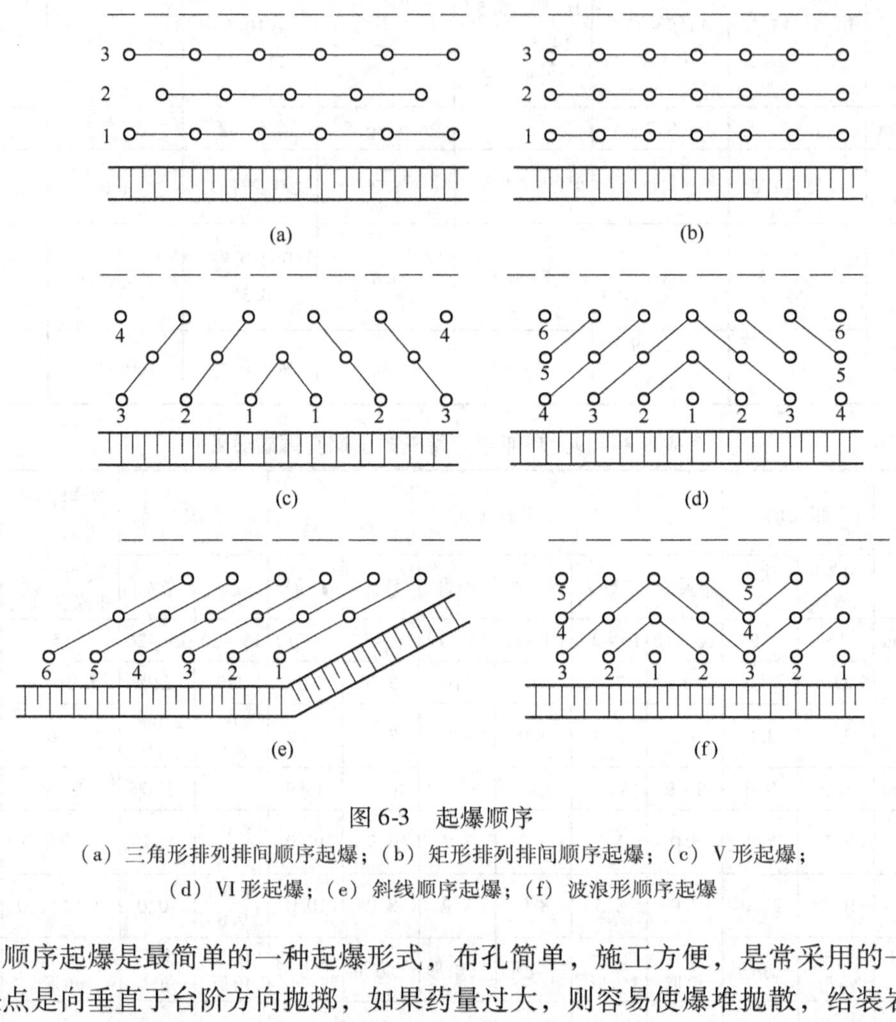

图 6-3 起爆顺序

(a) 三角形排列排间顺序起爆；(b) 矩形排列排间顺序起爆；(c) V 形起爆；(d) VI 形起爆；(e) 斜线顺序起爆；(f) 波浪形顺序起爆

排间顺序起爆是最简单的一种起爆形式，布孔简单，施工方便，是常采用的一种起爆顺序。缺点是向垂直于台阶方向抛掷，如果药量过大，则容易使爆堆抛散，给装岩运输带来困难。采用斜线顺序起爆，爆破后向台阶侧向抛出，爆堆集中，可以提高采装效率。

多排炮孔的起爆顺序与炮孔排列形式和孔网参数是相互关联的，起爆顺序的变化，使炮孔排列形式和孔网参数也发生了相对改变，因此起爆顺序、炮孔排列形式和孔网参数应综合起来考虑。

6.1.4 延期时间

露天深孔爆破相邻炮孔及排间孔顺序起爆的延期时间采用毫秒数量级，称为毫秒爆破。由于延期时间短，在前段孔爆破岩石破碎抛掷尚未落地时，后段孔起爆，此时在炮孔前方已形成了自由面和补偿空间，同时没有前排爆堆的挤压。破碎的岩石在抛掷过程中与前段孔爆破岩石相遇，产生了补充破碎的作用，同时前段孔爆破岩石阻挡了后段孔爆破抛掷作用，可使爆堆更集中。

毫秒爆破延期时间确定的依据是形成新自由面所需要的时间。根据大量统计资料，从起爆到岩石被破坏和发生位移的时间，大约是应力波传到自由面所需时间的5~10倍，所以岩石破坏和移动时间与底盘抵抗线有关。可按下面的经验公式来确定延期时间：

$$\Delta t = kW_{\rm d} \tag{6-6}$$

式中 Δt——毫秒爆破延期时间，ms；

$W_{\rm d}$——底盘抵抗线，m；

k——与岩石性质、结构构造和爆破条件有关的系数，在露天深孔爆破条件下，$k=2\sim5$，岩石较坚硬时取小值，岩石较软时取大值。

通常，露天深孔爆破时，毫秒延期时间为15~75ms，常用25~30ms。

6.1.5 装药结构

露天深孔爆破装药一般采用连续密实装药，炸药沿炮孔连续装填至装药高度，适用于倾斜深孔布置以及采用垂直深孔台阶坡面角较大时的情形。

采用垂直深孔布置台阶坡面角较小时，由于底部阻力增大，势必加大超深，使药包中心下降，台阶上部炸药分布过少而产生大块，此时若仍采用连续装药，可采用混合装药方法，在一个炮孔中，底部装入高威力炸药，上面装入普通硝铵类炸药。

采用间隔装药（分段装药），是一种很好的办法，孔内装药分成2~3段，中间用岩屑、空气或水隔开，最下一段药量占50%~70%，使台阶上下部分岩石都能得到均匀破碎。

在深孔孔底留有一段长度不装药，用空气或水作为间隔，上面连续密实装药，称为孔底间隔装药，如图6-4所示。孔底间隔装药在保留超深的同时，不降低装药中心，可有效地消除根底，减少单孔装药量，台阶上部岩石也可以得到较好的破碎。

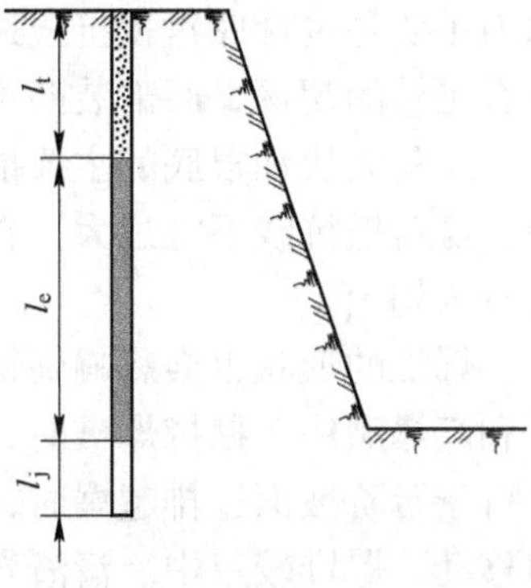

图6-4 孔底间隔装药

l_t—填塞长度；l_e—装药长度；l_j—孔底间隔长度

孔底间隔装药由于采用空气或水作为间隔，上部炸药爆炸后的冲击波和气体产物的膨胀压力通过间隔部分的空气或水作用于孔壁，对下部岩石产生破坏作用，从而达到消除根底的目的。孔底间隔长度根据深孔孔径的不同而改变，一般1~1.5m。

6.1.6 露天深孔爆破质量控制

评价露天深孔爆破质量的主要指标有大块产出率、爆堆的形状、有无根底、爆破后冲等现象。

当爆破后的岩石块度超过所允许的块度尺寸时，就称为大块。大块的存在，不仅影响着铲装效率，加速设备的磨损，还必然增加二次破碎的成本。大块的标准取决于铲装设备和初始破碎设备的型号，不同矿山使用的设备不同，块度标准也不一样。现代采选综合性企业，为了提高企业的综合经济效益，将进入破碎机的块度降低，从而降低破碎成本，虽然爆破成本有所增加，但总的经济效益可以大大提高。因此大块标准取决于进入破碎设备的允许尺寸。

大量的统计资料表明，不合格的大块主要来自于台阶上部和台阶坡面，同一爆区的软硬岩分界处以及爆区的后部边界。产生大块的原因是：

（1）装药高度不够，装药顶部至台阶上部平盘的抵抗线过大，孔口部分能量不足，岩石破碎不均匀。严重时可能使部分岩石留在台阶顶部而不能破碎下来，称为伞檐，尤其当炮孔穿过不同岩层，上部岩石较硬，下部岩石较软时，则易出现大块和伞檐现象。

（2）在台阶坡面一定的范围内，岩石受前次爆破的影响，原生结构面张裂扩展并形成了许多爆生裂隙，爆破时，岩石沿着已有的结构面破碎，岩石块度受这些结构面的控制，因此容易形成大块。

（3）同一爆区软硬岩分界处，软岩较容易破碎，会吸收较多的能量，硬岩部分破碎能量不足，从而形成大块。

（4）在爆区的后部与未爆岩石交界处，破碎能量较弱，由于节理裂隙的存在，也会因爆破振动产生大块。

根底是爆破后台阶底部没有破碎的高于台阶下部平盘的岩石，由于凸出采掘工作面，因此会影响到挖掘机的采装效率，如要不二次破碎，会使台阶平盘逐渐升高。产生根底的原因主要是设计底盘抵抗线过大或由于起爆顺序不合理而使后排孔的底盘抵抗线过大，或没有足够的超深，底部装药不足等原因使得台阶根部岩石不能得到有效地破碎。

避免大块和根底的主要措施是正确选用爆破参数和装药量，保证足够的装药长度和超深，底盘抵抗线不宜过大。在不同岩石交界处，合理布置炮孔，使炸药能量在岩石中的分布较为均匀。

爆堆的形状也会影响到铲装效率。爆堆形状主要取决于爆破参数、台阶高度、岩石性质和起爆顺序。抛掷爆破时，爆堆抛掷较远，爆堆宽度较宽，而松动爆破，爆堆较集中。平行于台阶坡面逐排起爆时，爆堆向正前方移动，爆堆较宽，而斜线起爆，由于爆堆向侧向移动，爆堆较集中。清渣爆破时，第一排炮孔爆破时前方没有阻挡，易向前方抛掷，爆堆易散；压渣爆破时，爆堆较集中。一般而言，多排孔毫秒挤压爆破时，爆堆高度相当于台阶高度，爆堆宽度大于台阶高度的 2 ~2.5 倍。

爆破后冲是指最后一排炮孔爆破时对炮孔后方岩石产生的冲击破坏作用。爆破后冲使下次爆破的台阶坡顶线破坏，给穿孔工作带来困难，为了保证钻机的安全不得不增大底盘抵抗线。产生爆破后冲的主要原因是多排孔爆破时前排孔底盘抵抗线过大，以及装药高度过高，顶部抵抗线过小，炮孔顶部装药量太大，易形成向上的爆破漏斗。因此确定合理的爆破参数和保证足够的填塞高度，就可以避免爆破后冲的产生。

6.1.7 露天深孔爆破设计

露天深孔爆破设计的主要内容包括布孔设计、药量计算、起爆网路设计，在此基础上编制爆破指令书和穿孔任务书。

（1）布孔设计。根据岩石条件和装药条件，确定合理的孔网参数和孔深后，根据爆破范围和地形条件，设计炮孔位置，绘制炮孔布置图（图6-5），并编制穿孔任务书，作为钻孔施工的依据。任务书中应写明炮孔的位置，孔网参数，每个炮孔的深度、倾角和倾向，说明穿孔时的注意事项。

炮孔钻孔完毕，测量人员对炮孔进行测量验收，主要测量炮孔的孔位、孔网参数、底盘抵抗线、倾向、倾角、孔深和水深情况。

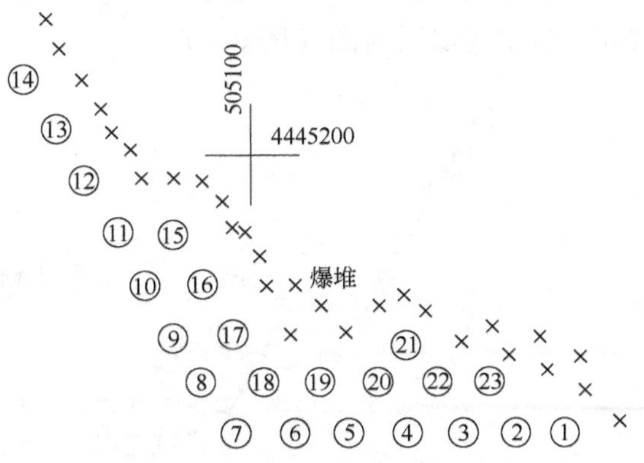

图6-5 露天深孔爆破炮孔布置

（2）装药量计算（表6-4）。依据测量的实际爆破参数，计算每个孔的装药量，确定装药品种、装药长度和确定填塞长度。

表6-4 深孔爆破装药量计算

炮孔编号	孔深/m	超深/m	水深/m	药量/kg			装药高度/m	填塞高度/m	雷管段别/ms
				铵油	乳化	合计			
1	19.7		1	580		580	9.7	10	400
2	19.7		3	550		550	9.2	10.5	400
3	19.6		1	550		550	9.1	10.5	400
4	19.5		11		740	740	9	10.5	400
5	19.3		11		720	720	8.8	10.5	400
6	19.2		5		720	720	8.7	10.5	400
7	19.1		0.5	520		520	8.6	10.5	400
8	19			510		510	8.5	10.5	400
9	19		1	510		510	8.5	10.5	400
10	19		1.5	510		510	8.5	10.5	400
11	19.1		2.5	520		520	8.6	10.5	400
12	19.1		0.5	550		550	9.1	10	400
13	19		4		760	760	9.5	9.5	400
14	19		0.2	540		540	9	10	400
15	19.1		1	610		610	10.1	9	400
16	19.4		3		780	780	9.9	9.5	400
17	19		0.5	570		570	9.5	9.5	400
18	19.3		5.5		780	780	9.8	9.5	400
19	19.5		0.5	600		600	10	9.5	400
20	19.5		1.5	600		600	10	9.5	400
21	19.5		2	570		570	9.5	10	400
22	19.5			600		600	10	9.5	400
23	19.6		2	610		610	10.1	9.5	400

（3）起爆网路设计。确定起爆方法和每个炮孔的延期时间，安排孔外延期雷管的延期时间，绘制起爆网路图（图6-6）。

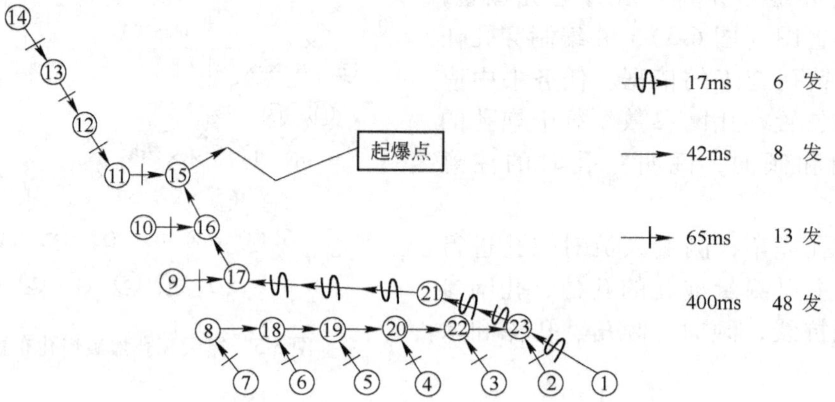

图6-6 露天深孔爆破炮孔布置图

（4）编制爆破指令书。说明总装药量、单孔装药量、爆破器材详细情况等，提出爆破施工的具体要求和安全注意事项。

6.2 井巷与隧道掘进爆破

6.2.1 井巷掘进爆破的特点与炮孔分类

井巷掘进一般采用浅孔爆破（炮孔爆破）。井巷掘进爆破不同于台阶爆破，其特点是自由面一般只有1个，而且狭小，炮孔侧面没有自由面，四周岩体对岩石破碎有约束作用（夹制作用）。作业空间狭小，爆破作业受限制。因此，应在有限的自由面上合理地布置炮孔及起爆顺序。井巷掘进工作面的炮孔按其位置和作用不同分为掏槽孔、辅助孔（崩落孔）和周边孔三种，如图6-7所示。

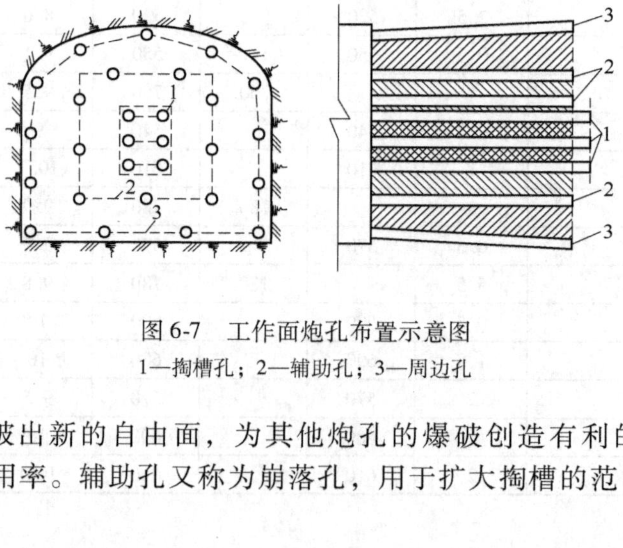

图6-7 工作面炮孔布置示意图

1—掏槽孔；2—辅助孔；3—周边孔

掏槽孔用于爆破出新的自由面，为其他炮孔的爆破创造有利的自由面和补偿空间，以提高炮孔利用率。辅助孔又称为崩落孔，用于扩大掏槽的范围，并在掏槽的基础上崩落更多的岩石，是掘进爆破的主要炮孔。周边孔用于控制井巷断面规格与形状，使爆破后巷道的断面、形状及掘进方向符合设计的要求。周边孔又包括边孔、顶孔和底孔。

井巷掘进爆破效率很大程度上取决于掏槽效果的好坏，掏槽效果又直接与掏槽方式和掏槽孔的布置有关。

6.2.2 掏槽方式与掏槽孔布置

根据掏槽孔与工作面的相互关系，掏槽方式分为倾斜孔掏槽和垂直孔掏槽两种。

6.2.2.1 倾斜孔掏槽

倾斜孔掏槽的特点是掏槽孔与自由面斜交。倾斜孔掏槽有楔形掏槽、单向掏槽、锥形掏槽、扇形掏槽等形式。

A 楔形掏槽

由两组方向相交的炮孔组成，掏出的槽呈楔形。掏槽孔成对出现，通常由 2 ~ 4 对组成，每一对炮孔孔底都向一点集中，对与对相互平行。掏槽孔与工作面的夹角为 60° ~ 75°，每一对掏槽孔孔底距 10 ~ 20cm，对与对的间距 25 ~ 60cm。

楔形掏槽又分为竖直楔形掏槽和水平楔形掏槽，如图 6-8 所示。竖直楔形掏槽孔侧向倾斜，凿孔方便，使用较广。水平楔形掏槽孔上下倾斜，凿孔不方便，用得较少，只有当层理为水平层理时才用水平楔形掏槽。

楔形掏槽孔适用于中硬以上均质岩石、巷道断面大于 $4m^2$ 的巷道中。当岩石特别难爆、巷道断面较大或炮孔较深（超过 2m）时，为了提高掏槽效果，可在对与对炮孔之间增加 2 ~ 3 对深度较小的初始掏槽孔，从而形成双楔形掏槽（图 6-8（c）），掏槽效果较好。

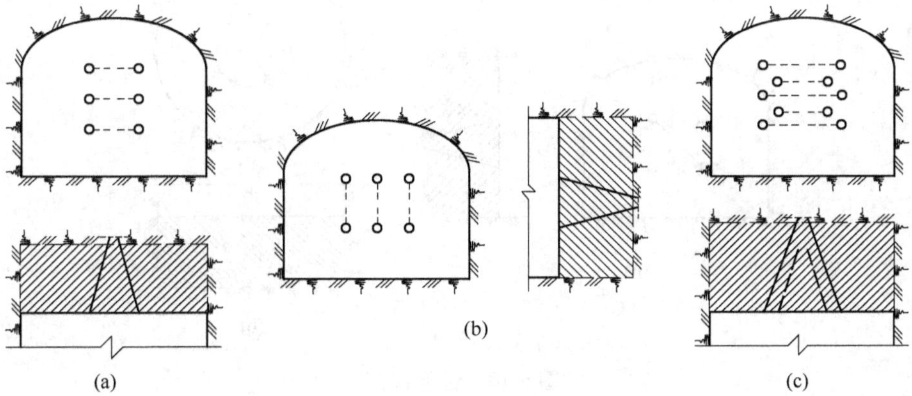

图 6-8 楔形掏槽
（a）竖直楔形掏槽；（b）水平楔形掏槽；（c）双楔形掏槽

B 单向掏槽

掏槽孔朝一个方向倾斜，一般适用于中硬以下或具有层理、节理、裂隙或软夹层的岩石中。根据实际经验，在一些较坚硬岩石的小断面巷道中，采用单向掏槽也可以取得较好的效果。根据岩石层理面或岩石层弱面的方向不同，采用顶部掏槽、底部掏槽、侧向掏槽，如图 6-9 所示。掏槽孔倾斜角度根据岩石爆破的难易程度取 50°～70°。

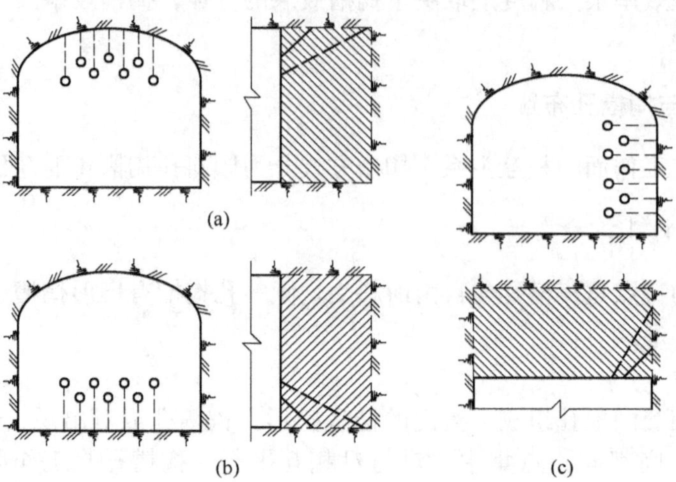

图 6-9 单向掏槽

（a）顶部掏槽；（b）底部掏槽；（c）侧向掏槽

C 锥形掏槽

锥形掏槽（图6-10）的特点是所有掏槽孔孔底向一点集中，掏出的槽呈锥形。掏槽孔一般为 4～6 个，孔口距 0.4～1.0m，孔底距 10～20cm，掏槽孔倾角一般为 55°～70°。注意两炮孔之间不能贯通。

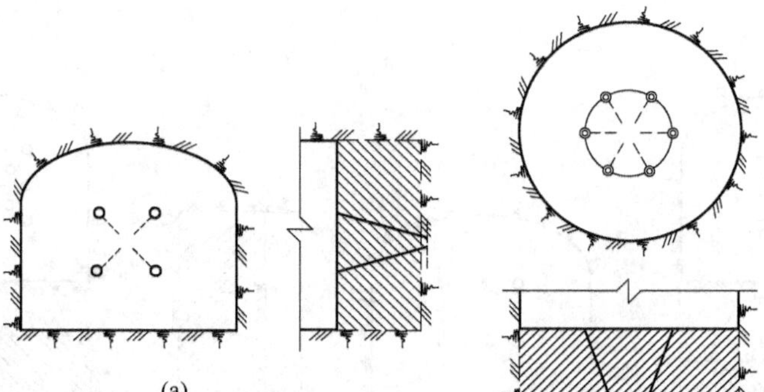

图 6-10 锥形掏槽

（a）巷道锥形掏槽；（b）竖井锥形掏槽

锥形掏槽适用于任何硬度的岩石，尤其适用于圆形井筒的掘进。井巷断面不宜小于 $4m^2$。

D 扇形掏槽

当工作面有软夹层时，可采用扇形掏槽将软夹层首先掏出，作为增加的自由面和补偿空间。将掏槽孔布置在软夹层中呈扇形，各掏槽孔的深度和倾角都不一样，如图6-11所示。

倾斜孔掏槽的优点是掏槽范围内的岩石容易被抛出来，需要的炮孔数较少，掏槽效果好。缺点是炮孔的深度受巷道断面的限制。

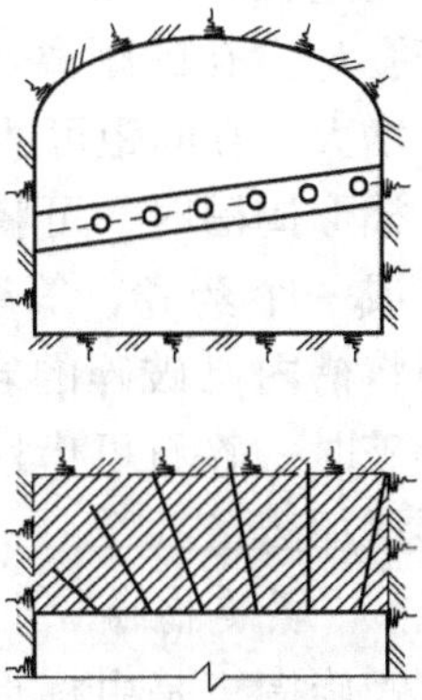

图6-11 扇形掏槽

6.2.2.2 垂直孔掏槽

垂直孔掏槽又称为直眼掏槽，特点是所有掏槽孔都垂直于工作面并相互平行。其中又包括有空孔的垂直孔掏槽和无空孔的垂直孔掏槽。前者有一个或几个炮孔为空孔不装药，作为初始的自由面和补偿空间。根据掏槽孔的布置形式，包括缝形掏槽、桶形掏槽、螺旋掏槽和漏斗掏槽。漏斗掏槽属于无空孔的垂直孔掏槽。

A 缝形掏槽

缝形掏槽又称为平行龟裂掏槽，炮孔布置呈一条直线（图6-12（a）），炮孔间距8～15cm，空孔与装药孔相间布置。掏出的槽为一定宽度的裂缝，掏出的槽宽度较窄，空间小，一般用得不太多，适用于中硬以上的岩石。

B 桶形掏槽

桶形掏槽中间布置空孔，装药孔布置在空孔周围，如图6-12（b）所示。掏出的槽呈一个桶形。这种方法掏出的槽空腔较大，掏槽效果较好，有利于辅助孔的爆破。有条件时可将中间空孔直径适当增大，掏槽效果将得到明显改善。

桶形掏槽的炮孔布置可以有许多种方案，图6-13所示为一些典型的桶形掏槽炮孔布置方案，供参考。

桶形掏槽的关键是装药孔和空孔的距离。距离过大，则岩石只产生塑性变形而不破坏。距离过小，则造成炸药浪费，而掏槽效果并不能改善。图

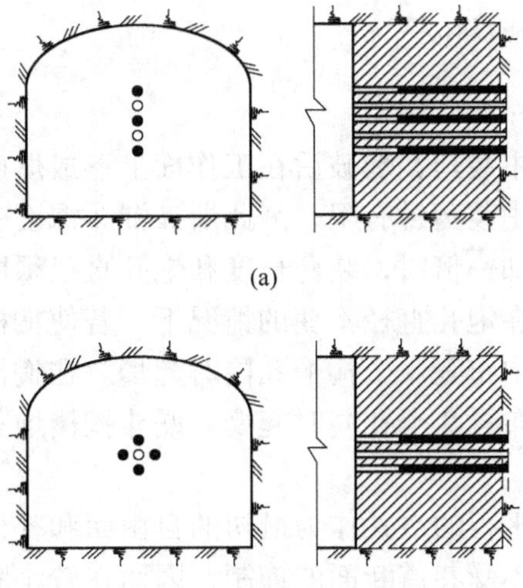

图6-12 缝形掏槽和桶形掏槽

（a）缝形掏槽；（b）桶形掏槽

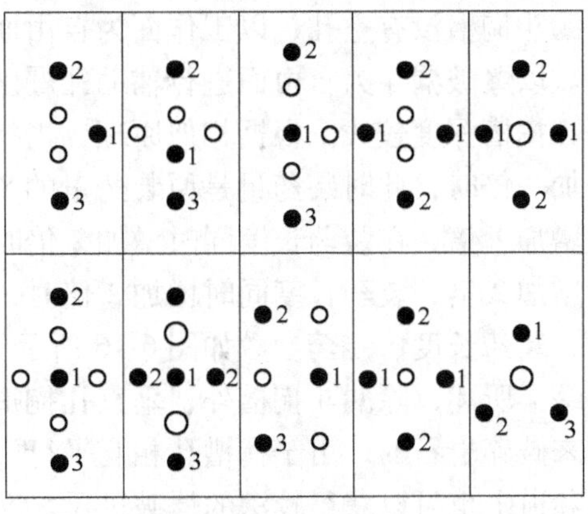

图6-13 桶形掏槽的几种方案

○—空孔；●—装药孔；1～3—起爆顺序

6-14 为炮孔间距与空孔直径的关系图，表明装药孔与空孔的距离与空孔直径有关，空孔直径增大，孔间距可适当增大。

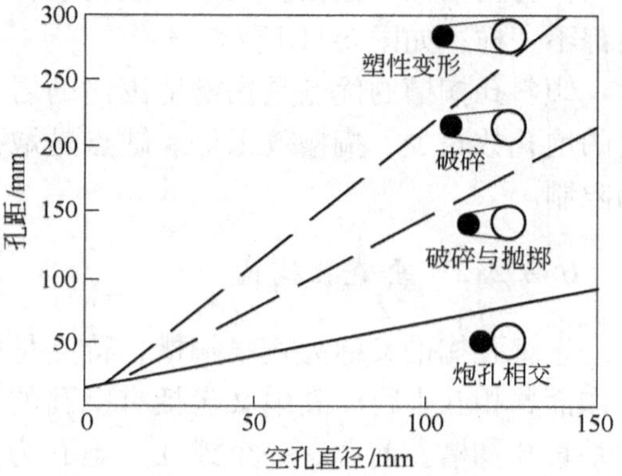

图 6-14 炮孔间距与空孔直径的关系

桶形掏槽时，可将空孔加深并在底部装半个或一个药卷，等装药孔起爆后再起爆，以便将槽内已破碎的岩石抛出。上向天井掘进爆破时，碎石可借助于自重自行落下，不宜再增加药量。

C 螺旋掏槽

螺旋掏槽是由桶形掏槽演变而来的，随着起爆顺序的不同，距空孔的距离越来越大，炮孔布置呈一螺旋形，如图 6-15 所示。各掏槽孔依次起爆，使槽腔和自由面越来越大。空孔至各装药孔的距离可依次取空孔直径的 1～1.8 倍、2～3.5 倍、3～4.5 倍和 4～5.5 倍。遇有特别难爆的岩石，可增加 1～2 个空孔以增大自由面和补偿空间。也可将空孔加深并装入适量的炸药待装药孔全部起爆后起爆以便抛出槽内的碎石。

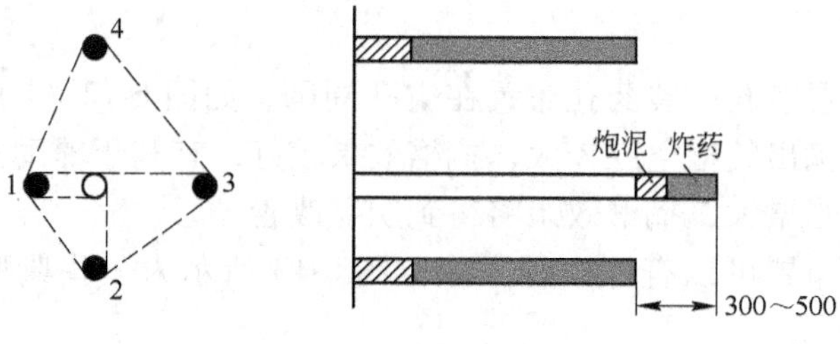

图 6-15 螺旋形掏槽

○—空孔；●—装药孔；1～4—起爆顺序

D 漏斗掏槽

漏斗掏槽没有空孔，以工作面为自由面，采用集中装药，爆破后在工作面上形成爆破漏斗。以爆破漏斗为自由面进行辅助孔爆破。由于集中装药量有限，因此爆破漏斗深度受限制，掏槽深度较浅。根据相似原理，当掏槽深度增加一倍时，装药长度和炮孔直径须同时增加一倍时，此时装药量是原装药量的 8 倍。所以在炮孔直径不变的情况下，若使掏槽深度增加 1 倍，在装药长度同时增加 2 倍时，还须集中布置 4 个掏槽孔同时起爆。在掏槽深度增加 2 倍，装药长度同时增加 2 倍时，则须集中布置 9 个孔同时起爆。漏斗掏槽炮孔直径、装药长度、装药参数如图 6-16 所示。

综上所述，除漏斗掏槽外，垂直孔掏槽都是利用平行的空孔作为最初的自由面和补偿空间来破碎岩石的，由于掏槽孔相互平行，爆破进尺不受巷道断面的控制，因而在较小断面的巷道中也可以获得较深的爆破进尺。又由于空孔的自由面和补偿空间均很小，所以空孔直径的大小、数量及位置，装药孔到空孔的距离等在垂直孔掏槽中起着极为重要的作用。

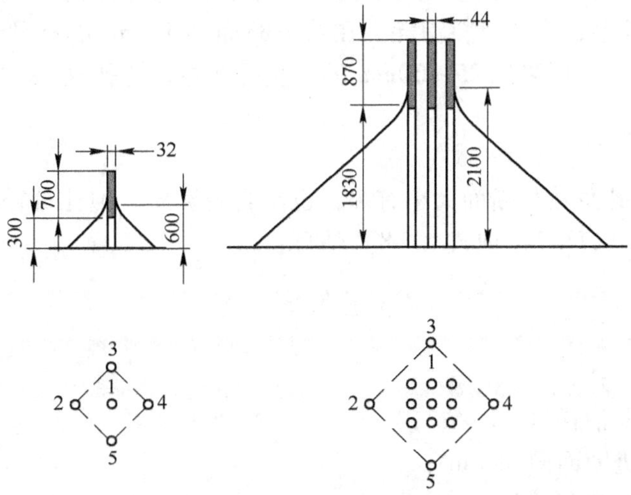

图6-16　漏斗掏槽炮孔直径、装药长度、装药参数
1～5—起爆顺序

如果巷道岩石特别难爆，或巷道断面较大时，可采用混合掏槽方式，中间用垂直孔掏槽，垂直孔周围布置倾斜孔，可以获得较好的掏槽效果。

6.2.3　辅助孔与周边孔布置

辅助孔和周边孔的布置比较简单，主要考虑炮孔在工作面上应分布均匀。根据每个炮孔所崩落的岩石量确定辅助孔和周边孔的个数。辅助孔孔距一般为0.4～0.8m，周边孔孔距为0.5～1.0m，底孔爆破较为困难，孔距可适当减少。采用光面爆破时，按光面爆破参数布置周边孔。

周边孔一般在轮廓线内开凿，孔口距巷道边缘0.1～0.3m，向外稍微倾斜使孔底落到轮廓线上。当岩石坚硬时，孔底可超出巷道边缘。

井筒掘进爆破时，辅助孔和周边孔在掏槽孔外按同心圆布置，同心圆间距0.6～1.0m，孔距0.8～1.2m。周边孔布置在距井壁0.15～0.30m的同心圆上，孔距0.6～0.8m，炮孔向外倾斜，孔底落在井筒掘进断面的轮廓线上。采用光面爆破时，最外圈辅助孔同心圆距周边孔的距离应满足光面爆破的要求，以0.5～0.7m为宜。将周边孔布置在井筒轮廓线上，孔距0.4～0.6m，炮孔略向外倾斜，孔底偏出轮廓线0.05～0.1m。

6.2.4　井巷掘进爆破参数的确定

井巷掘进爆破参数是指在进行掘进爆破时，炮孔的布置参数以及药量大小，包括炮孔直径、炮孔深度、炮孔数目、单位炸药消耗量、单孔装药量及总装药量等。

6.2.4.1　炮孔直径

炮孔直径主要根据凿岩设备和药卷直径来确定，一般为38～42mm。炮孔直径的增加，在一定程度上可以增加单孔装药量，提高炮孔的每米爆破量，但会影响凿岩效率，增加凿岩时间。因此，在大断面井巷掘进并采用凿岩台车和高效凿岩机时，炮孔直径可增大到45mm，以提高爆破效率，降低材料消耗。在巷道断面小于4m^2 的坚硬岩石巷道中并使用高威力炸药掘进爆破时，可采用25～30mm的小直径药卷，炮孔直径可降低到30mm。

6.2.4.2　炮孔数目

巷道工作面上炮孔总数与断面大小有关，也与岩石性质、炮孔直径，单位炸药消耗量等因素有关，可根据式（6-7）或式（6-8）估算：

$$N = \frac{qSl_e\eta}{\tau M_e} \tag{6-7}$$

式中　N——炮孔数目；

q——单位炸药消耗量，kg/m^3；

S——巷道掘进断面面积，m^2；

l_e——单个药卷装药长度，m；

η——炮孔利用率，爆破进尺与炮孔深度之比，$\eta = 0.85 \sim 0.9$；

τ——平均装药系数，炮孔装药长度与炮孔深度之比，$\tau = 0.5 \sim 0.8$；

M_e——单个药卷质量，kg。

$$N = 3.3\sqrt[3]{fS^2} \tag{6-8}$$

式中　f——岩石坚固性系数。

所求出炮孔数目还须按照掏槽孔、辅助孔和周边孔的参数在断面上布置后进行调整，确定出掏槽孔、辅助孔和周边孔的数目，它们之和即为总的炮孔数目。

6.2.4.3　炮孔深度

炮孔深度是决定每班掘进的循环次数或掘进每循环所需时间的重要因素。增加炮孔深度，增加了每循环进尺，同时也增加了凿岩和装岩运输时间。但辅助时间没有增加，所以有助于提高掘进效率和降低辅助成本。

炮孔深度还受巷道断面和凿岩设备的限制。如果采用倾斜孔掏槽，巷道断面又不大时，炮孔深度不宜过大。采用气腿式凿岩机凿岩时，一般孔深超过3m时，凿岩速度明显下降。

在满足巷道断面和凿岩设备的前提下确定炮孔深度，应首先考虑各工序循环时间与工作制度的匹配，最大限度地提高工作效率。

根据经验，平巷掘进炮孔深度为1.5～2.5m，采用气腿式凿岩机或岩石较坚硬时取小值，采用凿岩台车或岩石不太坚硬时取大值。上向掘进天井时，炮孔深度可适当增大。大断面巷道采用重型高频凿岩机凿岩时，炮孔深度可增加至3.0～4.0m。竖井掘进时炮孔深度取竖井直径的0.3～0.5倍，一般采用手持式凿岩机孔深以2.0m为宜，采用伞式钻架凿岩孔深3.5～4.0m效果最佳。

6.2.4.4　单位炸药消耗量

单位炸药消耗量的大小直接影响着爆破效果、巷道壁面的平整程度、围岩的稳定性等。影响单位炸药消耗量的因素很多，如岩石性质、炸药性能、巷道断面大小及爆破参数等。单位炸药消耗量选取偏低，爆破效率受影响，巷道断面达不到设计要求，岩壁欠挖；单位炸药消耗量值偏高，不仅造成不必要的浪费，而过剩的药量会造成岩壁的破坏和超挖，不必要的抛掷还会造成支架和设备损坏。

单位炸药消耗量一般是根据经验来选取，采用工程类比法，参照类似矿山的类似岩石来确定，也可以由实验来确定或查阅有关定额。下面的经验公式可用来作为单位炸药消量计算时的参考：

$$q = 1.1K_0\sqrt{\frac{f}{S}} \tag{6-9}$$

式中，K_0 为考虑炸药做功能力的校正系数，$K_0 = 525/X$，X 为该炸药的铅铸扩孔值。

表 6-5 给出了平巷掘进使用 2 号岩石铵梯炸药时单位炸药消耗量的参考值。表中数值主要考虑了岩石的强度（坚固性系数）和巷道断面对单位炸药消耗量的影响。

表 6-5　平巷掘进单位炸药消耗量参考值　　（kg/m^3）

掘进断面面积/m^2	岩石坚固性系数 f				
	2~3	4~6	8~10	12~14	15~20
<4	1.23	1.77	2.48	2.96	3.36
4~6	1.05	1.50	2.15	2.64	2.93
6~8	0.89	1.28	1.89	2.33	2.59
8~10	0.78	1.12	1.69	2.04	2.32
10~12	0.72	1.01	1.51	1.90	2.10
12~15	0.66	0.92	1.36	1.78	1.97
15~20	0.64	0.90	1.31	1.67	1.85
>20	0.60	0.86	1.26	1.62	1.80

6.2.4.5　单孔装药量与总装药量

根据每个循环掘进爆破的岩石体积，则可计算出每个循环所使用的总装药量 Q：

$$Q = qSl\eta \tag{6-10}$$

式中　l——炮孔深度，m。

由于掏槽孔、辅助孔和周边孔的作用和爆破条件不同，单孔装药量也不一样。掏槽孔爆破自由面小，夹制性大，爆破条件差，单孔装药量应增加 15% ~20%，周边孔爆破自由面大，爆破条件好，单孔装药量可适当减少，因此实际总装药量与计算的总装药量有所不同。

单孔平均装药量为：

$$\bar{q} = \frac{Q}{N} \tag{6-11}$$

单孔装药量为：

$$q_i = m_i\bar{q} \tag{6-12}$$

式（6-12）中 m_i 为药量调整系数，掏槽孔药量应当增加，取 $m_i = 1.15 \sim 1.2$，辅助孔取 $m_i = 1$，周边孔药量可适当降低，取 $m_i = 0.85 \sim 0.9$。式（6-12）计算的值取单个药卷质量的倍数，即为各炮孔的单孔装药量，则每掘进循环实际总装药量为各炮孔装药量之和：

$$Q_s = \sum^{N} q_i \tag{6-13}$$

实际单位炸药消耗量为：

$$q_s = \frac{Q_s}{Sl\eta} \tag{6-14}$$

表6-6为国内部分矿山竖井掘进爆破参数。

表6-6　国内部分矿山竖井掘进爆破参数

井筒名称	掘进断面 /m	岩石性质	炮孔深度 /m	炮孔数目 /个	掏槽方式	炸药品种	药包直径 /mm	爆破进尺 /m	炮孔利用率 /%	炸药单耗 /kg·m^{-3}
凡口新副井	27.34	石灰岩 $f=8\sim10$	2.8	80	锥形	甘油与硝铵	32	2.18	81	1.96
铜山新大井	29.22	花岗闪长岩、大理岩 $f=4\sim6$、$8\sim10$	3~3.8	62	直孔	含20%~30% TNT和2% TNT的硝铵	32	平均 2.51	75.3	1.67
安庆铜矿副井	29.22	页岩、角页岩、细砂岩	2~2.3	70~95	锥形	硝铵黑	32	2.7~3.31	77	3.14
凤凰山新副井	26.4	大理岩 $f=8\sim10$	4.3~4.5	104	复锥形	2号岩石	32	1.5~1.7	75	2.15
桥头河2号井	26.4	石灰岩 $f=6\sim8$	1.83	65	锥形	40%硝化甘油	35	1.6	87.5	1.97
万年2号井	29.22	细砂岩、砂质泥岩 $f=4\sim6$	4.2~4.4	56	直孔	铵梯黑	45	3.86	89	2.28
金山店主井	24.6	$f=10\sim14$	1.3	60	锥形	2号岩石	32	0.85	70	1.79
金山店西风井	24.6	$f=10\sim14$	1.5	64	锥形	2号岩石	32	1.11	85	1.79
凡口矿主井	26.4	石灰岩 $f=8\sim10$	1.3	63	锥形	2号岩石	32	1.1	85	1.70
程潮铁矿西副井	15.48	$f=12$	2.0	36	锥形	硝化甘油	35	1.74	93	1.22

6.2.5　井巷掘进爆破说明书

爆破说明书是工程施工组织设计的组成部分，是指导、检查和总结爆破工作的技术文件。应当根据地质条件、工程设计要求、施工计划和实际施工经验，理论结合实际来编制，并根据施工条件的变化及时修正。

爆破说明书主要包括以下内容：

（1）工程概况。井巷种类，井巷断面的形状、尺寸，岩石性质及地质条件，周围环境、有无瓦斯和瓦斯等级等（表6-7）。

表6-7 爆破基本条件

项　目	数　量	项　目	数　量
掘进断面/m^2	4	炮孔数目/个	20+1
岩　石	角闪岩，$f=12$	炸药品种	2号岩石炸药
瓦斯等级	无	起爆器材	毫秒导爆管雷管1～7段
炮孔深度/m	1.5	每循环装药量/kg	13.65

（2）凿岩爆破器材。凿岩机型号及同时工作的台数、凿岩效率、炸药、雷管的品种等。

（3）爆破参数及选取的依据。炮孔直径、炮孔深度、单位炸药消耗量、炮孔数目，单孔装药量及总装药量等。

（4）装药、填塞及起爆方法和起爆网路。装药结构、起爆药包位置，填塞材料及填塞长度，起爆方法、起爆网路连接方法及注意事项等。

（5）炮孔布置。画出炮孔布置图（图6-17），并说明掏槽孔、辅助孔和周边孔的数量、各炮孔装药量与总装药量、装药结构、起爆顺序等（表6-8）。

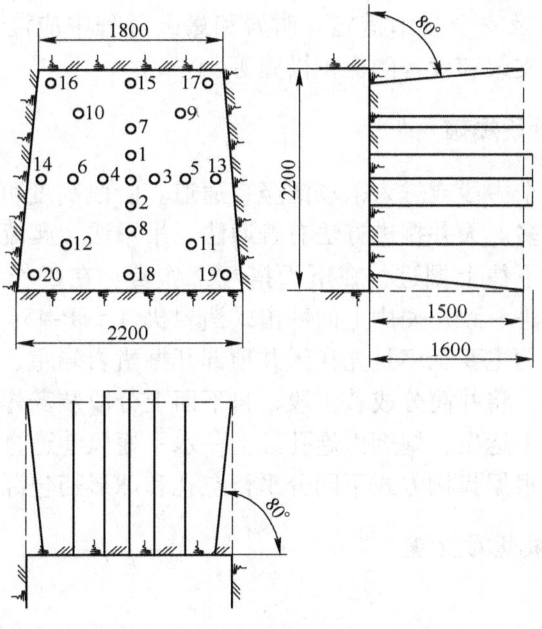

图6-17 炮孔布置图

表 6-8 炮孔排列说明

炮孔编号	炮孔类型	孔深/m	炮孔倾角/(°)	单孔装药量/kg	装药量小计/kg	起爆顺序	备注
0	空孔	1.6	90				
1、2	掏槽孔	1.6	90	0.9	1.8	Ⅰ	
3、4	掏槽孔	1.6	90	0.75	1.5	Ⅱ	
5、6	辅助孔	1.5	90	0.75	1.5	Ⅲ	
7～12	辅助孔	1.5	90	0.6	3.6	Ⅲ(7、8) Ⅳ(9～12)	
13、14	边孔	1.52	80	0.6	1.2	Ⅴ	
15～17	顶孔	1.52	80	0.6	1.8	Ⅵ	
18～20	底孔	1.52	80	0.75	2.25	Ⅶ	
					13.65		

（6）预期的爆破效果。每循环进尺及炮孔利用率，每循环炸药消耗量，雷管及其他爆破器材消耗量等（表 6-9）。

表 6-9 预期爆破效果及材料消耗

序 号	项 目	数 量	备 注
1	炮孔利用率/%	90	
2	每循环进尺/m	1.35	
3	每循环爆破岩石体积/m^3	5.94	
4	单位炸药消耗量/$kg \cdot m^{-3}$	2.30	
5	每米巷道炸药消耗量/$kg \cdot m^{-1}$	10.11	
6	单位雷管消耗量/个$\cdot m^{-3}$	3.36	
7	每米巷道雷管消耗量/个$\cdot m^{-1}$	14.8	

（7）安全注意事项及安全技术措施。凿岩和爆破过程中应注意的安全事项，警戒范围，警戒岗哨的设置，支架和设备的保护措施等。

6.2.6 天井掘进深孔分段爆破

井下天井是连接两个中段或进入采场的竖直通道。阶段高度可达到 40～60m，天井掘进要比平巷掘进复杂很多。天井掘进方法有普通法、吊罐法、爬罐法和深孔爆破一次成井法。前三种方法都是由下往上掘进，在下面搭建工作台。在工作台上向上凿孔、装药爆破。炮孔布置与平巷掘进一致，使用上向冲击式凿岩机（YSP-45），浅孔爆破。

深孔爆破掘进天井的主要工序是先在天井顶部开掘凿岩硐室，架设深孔钻机，沿天井全高一次钻完全部炮孔，将井筒分成若干段，自下而上分段装药爆破。爆下的岩石依靠自重下落至下部水平巷道中运出，炮烟由炮孔经上一水平通风巷道排出。

天井掘进深孔爆破根据掏槽方式不同分平行空孔和球形药包漏斗爆破方案。

6.2.6.1 平行空孔爆破方案

A 深孔布置

与平巷掘进掏槽孔相类似，首先在中间留一个空孔作为初始自由面和补偿空间，在空孔周围布置掏槽孔，然后布置辅助孔和周边孔，所有炮孔沿天井全高相互平行，如图6-18、图6-19（a）所示。

深孔直径依所选用的深孔钻机而定，通常为45～120mm。根据经验，空孔宜采用较大直径，其目的是使1号掏槽孔爆破时有足够的破裂角和补偿空间。当然也要考虑现有设备情况，可采用普通钻头钻孔，然后用扩孔钻头扩孔的办法扩大空孔，也可以用两个或多个相同直径的空孔代替大直径空孔。

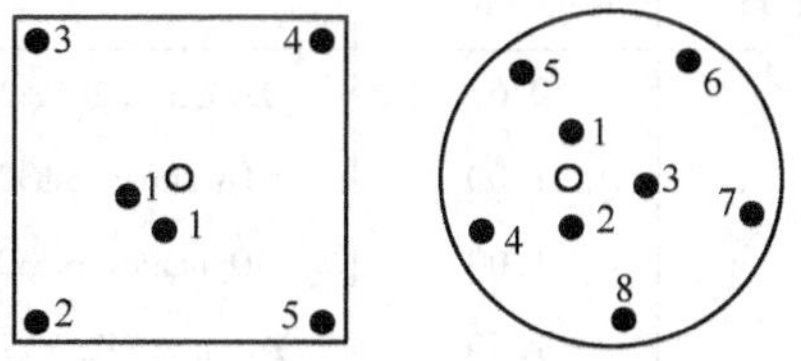

图6-18　平行空孔爆破方案炮孔布置图
○—空孔；●—装药孔

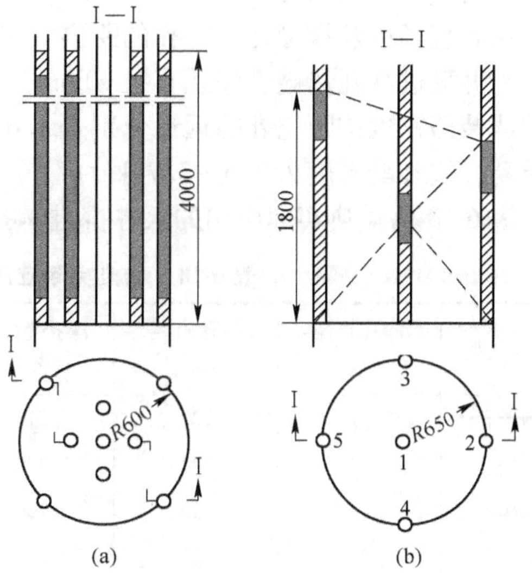

图6-19　平行空孔爆破方案与漏斗爆破方案示意图
（a）平行空孔爆破方案；（b）漏斗爆破方案

掏槽孔间距依据岩石性质、炸药性能及炮孔直径等因素确定。1号掏槽孔以空孔作为自由面，爆破效果的好坏直接影响着后续孔的爆破效果，故1号掏槽孔至空孔的距离选取要合适。1号掏槽孔到空孔的距离，应能使空孔的容积足够容纳1号掏槽孔爆破下来的碎石。设空孔的面积为S_0，由1号掏槽孔爆破破碎的岩石截面积为S_1，则称$n=\frac{S_0}{S_1}$为初始补偿系数。从理论上讲，如果岩石碎胀系数为1.5，则只要$n>0.5$，就能使空孔的空间容纳1号掏槽孔爆破下来的碎石。

依据空孔和掏槽孔直径的大小和岩石碎胀系数，可按式（6-15）计算1号掏槽孔至空孔的距离：

$$a=\frac{\pi}{4}\times\frac{(D^2+d^2)(K+1)}{(D+d)(K-1)} \tag{6-15}$$

式中　D，d——分别为空孔和装药孔直径，mm；

K——岩石碎胀系数。

周边孔的布置还要考虑到天井的断面形状。

B　装药结构

以平行空孔作为自由面，1号掏槽孔的最小抵抗线（到空孔壁的距离）不可过大，因此掏槽孔的装药量不宜过大。可采用间隔装药来减小掏槽孔的装药量。根据装药量大小，分成若干个药包，用导爆索串在一起，以保证各药包同时起爆。

周边孔一般采用连续柱状装药，并在全药段上敷设导爆索。

每个爆破段下端用木塞、木楔和炮泥填塞，填塞长度不超过最小抵抗线，上端用炮泥填塞，填塞高度大于0.5m。

C 装药量

装药量用单位长度炮孔装药量来表示，即线装药密度。主要取决于岩石性质、炸药性能、深孔直径以及掏槽孔与空孔的距离等因素，可通过试验或工程类比法确定。例如某金属矿天井掘进深孔爆破，深孔直径90mm，药包直径70mm，采用2号岩石铵梯炸药，掏槽孔的线装药密度按距空孔的远近分别是1.65kg/m、2.05kg/m和2.67kg/m，周边孔采用连续装药，线装药密度为3.6~3.74kg/m。

表6-10为瑞典实际应用的天井掘进深孔爆破参数，供参考。

表6-10 瑞典实际应用的天井掘进深孔爆破参数

炮孔类型	深孔直径/mm	空孔直径/mm	深孔至空孔距离/mm	最小抵抗线上限/m	线装药密度/$kg \cdot m^{-1}$	炸药名称
掏槽孔	51	127	210		0.67	Dynamex B① ϕ25
掏槽孔	64	127	220		1.00	Dynamex Bϕ32
掏槽孔	64	152	250		1.00	Dynamex Bϕ32
掏槽孔	75	127	230		1.40	Dynamex B2 × ϕ25
掏槽孔	75	152	265		1.40	Dynamex B2 × ϕ25
周边孔	51			1.0	0.9	Dynamex Bϕ29
周边孔	64			1.1	1.1	Dynamex Bϕ32
周边孔	75			1.2	1.2	Dynamex B2 × ϕ25

①一种硝化甘油（80%）炸药，其质量威力相当于铵油炸药的110%。

D 爆破分段高度

经验表明，一次爆破合理分段高度主要与爆破条件有关。对于断面为4m^{2}左右的天井，当补偿系数为0.55~0.7、破碎角大于30°时，分段高度可达5~7m；当补偿系数小于0.5时，则分段高度取2~4m为宜。

6.2.6.2 球形药包漏斗爆破方案

如图6-19（b）所示，各炮孔采用球形药包集中装药，1号孔首先爆破而形成一个爆破漏斗，其他孔以爆破漏斗的斜面为自由面进行爆破，从而不需要空孔。

根据利文斯顿爆破漏斗理论，药包长度不大于药包直径的6倍称为集中药包，因此漏斗爆破方案虽然使用炮孔较少，对凿孔的精度要求较低，但一次爆落的分段高度较低，总的循环次数增加。

与普通法相比，深孔爆破掘天井，工人不在工作面下面作业，操作安全，劳动条件好。采用潜孔钻机钻深孔，钻孔效率高。不用搭建工作台，节省木材。深孔爆破掘天井已在我国部分矿山得到了成功的应用。

6.2.7 隧道掘进爆破

隧道是铁路和公路建设的重点和关键工程。与矿山平巷掘进爆破相比，隧道掘进爆破在爆破原理、爆破参数选择与药量计算方面基本相同。然而由于隧道有其自身的特点，因此在爆破施工方法上又有所区别。

6.2.7.1　隧道掘进爆破施工的特点

（1）铁路和公路隧道一般断面尺寸较大，其高度和跨度一般在8.0m以上，双线隧道跨度大于10.0m，大断面施工技术复杂，要求在爆破作业时尽量减少爆破对围岩的破坏。

（2）隧道多位于地质条件复杂的多变地段，尤其是浅埋隧道（埋深小于2倍隧道跨度），岩石风化破碎严重，受裂隙水和地表水影响较大。因此在施工时应充分考虑岩石的节理、裂隙、断层、软弱夹层等岩石结构面及滴渗水对钻孔和爆破的影响。

（3）隧道服务年限较长，工程质量要求高，在施工中不允许有较大的超挖和欠挖，隧道的方向须满足精度要求，因此必须保证钻孔位置、方向和孔深的准确，使开挖断面满足设计要求。

6.2.7.2　隧道掘进开挖方法

隧道掘进爆破方案与隧道开挖方法有着密切联系。隧道开挖方法主要根据隧道地质条件、机械设备、技术水平和工期决定，主要有全断面开挖法、半断面开挖法、分部开挖法等。

A　全断面开挖法

在整个工作面上布置炮孔进行爆破，一次完成隧道的全断面的开挖的施工方法。一般在地质条件较好的隧道中，以凿岩台车钻孔，并完成装药、填塞、起爆网路连接工作。采用大型装岩机及配套的运载车辆将碎石运出。

全断面开挖法工作面空间大，便于大型机械作业，能充分发挥机械的效能。施工工序简单、集中，开挖工效高，施工进度快，可以最大限度地减少开挖过程中对隧道围岩的扰动。

B　半断面开挖法

半断面开挖法是先掘进半个断面或弧形导坑，快速贯通或掘进一定进尺后停下来，再进行扩大断面的开挖方法。利用半断面或弧形导坑实现快速掘进，可以提前探明岩石地质条件及特殊地质构造，为后续扩大断面爆破提供地质资料。提早贯通有利于通风和排水。分两次爆破可以降低爆破震动对围岩的影响。提前形成导坑，形成有利的自由面，为扩大断面爆破创造了有利的爆破条件。在工期紧，地质条件复杂的中短长隧道施工中广泛应用。

C　分部开挖法

先掘进小型断面的导坑，然后分多部逐步刷大到设计断面的开挖方法。分部开挖法各部的位置、尺寸及开挖间距可根据围岩情况、机械配备、施工习惯等灵活掌握。分部开挖法工序繁多，对围岩扰动频繁，开挖面暴露时间长，作业空间狭小，工效低。目前隧道施工中很少采用，在没有大型机械设备的情况下才选择使用。

6.2.7.3　隧道掘进爆破掏槽形式

与井巷掘进爆破一样，隧道掘进爆破的关键也取决于掏槽效果的好坏。

隧道掘进爆破一般采用楔形掏槽和垂直孔掏槽。

A　楔形掏槽

为了提高掘进尺，加大掏槽深度，一般采用二级或三级复式楔形掏槽，如图 6-20 所示。掏槽孔成对出现，每对掏槽孔成完全对称，掏槽孔由浅变深，与工作面夹角由小变大。

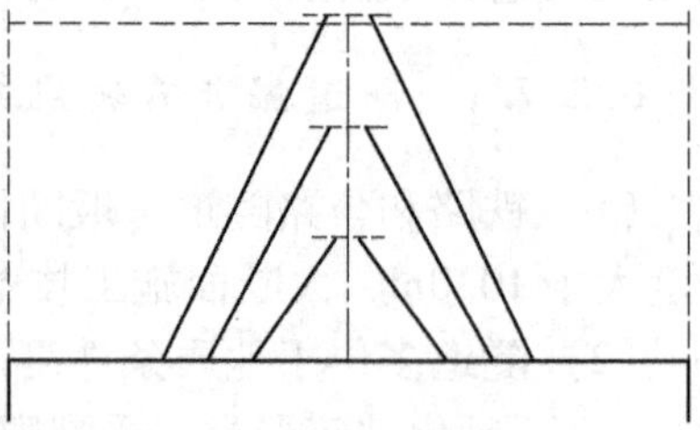

图 6-20　三级楔形掏槽

B　垂直孔掏槽

垂直孔掏槽利用不装药的中心孔作为初始的自由面和补偿空间。又分为小直径中空垂直孔掏槽和大直径中空垂直孔掏槽。

小直径中空垂直孔掏槽除了前述桶形、缝形掏槽外，目前常用的还有中间布置装药孔，装药孔外布置空孔的桶形掏槽形式。如图 6-21 所示，在中间装药孔周围布置 4 ~ 6 个小直径空孔，作为初始的自由面和补偿空间，中间孔起爆后，可以形成较大的空槽，在空孔外的装药孔再起爆逐步扩大空腔，有利于提高炮孔利用率。

在有条件的地方，可以利用凿岩台车钻凿较大直径的中心空孔（图 6-22），在中心空孔周围布置装药孔。大直径中孔扩大了初始自由面和补偿空间，有利于提高掏槽爆破效果。

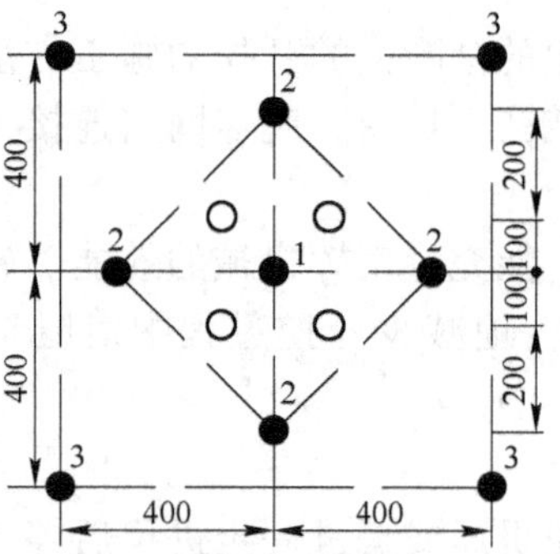

图 6-21　装药孔外布置空孔的垂直孔掏槽

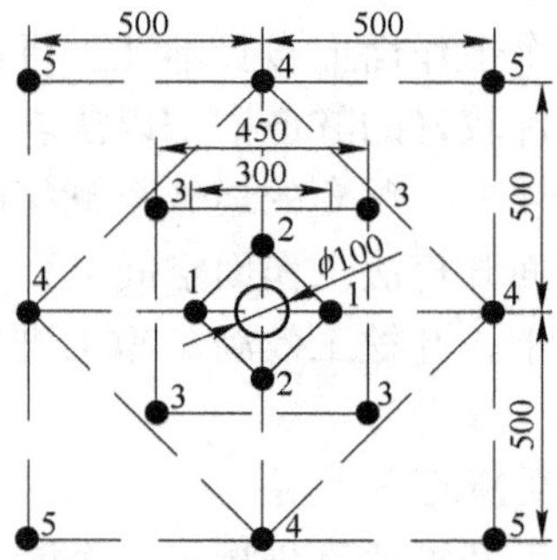

图 6-22　大直径中空垂直孔掏槽

6.2.7.4　隧道掘进爆破炮孔布置

为了更准确地控制隧道轮廓及断面形状，减少超欠挖，隧道掘进周边孔爆破一般采用光面爆破。周边孔的布置按光面爆破参数布置，见 6.5 节。原则上，周边孔应布置在轮廓线上，为了方便凿孔，周边孔通常向外倾斜（3° ~ 5°），根据炮孔深度来调整，在坚硬岩石中，孔底应超出设计轮廓线 100mm 左右。

布置好掏槽孔和周边孔后，布置辅助孔（崩落孔）。辅助孔在掏槽孔周围分层布置，一般层间距（最小抵抗线）650 ~ 800mm，孔距与最小抵抗线之比为 0.8 ~ 1.0。

6.3　地下采场浅孔爆破

采场落矿是地下开采的一个重要工序。与巷道掘进爆破相比，采场落矿爆破一般具有两个以上的自由面，自由面和补偿空间明显增大，所以爆破条件明显改善。根据地下采场采矿方法和工艺的不同，地下采场落矿一般采用浅孔爆破和深孔爆破方法。

图 6-23 所示为地下采场最常用的浅孔留矿采矿法标准矿块。地下采场浅孔爆破工作面为一倒台阶，凿岩爆破工作在台阶下面，站在爆堆上面进行。

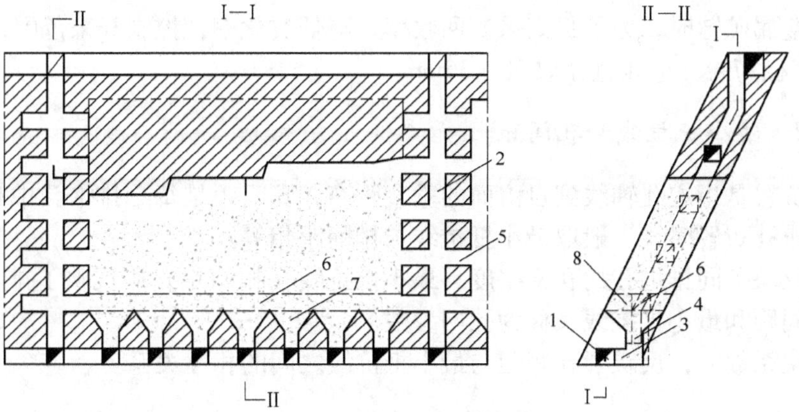

图 6-23　浅孔留矿采矿法标准矿块

1—阶段运输巷道；2—人行通风天井；3—漏斗穿；4—漏斗颈；
5—矿房联络道；6—拉底巷道；7—辟漏；8—拉底

6.3.1　炮孔布置

在倒台阶上布置炮孔，有上向炮孔和水平炮孔两种形式，如图 6-24 所示。矿岩比较稳固时，可采用上向布置，矿岩稳固性较差时，一般水平布置。炮孔之间采用平行排列和交错排列（图 6-25）。

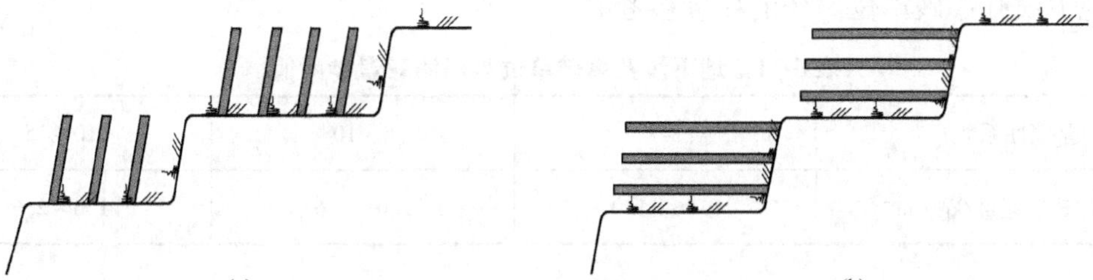

(a)　(b)

图 6-24　浅孔落矿爆破炮孔布置

（a）上向炮孔；（b）水平炮孔

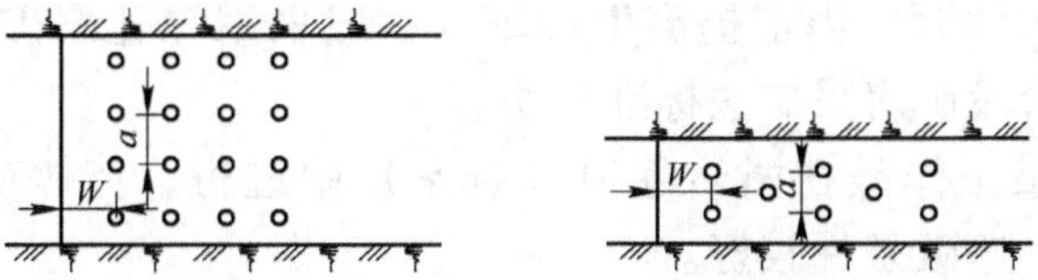

(a)　(b)

图 6-25　浅孔落矿爆破炮孔排列方式

（a）平行排列；（b）交错排列

6.3.2 爆破参数

6.3.2.1 炮孔直径

采用气腿式或上向式凿岩机凿岩，一般炮孔直径为38～42mm。当开采薄矿脉、稀有金属或贵重金属矿脉时，为了提高采矿回收率，降低贫化率，控制开采范围，可采用25～28mm的小直径药卷，炮孔直径取30～35mm。

6.3.2.2 最小抵抗线和孔间距

最小抵抗线是指炮孔轴线到自由面的垂直距离，孔间距是每一排炮孔中相邻炮孔之间的距离。多排孔布置时，一般取最小抵抗线与排间距相等。

孔间距反映了同排炮孔的孔网密度，最小抵抗线（排间距）则反映了排与排之间的孔网密度。孔间距和最小抵抗线又称为孔网参数。

炮孔密集系数 m，反映了孔底距与最小抵抗线之间的相互关系。

$$m = \frac{a}{W} \tag{6-16}$$

合理地选择孔网参数和炮孔密集系数，有利于改善爆破效果。一般按以下经验公式确定：

$$W = (25 \sim 30)d \tag{6-17}$$

$$a = (1 \sim 1.5)W \tag{6-18}$$

6.3.2.3 单位炸药消耗量

单位炸药消耗量主要与矿岩性质、采幅宽度等有关，依据矿岩的坚固性系数选取，表6-11为地下浅孔爆破单位炸药消耗量参考值。

表6-11 地下浅孔爆破单位炸药消耗量参考值

坚固性系数 f	≤8	8～10	10～15
单位炸药消耗量/kg·m^{-3}	0.26～1.0	1.0～1.6	1.6～2.6

6.4 地下采场深孔爆破

地下开采较厚大矿体时，为了提高生产率，一般采用深孔爆破。图6-26所示为采用深孔爆破的分段凿岩阶段矿房采矿法标准矿块。

地下采场深孔爆破工作是在凿岩巷道（硐室）中进行，待爆矿岩有侧向（或下向）的自由面和补偿空间，爆破条件较好。

6.4.1 深孔布置形式

根据采矿方法和采矿工艺的不同，按深孔的方向不同，地下深孔布置分为上向布置、

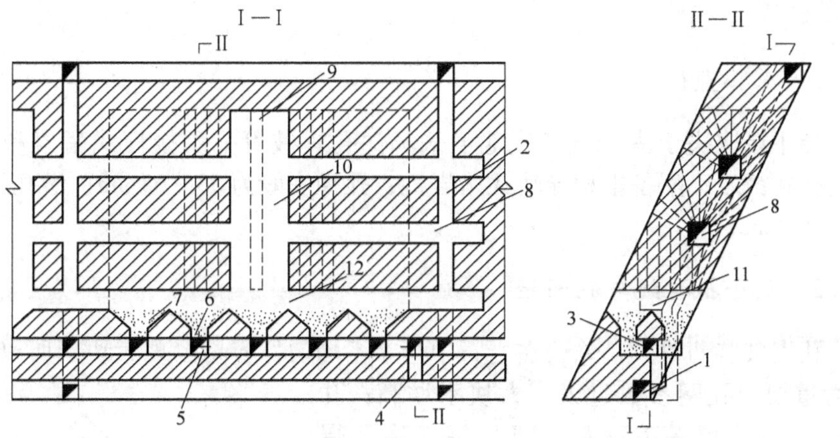

图 6-26 分段凿岩阶段矿房采矿法标准矿块

1—阶段运输巷道；2—人行通风天井；3—电耙巷道；4—溜矿井；5—漏斗穿；6—漏斗颈；7—漏斗；8—分段凿岩巷道；9—切割天井；10—切割槽；11—拉底巷道；12—拉底

下向布置和水平布置三种形式，分别用于不同的采矿方法。按照深孔的排列形式不同分为平行深孔和扇形深孔两大类，如图 6-27 所示。

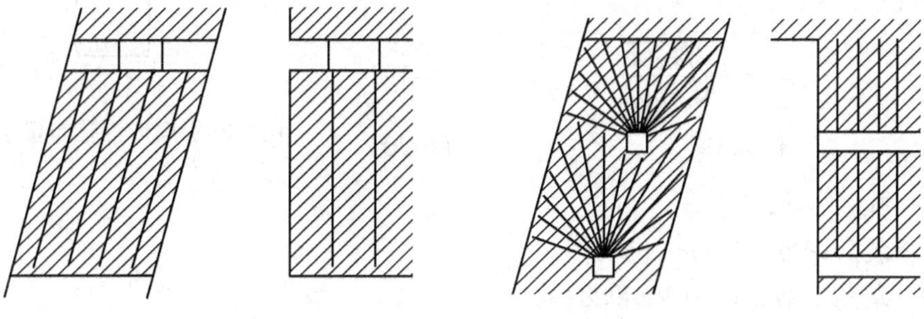

(a) (b)

图 6-27 地下深孔爆破炮孔布置示意图

（a）平行深孔布置；（b）扇形深孔布置

平行深孔每排中炮孔之间相互平行，装药分布均匀，爆破大块率低，然而凿岩时每凿一个深孔需要移动一次凿岩设备，工序繁琐，效率低，需要的凿岩巷道工程量大。

扇形深孔每排中的炮孔呈扇形放射状，凿岩机固定在一个位置，只要转动凿岩机的方向，就可以完成一排深孔的凿岩，凿岩机移动次数少，需要的凿岩巷道掘进工程量小，深孔布置灵活，应用较为广泛。扇形深孔的缺点是深孔呈放射状，孔口间距小，孔底间距大，炸药在岩石中分布不均匀，因而爆破块度不均匀，深孔利用率较低。

除了平行深孔和扇形深孔外，还有一种由扇形深孔变形而来的束状深孔布置，其特点是炮孔在空间上呈放射状。束状深孔所需凿岩巷道掘进工程量小，爆破的块度更不均匀。通常应用于矿柱回采和采空区处理。个别矿体变化较大而又不值得掘进凿岩巷道时或者特殊地质构造地带也可布置束状深孔。

6.4.2 爆破参数

6.4.2.1 深孔直径

深孔直径主要取决于凿岩设备。地下采场深孔爆破可采用接杆式凿岩和潜孔钻机凿岩。采用接杆式凿岩，配备重型导轨式凿岩机，孔径一般为55~65mm；潜孔钻机凿岩时，孔径为90~110mm。

6.4.2.2 最小抵抗线与孔间距

由于深孔爆破装药量大，炸药在岩石中分布不均匀，容易出现大块，所以合理确定孔网参数尤为重要，孔网参数过大，大块率增高；孔网参数过小，会浪费爆破材料，减少每米炮孔爆破量。

对于扇形深孔，由于炮孔呈放射状布置，因而用孔底距来表示两相邻孔之间的距离。孔底距是指由较浅的深孔孔底至相邻深孔的垂直距离（图6-28）。

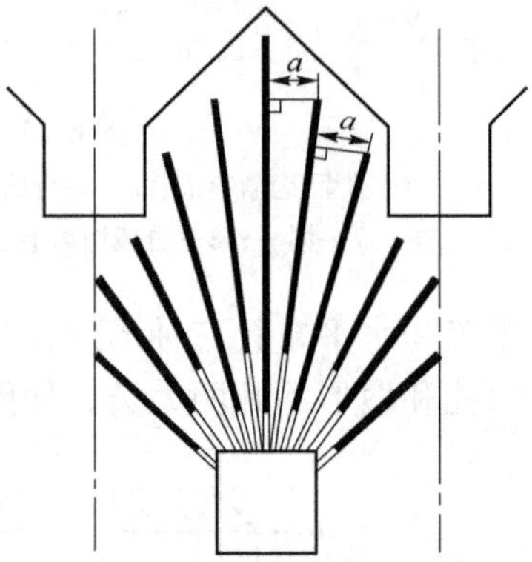

图6-28 扇形深孔布置示意图

可以用式（6-19）、式（6-20）确定地下深孔爆破孔网参数：

$$W = d\sqrt{\frac{\pi \Delta \tau}{4mq}} \qquad (6\text{-}19)$$

$$a = mW \qquad (6\text{-}20)$$

式中 d——孔径，m；

Δ——装药密度，kg/m^3；

τ——装药系数，$\tau = 0.7 \sim 0.8$；

m——深孔密集系数，平行孔取 $m = 0.8 \sim 1.1$，扇形孔取 $m = 1.1 \sim 1.5$；宽孔距爆破时，$m = 2 \sim 4$，此时缩小抵抗线，增大孔间距；

q——单位炸药消耗量，kg/m^3。

也可参考以下经验公式确定最小抵抗线：

$$W = (25 \sim 35)d \qquad (6\text{-}21)$$

当单位炸药消耗量、炮孔密集系数、装药密度和深孔装药系数等参数为定值时，最小抵抗线与深孔直径成正比。

6.4.2.3 单位炸药消耗量

选取单位炸药消耗量时，不仅要考虑是否能将矿石全部爆落下来，还要求爆落的矿石满足一定的块度要求。实践表明，深孔爆破单位炸药消耗量过小时，往往大块率较高，消耗在二次破碎方面的炸药量增加，总的炸药量增加。同时增加了二次破碎的时间，造成时间和人力资源的浪费，采矿成本增加。

表 6-12 为地下深孔爆破单位炸药消耗量及二次破碎时的单耗占一次单耗百分比的参考值。

表 6-12 地下深孔爆破单位炸药消耗量参考值

岩石坚固性系数 f	3 ~ 5	5 ~ 8	8 ~ 10	12 ~ 16	> 16
一次爆破单位炸药消耗量 q/kg · m^{-3}	0.2 ~ 0.35	0.35 ~ 0.5	0.5 ~ 0.8	0.8 ~ 1.1	1.1 ~ 1.5
二次单耗占一次单耗的百分比(q_2/q)/%	10 ~ 15	15 ~ 25	25 ~ 35	35 ~ 45	> 45

6.4.2.4 单孔装药量与总装药量

平行深孔的装药量按体积公式计算：

$$Q = qaWL \tag{6-22}$$

式中 L——孔深，m。

扇形深孔因其孔深、孔距均不相同因而每个孔装药量不同，通常先求出每排孔的装药量，然后按实际每米炮孔装药量，计算出总装药长度，将总装药长度按炮孔总长度均分在每个炮孔中并根据炮孔的位置和孔间距进行调整，最后确定每个炮孔的装药量及每排炮孔的总装药量。每排深孔总装药量为：

$$Q_{排} = qWS \tag{6-23}$$

式中 S—— 一排深孔爆破的岩石面积，m^2。

表 6-13 为国内部分地下矿山深孔爆破参数。

表 6-13 国内部分地下矿山深孔爆破参数

矿山名称	矿石坚固性系数 f	深孔排列方式	直径 /mm	最小抵抗线 /m	孔底距 /m	孔深/m	一次单位炸药消耗量 /kg · t^{-1}	二次单位炸药消耗量 /kg · t^{-1}	每米深孔崩矿量 /t · m^{-1}
胡家峪铜矿	8 ~ 10	上向垂直扇形	65 ~ 72	1.8 ~ 2.0	1.8 ~ 2.2	12 ~ 15	0.35 ~ 0.40	0.15 ~ 0.25	5 ~ 6
篦子沟铜矿	8 ~ 12	上向垂直扇形	65 ~ 72	1.8 ~ 2.0	1.8 ~ 2.0	< 15	0.442	0.183	5
铜官山铜矿	3 ~ 5	水平或上向垂直扇形	55 ~ 60	1.2 ~ 1.5	1.2 ~ 1.8	3 ~ 5	0.25	0.16	6 ~ 8
云锡松树脚锡矿	10 ~ 12	上向垂直扇形	50 ~ 54	1.3	1.3 ~ 1.5	5 ~ 8	0.245	0.267	6.33
红透山铜矿	8 ~ 12	水平扇形	90 ~ 110	3.5	3.8 ~ 4.5	10 ~ 25	0.21	0.60	15 ~ 20
狮子山铜矿	12	水平扇形	90 ~ 110	2.0	2.5	15 ~ 20	0.45 ~ 0.50	0.1 ~ 0.2	11 ~ 12
易门铜矿凤山坑	4 ~ 8	水平扇形或束状	105 ~ 110	2.5 ~ 3.0	2.5 ~ 4.0	< 30	0.45	0.0213	10 ~ 15
易门铜矿狮山坑	4 ~ 6	水平扇形或束状	105	3.2 ~ 3.5	3.3 ~ 4.0	5 ~ 20	0.25	0.074	16 ~ 26
狮子山铜矿	12 ~ 14	垂直扇形	90 ~ 110	2.0 ~ 2.2	2.5	10 ~ 15	0.40 ~ 0.45	0.10 ~ 0.20	11 ~ 12
东川因民铜矿	8 ~ 10	垂直扇形	90 ~ 110	1.6 ~ 2.0	2.0 ~ 2.5	< 15	0.445	0.0643	7.9
红透山铜矿	8 ~ 10	水平扇形	50 ~ 60	1.4 ~ 1.6	1.6 ~ 2.2	6 ~ 8	0.18 ~ 0.20	0.40	4 ~ 5
青城子铅矿	8 ~ 10	倾斜扇形	65 ~ 70	1.5	1.5 ~ 1.8	4 ~ 12	0.25	0.15	5 ~ 7
金岭铁矿	8 ~ 12	上向垂直扇形	60	1.5	2.0	8 ~ 10	0.16	0.246	6
程潮铁矿	2 ~ 6	上向垂直扇形	56	2.5	1.2 ~ 1.5		0.218	0.01	8
核工业总公司 794 矿	8 ~ 10	垂直扇形	65	1.2	1.8	4 ~ 12	0.75		3
核工业总公司 719 矿	8 ~ 12	垂直扇形	70/75	1.2	0.8 ~ 1.0/ 1.8 ~ 2.2	1.8 ~ 1.5/ 35 ~ 40	0.45/ 1.08 ~ 0.9	0.01	

6.4.3 爆破方案

爆破方案包括确定合理的爆破规模、起爆方法、起爆顺序等。

爆破规模主要根据采场的生产任务和计划、生产能力、回采工艺、采掘工程量、地质条件和安全条件等因素来确定。如一次需要爆下多少矿量、需要爆破多少个炮孔，爆破几排等需要根据生产计划来安排，但不能超越矿块的生产能力，当矿体发生变化时，需要考虑矿体产状和储量变化对爆破规模的影响。遇有较大断层或破碎带或断层两侧矿体发生较大位移时，为安全起见，往往不得不将受该断层影响的几个采场同时爆破。

起爆方法一般采用电雷管起爆法和导爆管起爆法。由于一次深孔爆破量较大，采用电雷管起爆时，简单的串联或并联不能满足起爆要求时，宜采用混合联的方式，要求进行电爆网路计算，确定通过每一发电雷管的电流值大于规定的电流值。同时要注意电源电压稳定，容量足够，网路可靠而且便于连接和导通。采用导爆管起爆时，不同分段巷道之间导爆管的连接不便时，可与电雷管起爆法结合起来使用，即每个分段巷道作为一个爆区连接成导爆管网路，各分区之间用电爆网路连接在一起，最后用电雷管起爆。采用电雷管起爆时还应特别注意杂散电流的危害，起爆前应测定爆区的杂散电流，当测定的杂散电流大于30mA 时，应采取相应的措施，如减少杂散电流的来源，在钢轨接头处焊接铜线以减小架空线回路电阻，必要时可采取爆区停电的办法。在无法消除较大杂散电流时须采用导爆管起爆。

起爆顺序应根据回采工艺的要求、地质条件和布孔方式等因素来确定，从补偿空间和自由面一侧顺序起爆。

在确定爆破规模和起爆顺序和段数时，还要考虑爆破地震和空气冲击波的影响，如增加起爆段数可以降低一段爆破药量，减少爆破地震和空气冲击波的危害。

6.4.4 布孔设计

布孔设计是在采场凿岩巷道等采准工程及切割槽等切割工程完成后，根据揭露出的矿体赋存状态、补偿空间的位置、爆破参数、起爆顺序及崩落范围来进行的。其任务是确定每一个深孔的空间位置，以便按此设计进行施工。布孔设计是在已经完成采准工程和切割工程的采场中进行，因此需要以下现场资料：

（1）采场的矿体赋存状况、储量情况及矿岩性质等地质资料；

（2）采场实测图，包括：1∶200 采场纵断面图；1∶200 电耙道水平、拉底水平、凿岩巷道水平平面图；1∶500 中段水平平面图、爆区坑内外对照图等；

（3）采场进行深孔爆破的设备、物资及人员情况；

（4）采场周围的工程及安全环境条件等资料。

布孔设计是在平面图和剖面图上完成的。按照爆破方案的安排，从自由面开始，将深孔分成若干排，首先在凿岩巷道平面图上确定各排面的位置和方位角，然后在每一炮孔排面作垂直于凿岩巷道的剖面图，在剖面图上对每排中各个深孔定位，确定其倾角。

每排中各深孔的布孔设计应遵循以下原则：

（1）首先确定凿岩中心及落矿范围，凿岩中心是凿岩设备钻凿扇形孔的旋转中心，根据凿岩设备来确定；

（2）在布设深孔时，应首先布置控制爆破规模及爆破边界的深孔，然后按孔底距的大小布置其他深孔；

（3）深孔孔底到巷道、硐室及采空区应留有0.8～1.2m，不能贯通。在难爆的岩石中爆破时，孔底应超出矿体轮廓线0.4～0.6m，以减少矿石损失；

（4）水平深孔应稍微向上倾斜以利于排粉畅通。一般孔深不大于8m时，倾角3°～5°；孔深大于8m时，倾角5°～7°；

（5）排与排之间深孔应交错布置。同一排内同段爆破的深孔在不同的巷道相向布置时孔底应当错开、相互有一定的超深并防止深孔相互贯通；

（6）各深孔要标明编号、孔深、倾角、方位、装药量等参数。

6.4.5 深孔施工与验收

深孔施工的依据是布孔设计图。施工前，由测量人员，按照设计图上给出的排数、孔数、孔深、倾角与方位，在现场标明每一个深孔的具体位置及凿岩中心，凿岩人员按照标明的孔位和孔深进行凿岩。

深孔施工完毕，由测量人员对每一个深孔的实际方位、倾角、孔深和孔间距等进行测量验收，给出深孔验收实测图，作为修改爆破设计的依据。验收时，还应该观察记录顶板情况、孔内有无岩渣堵孔、有无透孔、深孔弯曲、透水等现象，作为装药时参考。

如果发现不合格深孔，则应重新凿孔或补孔。技术人员应当根据验收的实测图，对每一孔的装药量进行修正。

全部深孔验收合格后，才准许进行装药爆破工作。

6.4.6 某金矿矿柱开采深孔爆破设计实例

某金矿063中段827-2采场顶柱及727-2采场底柱深孔爆破，设计崩落矿岩总量38731t，采矿品位5.58g/t，损失率1.5%，贫化率5.3%。

（1）爆破参数。排距1.3m，平行孔孔间距1.4m，扇形孔孔底距1.6～1.8m，设计炮孔每米崩矿量为4.55t。

（2）凿岩方式。063中段N19至N23排、S12至S15排以及33m处的N19至N23排采用YSP-45型凿岩机凿岩，其余采用KQ-100钻机钻孔。

（3）爆破补偿空间。727-2采场底柱以各漏斗颈和漏斗穿为自由面和补偿空间，采用挤压爆破。827-2采场顶柱以北部两个拉槽井为自由面和补偿空间。炮孔排间毫秒分段爆破。

（4）施工质量要求。炮孔深度误差±0.2m，角度误差孔深3.5m以内为±3°，孔深3.5m以上为±1°。

（5）施工图纸。图6-29所示为827-2采场矿柱爆破炮孔布置纵投影图。图6-30所示为33m处炮孔设计平面布置图。图6-31和图6-32分别为北部和南部两个断面N19和S13的炮孔布置图，N19断面布置的均为扇形孔，S13断面由于有穿脉巷道，具有凿平行孔的条件，故在某些水平布置了平行孔。

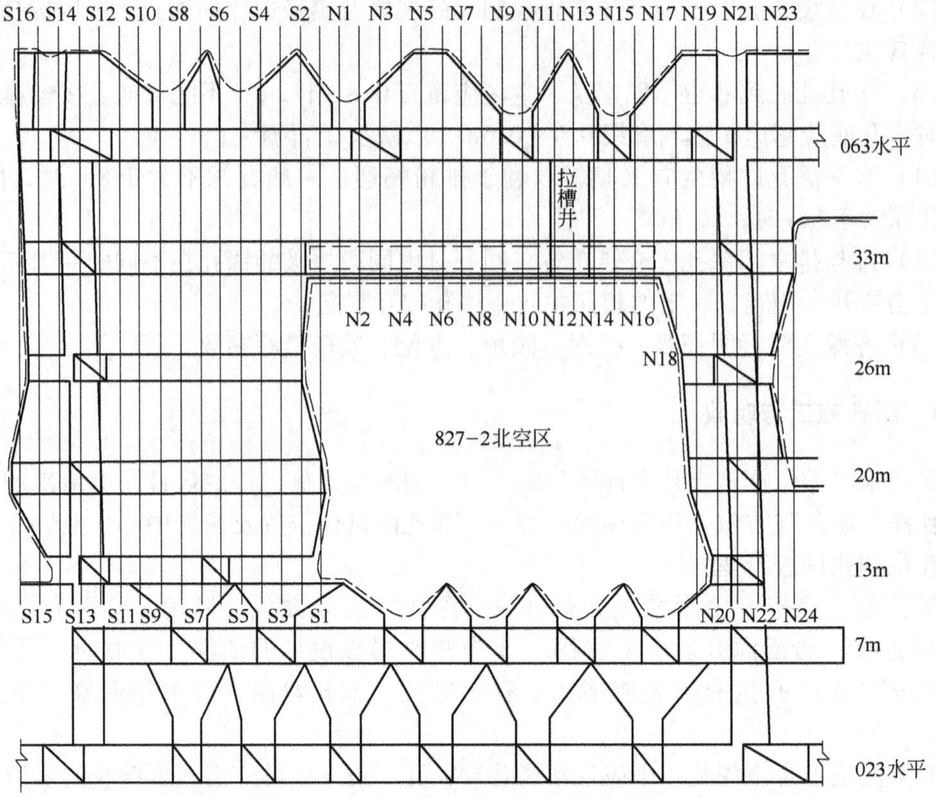

图 6-29　827-2 采场矿柱爆破炮孔布置纵投影图

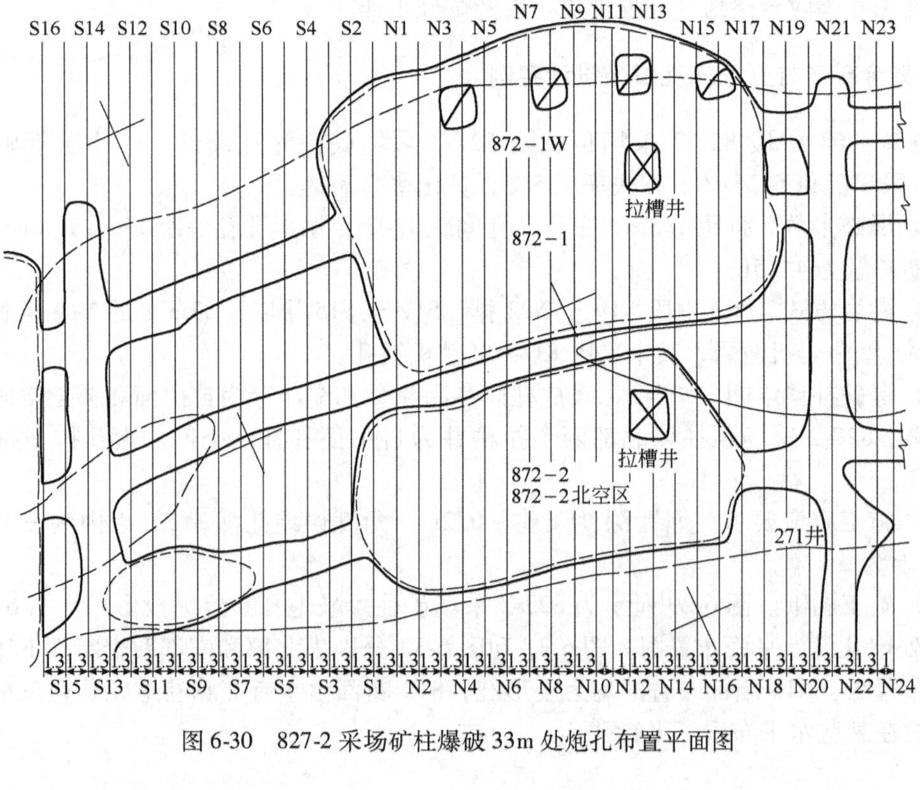

图 6-30　827-2 采场矿柱爆破 33m 处炮孔布置平面图

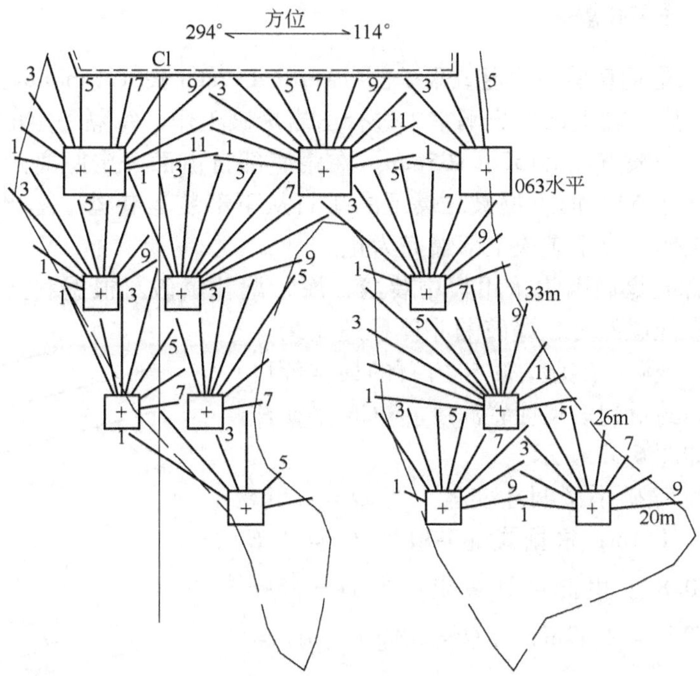

图 6-31 827-2 采场矿柱爆破 N19 排炮孔布置剖面图

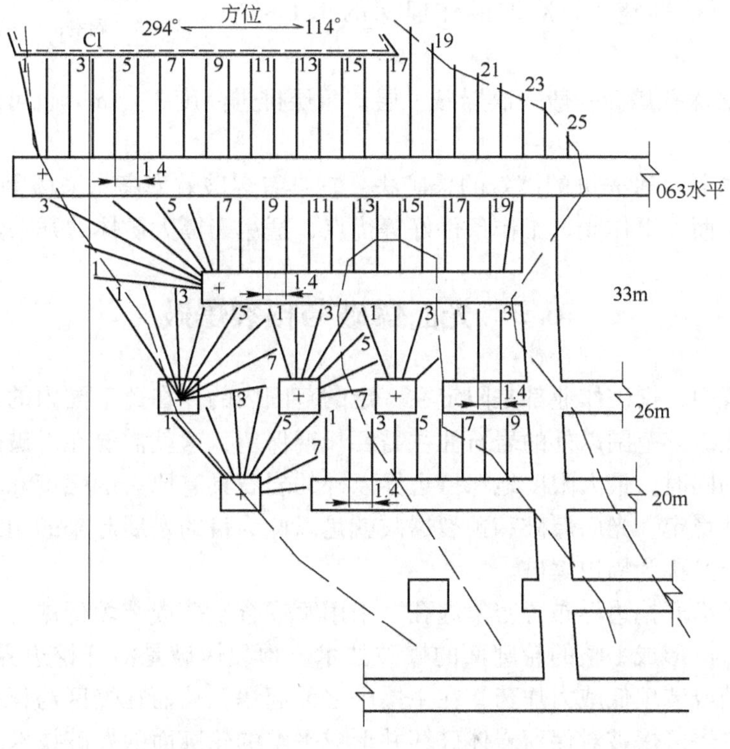

图 6-32 827-2 采场矿柱爆破 S13 排炮孔布置剖面图

6.4.7　VCR 采矿法深孔爆破

VCR 法的原意是垂直漏斗后退式采矿法（vertical crater retreat mining），是在设计的矿块中全部切顶和拉底，在上面凿岩硐室中进行凿岩爆破工作，每隔一定的孔距和排距向下钻凿大直径深孔。一般直径 ϕ152～165mm。在距底部自由面一定距离的位置上装一集中药包（长径比不大于6），向下爆破。爆下的矿石从下部装运巷道中运出。出矿后，再进行下一次的爆破工作，直至矿块全部爆完为止。

VCR 采矿法深孔爆破因为采用集中装药，属于漏斗爆破。根据利文斯顿爆破漏斗理论，当药包处于最佳埋深时，爆破漏斗体积达到最大值。因此需通过爆破漏斗实验，确定岩石的最佳深度比，从而确定不同药量的最佳埋置深度。VCR 采矿法深孔爆破示意图如图 6-33 所示。

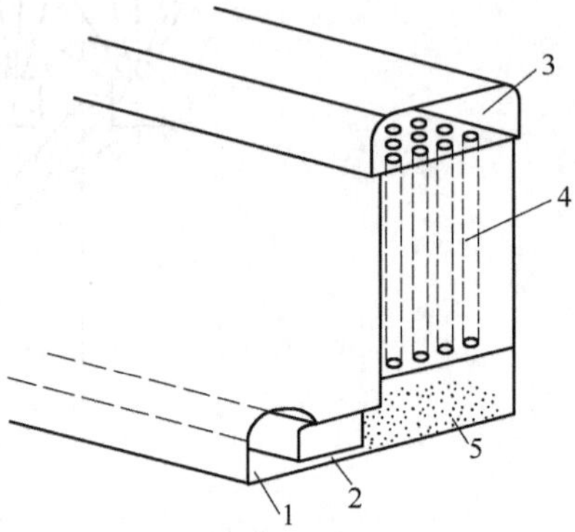

图 6-33　VCR 采矿法深孔爆破示意图
1—阶段运输巷道；2—装运巷道；3—凿岩硐室；4—深孔；5—爆堆

例如，凡口铅锌矿小型漏斗实验，当 $Q=4.5$kg 时，最佳埋深 $d_0=1.4$m；根据式（5-30），$d_0=\Delta_0 E\sqrt[3]{Q}$，求得 $\Delta_0 E=0.85$。由此可计算出：当 $Q=25$kg 时，$d_0=0.85\sqrt[3]{25}=2.49$m；当 $Q=30$kg 时，$d_0=0.85\sqrt[3]{30}=2.64$m。

取最小抵抗线等于最佳埋置深度，$W=d_0$。

炮孔间距和排距的选取考虑矿石的可爆性，并使爆破后形成的顶板平整，一般取最佳埋深的 1.1～1.8 倍。

VCR 采矿法深孔爆破一般一次爆破一层，每层推进高度 3～4m。也可以多层爆破，每次爆破 3～5 层。

VCR 采矿法是一种先进的高效的采矿法，它具有爆破效率高、采场生产能力大、工人不必在岩石自由面底下作业、工作条件好等优点，适用于厚大矿体的开采。

6.5　光面爆破与预裂爆破

在爆破工程中，爆破作业都是限定在一定的范围内的，在此范围内的岩石进行破碎和必要的抛掷，在破碎范围以外的岩石往往需要长期保留，这就需要在对破碎范围内的岩石进行爆破破碎的同时，最大限度地保持边界以外的岩石具有原有的强度和稳定性，以利于边界岩石的长期稳定。光面爆破和预裂爆破就是以此为目的发展起来的用来控制边界轮廓面的爆破技术，又称为周边爆破。

光面爆破是沿开挖边界布置密集炮孔，采用不耦合装药或装填低威力炸药，在主爆区爆破之后起爆，以形成平整的轮廓面的爆破技术。预裂爆破是沿开挖边界布置密集炮孔，采取不耦合装药或装填低威力炸药，在主爆区之前起爆，从而在爆区与保留区之间形成预裂缝，以减弱主爆区爆破对保留岩体破坏并形成平整的轮廓面的爆破技术。

光面爆破技术起源于瑞典，20 世纪 50 年代兰格福斯（U. Langefors）等人首先在实验室进行了模拟实验，并在隧道掘进爆破中成功地进行了利用小药卷、低爆速炸药的爆破试验，获得了光滑平整的岩壁，因而称为光面爆破（Smooth Blasting），还同时研制了专用炸药。此后挪威、英国、美国、加拿大、前苏联、日本、澳大利亚等国家也先后研究推广和发展了光面爆破技术。

光面爆破和预裂爆破形成的岩壁轮廓面如图 6-34 所示。

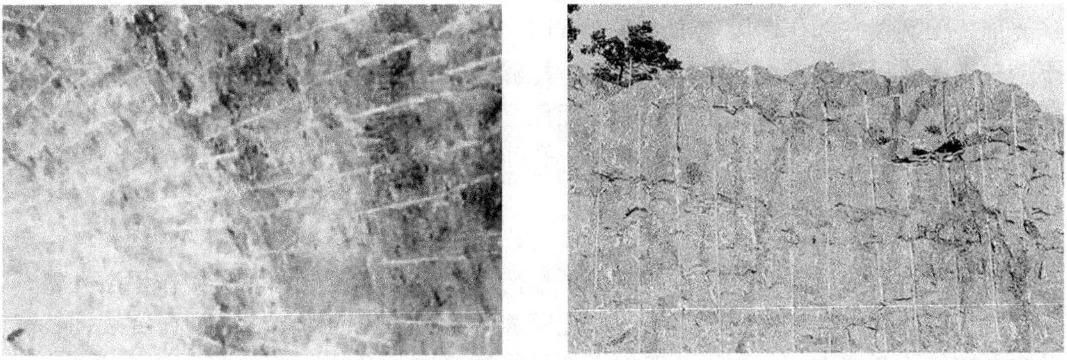

(a) (b)

图 6-34 光面爆破和预裂爆破形成的岩壁轮廓面

（a）井下光面爆破巷道壁面；（b）露天预裂爆破后的岩石壁面

我国铁路、冶金、水电、煤炭等部门从 20 世纪 60 年代中期开始，专门成立了科研小组在各种岩石隧道、巷道和硐室中进行了光面爆破试验，取得了大量的试验成果和经验，同时对光面爆破理论、技术和光面爆破炸药进行了研究。

预裂爆破是在光面爆破基础上发展起来的一种技术。它和光面爆破的主要区别是在主爆区爆破之前，边界孔（预裂孔）首先起爆，沿开挖边界首先形成一条一定宽度的预裂缝。当主爆区爆破时，爆炸应力波传到预裂缝处发生反射，以减少对保留岩石的破坏作用。

6.5.1 光面爆破、预裂爆破的特点

光面爆破与预裂爆破虽然施工工艺不同，但都属于周边爆破技术，存在着共同的特点和爆破原理。

（1）爆破后轮廓面成型规整，减小超挖量，普通爆破超挖量一般可达 20% ~30%，光面爆破和预裂爆破超挖量可降低到 4% ~6%。因此可以大幅度降低装运费用。

（2）爆破后的岩石壁面没有明显的裂隙，岩石稳定性能好，提高了岩石自身支撑能力。在地下巷（隧）道施工时配合使用锚杆和喷射混凝土支护，可减少开挖量和支护费用，增大有效使用面积。在露天边坡开挖中，减少边坡维护费用，改善作业环境，提高了施工作业的安全性。

（3）新形成的岩石壁面平整，可降低巷道的通风阻力和水工隧道的水流阻力。

（4）对于预裂爆破而言，由于预裂孔首先起爆，沿开挖边界首先形成一条预裂缝，因而当主爆区爆破时，爆炸应力波传到预裂缝处发生反射，从而减少了主爆区爆破对保留岩

石的破坏作用。

光面爆破与预裂爆破已广泛应用于地下巷道、隧道、硐室、露天基坑、沟槽、采场等开挖工程建设中。根据经验，光面爆破多用于地下开挖工程，而预裂爆破多用于露天开挖工程。

6.5.2 光面爆破、预裂爆破原理

光面、预裂爆破的作用原理可由两个方面来解释。一是消除压缩区，即孔壁附近的岩石不应被破碎或压缩，没有压缩圈，爆破后能够保留半个孔壁；二是控制裂隙的发展，岩石壁面没有明显的裂隙，岩石中的裂隙不能任意发展，而只能沿着炮孔连线方向形成一条裂缝。为此在工艺上采取不耦合装药、缩小孔间距等措施。

6.5.2.1 不耦合装药

在炸药与炮孔壁之间留有一定的空隙，炸药爆炸后，爆轰波不能直接作用于孔壁，而是以爆轰气体的膨胀方式作用于岩石，使孔壁表面受到的压力降低。实验研究表明，随着不耦合系数的不断增大，作用于孔壁的压力呈指数衰减而急剧下降。当不耦合系数为2.5时，孔壁上的压力值约为耦合装药时压力的1/16。当孔壁上的压力小于岩石的抗压强度时，岩石不被压缩破坏，保持孔壁的完整。

6.5.2.2 缩小孔间距

孔间距缩小，使炮孔轴线之间容易形成裂缝，并卸载抑制其他方向裂隙的形成。由于岩石爆破过程的复杂性和爆破理论研究的不成熟，相邻炮孔的成缝机理还很不完善，概括起来可用应力波作用和爆轰气体作用来解释。

A 应力波作用

炸药在炮孔中爆炸后，高速冲击作用于岩石，在岩石中产生爆炸应力波并以柱面波的形式向四周扩散。当相邻炮孔同时起爆时，两个炮孔产生的爆炸应力波相遇后应力波叠加，在炮孔连线上叠加效果最明显，径向（炮孔连线方向）为压应力，切向（垂直于炮孔连线方向）应力为拉应力，当拉应力大于岩石的抗拉强度时，便会沿炮孔连线产生裂缝。

应力波叠加是一种纯理论的分析，应力波叠加的前提是两个炮孔同时起爆，这在生产实践中是很难做到的，不论采用瞬发电雷管还是采用导爆索起爆，都不可避免地存在着时差，这些时差往往大于应力波在两个炮孔之间的传播时间。因此单纯用应力波叠加理论解释成缝机理是不全面的。

相邻炮孔不能同时起爆，虽然应力波的叠加作用不存在，但先起爆孔产生的应力波传播至相邻孔时，将会使邻孔产生应力集中，使孔壁与炮孔连线两交点处的切向拉应力达到最大值，因此易在此两点形成初始裂缝。

B 爆轰气体准静压作用

在不耦合装药条件下，炸药爆炸后爆轰气体产物首先膨胀至整个炮孔，作用于孔壁的压力峰值明显降低，但作用时间延长，爆炸能量主要以爆轰气体产物的准静态压力形式作用于孔壁，在炮孔周围岩石中产生准静态压缩应力场，径向为压应力，切向为拉应力。若

附近有其他炮孔，在炮孔附近产生应力集中，孔距越小，应力集中越显著。此时，首先在孔壁应力集中最大的地方出现拉伸裂隙，并沿炮孔连线方向延伸。

当两个相邻炮孔同时起爆时，由于准静态压力作用时间较长，即使两个炮孔起爆存在时差，也会使两个炮孔产生的准静态应力场叠加，炮孔连线上的切向拉应力增大，当拉应力大于岩石的抗拉强度时，沿炮孔连线方向产生拉伸裂缝。

C　应力波与爆轰气体共同作用

炸药爆炸后，应力波首先作用于孔壁，在炮孔周围产生一些初始的径向裂隙。随后爆轰气体准静压作用使初始裂隙进一步扩展，由于炮孔的应力集中和炮孔连线处应力叠加，沿炮孔连线方向裂隙最容易扩展并首先形成裂缝。在爆轰气体的膨胀过程中，气体产物渗入到裂隙中，对裂隙的扩展起到了劈裂作用。

6.5.3　光面爆破、预裂爆破参数的确定

光面爆破与预裂爆破参数的确定是实现光面爆破与预裂爆破目的的关键。光面、预裂爆破最重要的参数有不耦合系数、孔间距和装药量（线装药密度），其次还有炮孔直径、光面爆破的最小抵抗线等。

6.5.3.1　不耦合系数

采用不耦合装药可有效地降低炸药爆炸作用于孔壁的初始压力。不耦合系数计算的理论依据是作用于孔壁的压力应小于岩石的抗压强度，即：

$$p_2 \leqslant K_b R_c \tag{6-24}$$

式中　p_2——炸药爆炸作用于孔壁上的压力，Pa；

K_b——体积应力状态下的岩石强度提高系数，$K_b = 10$；

R_c——岩石的抗压强度，Pa。

实际上，由于作用于孔壁的压力很难通过理论计算获得，因此不耦合系数依然根据经验来确定。国内外光面爆破与预裂爆破的实践经验表明，光面爆破不耦合系数的最大取值范围为1.5～3.0，一般为1.5～2.5，预裂爆破的取值范围为2～5，多选取3.5～4.5。

6.5.3.2　炮孔间距

根据国内外实践经验，光面爆破炮孔间距一般为炮孔直径的10～20倍，预裂爆破炮孔间距为炮孔直径的10～15倍。整体性较好的岩石取大值，整体性不好的岩石（节理裂隙比较发育）取小值。

6.5.3.3　装药量

光面爆破和预裂爆破因采用不耦合装药，故通常采用单位长度炮孔的平均装药量来表示，称为线装药密度。线装药密度与炮孔直径、不耦合系数、孔间距及岩石强度等因素有关。

通常，当采用不耦合连续装药时，不耦合系数确定后，即可根据不耦合系数确定线装药密度：

$$q_1 = \frac{\pi}{4}\rho_0\left(\frac{d}{K_d}\right)^2 = 0.785\rho_0 d^2 K_d^{-2} \tag{6-25}$$

也可以按经验公式先确定线装药密度，然后确定不耦合系数。

光面爆破的线装药密度一般按照松动爆破药量计算公式确定：

$$q_1 = qaW \tag{6-26}$$

式中 q——松动爆破时的单位炸药消耗量，kg/m³；

W——光面孔最小抵抗线，m。

预裂爆破的线装药密度较为常用的经验公式的基本形式为：

$$q_1 = KR_c^{\alpha}a^{\beta}d^{\gamma} \tag{6-27}$$

式中，K、α、β 和 γ 均为经验系数。下面是几个典型的预裂爆破线装药密度计算公式：

$$q_1 = 0.054R_c^{0.53}r^{0.38} \tag{6-28}$$

$$q_1 = 0.034R_c^{0.63}a^{0.67} \tag{6-29}$$

$$q_1 = 3(d \cdot a)^{\frac{1}{2}}R_c^{\frac{1}{3}} \tag{6-30}$$

式中 R_c——岩石的抗压强度，MPa；

r——预裂孔半径，m；

d——预裂孔直径，m；

a——孔间距，m。

6.5.3.4 炮孔直径

炮孔直径根据爆破工程的性质与要求、设备条件等来选取。炮孔直径对壁面上留下的孔痕率有影响，一般孔径越小，孔痕率越高。

地下开挖工程，一般采用凿岩机凿岩，孔径为 35～45mm。露天开挖工程，一般采用潜孔钻机钻孔，常用孔径 50～110mm 的炮孔，由于矿山缺乏专用钻孔设备，采用生产钻机钻孔，孔径为 150～200mm 时也可以获得满意的效果。

6.5.3.5 光面爆破最小抵抗线

光面孔到前排炮孔的距离一般大于或等于光面炮孔间距，炮孔密集系数 $m = 0.8 \sim 1.0$。

6.5.3.6 工程类比法确定光面和预裂爆破参数

通过与相似工程的对比分析，找出适合本工程条件的近似数据，从而确定爆破参数，是爆破设计中一种行之有效的方法。

表 6-14～表 6-18 为国内外光面爆破和预裂爆破的部分工程实例和经验值。

表 6-14 巷道掘进光面爆破参数

岩石条件	炮孔位置	巷道宽度/m	炮孔直径/mm	炮孔间距/m	最小抵抗线/m	炮孔密集系数	线装药密度/kg·m^{-1}
整体稳定性较好，中硬到坚硬	拱 部	<5	35~45	0.6~0.7	0.5~0.7	1.0~1.1	0.20~0.30
	拱 部	>5	35~45	0.7~0.8	0.7~0.9	0.9~1.0	0.20~0.25
	侧 墙	—	35~45	0.6~0.7	0.6~0.7	0.9~1.0	0.20~0.25
整体稳定性一般或欠佳，中硬到坚硬	拱 部	<5	35~45	0.6~0.7	0.6~0.8	0.9~1.0	0.20~0.25
	拱 部	>5	35~45	0.7~0.8	0.8~1.0	0.8~0.9	0.15~0.20
	侧 墙	—	35~45	0.6~0.7	0.7~0.8	0.8~0.9	0.20~0.25
节理、裂隙发育，有破碎带，岩石松软	拱 部	<5	35~45	0.4~0.6	0.7~0.9	0.6~0.8	0.12~0.18
	拱 部	>5	35~45	0.5~0.7	0.8~1.0	0.5~0.7	0.12~0.18
	侧 墙	—	35~45	0.5~0.7	0.7~0.9	0.7~0.8	0.15~0.20

表 6-15 我国铁道部门隧道掘进光面爆破参数

开挖方式	岩石坚固性系数 f	炮孔间距/m	最小抵抗线/m	炮孔密集系数	线装药密度/kg·m^{-1}
全断面一次爆破	4~5	0.6~0.65	0.7~0.8	0.8~0.82	0.30~0.35
	2~3	0.5~0.6	0.65~0.75	0.75~0.8	0.20~0.30
	≤2	0.35	0.45	0.78	0.06~0.11
上半部弧形导硐	4~5	0.55~0.65	0.7~0.8	0.75~0.95	0.25
	2~3	0.65~0.75	0.6~0.7	0.95~1.15	0.24
	≤2	0.35~0.45	0.4~0.5	0.85~0.90	0.07~0.12
小导硐全断面一次爆破	4~5	0.45~0.5	0.45~0.5	1.0	0.12~0.17
	2~3	0.4~0.5	0.5~0.6	0.8~1.0	0.10~0.15
	≤2	0.3~0.4	0.5~0.6	0.7~0.9	0.07~0.12
预留光爆层	4~5	0.6~0.7	0.7~0.8	0.7~1.0	0.2~0.3
	2~3	0.4~0.5	0.5~0.6	0.8~1.0	0.10~0.15
	≤2	0.4~0.45	0.5~0.6	0.7~0.9	0.07~0.12

表 6-16 瑞典古斯拉夫松提出的光面爆破参数

炮孔直径/mm	线装药密度/kg·m^{-1}	炸药品种	炸药直径/m	最小抵抗线/m	炮孔间距/m
25~32	0.07	古力特	11	0.3~0.45	0.25~0.35
25~43	0.16	古力特	17	0.7~0.8	0.50~0.60
45~51	0.16	古力特	17	0.8~0.9	0.60~0.70
51	0.30	纳比特	22	1.0	0.80
54	0.36	纳比特	22	1.0~1.10	0.80~0.90

表 6-17 我国部分工程预裂爆破参数

工程名称	岩石种类	炮孔直径/mm	炮孔间距/m	炸药品种	线装药密度/kg·m^{-1}
船坞工程	花岗岩	50	0.6		0.36
船坞工程	花岗岩	100	0.8		0.80
南山铁矿	黄铁矿、辉长岩、闪长岩	150	1.7~2.2	2号岩石	1.2~1.6
南山铁矿	黄铁矿、辉长岩、闪长岩	150	1.3	铵油	1.0~1.9
东江水电站	花岗岩	110	1.0	2号岩石	0.70~0.73
东江水电站	花岗岩	35~40	0.35	2号岩石	0.456
葛洲坝三江电厂	砂岩、黏质粉土砂岩	91	1.0	40%耐冻胶质，2号岩石	0.20
葛洲坝三江电厂	砂岩、黏质粉土砂岩	65	0.8	40%耐冻胶质，2号岩石	0.273
三江船坞	砂岩	170	1.35	40%耐冻胶质	0.20
三江非溢流坝		45	0.5	2号岩石	0.125

表 6-18 兰格福斯提出的光面爆破与预裂爆破经验参数

炮孔直径/mm	线装药密度/kg·m^{-1}	炸药品种	药包直径/mm	光面孔最小抵抗线/m	光面孔间距/mm	预裂孔间距/m
30		古力特		0.7	0.5	0.25~0.40
37	0.12	古力特		0.9	0.6	0.3~0.5
44	0.17	古力特		0.9	0.6	0.3~0.5
50	0.25	古力特		1.1	0.8	0.45~0.7
62	0.35	纳比特	22	1.3	1.0	0.55~0.8
75	0.5	纳比特	25	1.6	1.2	0.6~0.9
87	0.7	代拿买特	25	1.9	1.4	0.7~1.0
100	0.9	代拿买特	29	2.1	1.6	0.8~1.2
125	1.4	纳比特	40	2.7	2.0	1.0~1.5
150	2.0	纳比特	50	3.2	2.4	1.2~1.8
200	3.0	代拿买特	52	4.0	3.0	1.5~2.1

6.5.4 光面爆破、预裂爆破设计与施工

光面爆破一般应用于隧道、巷道或地下工程的开挖。预裂爆破主要应用于露天高边坡开挖工程。光面爆破和预裂爆破设计包括以下主要内容：

（1）开挖的基本情况。地下工程断面规格形状，一次循环进尺，岩石的种类、性质及地质条件，有无瓦斯和瓦斯等级，施工方法及施工顺序等；露天开挖台阶高度、开挖深

度、轮廓线形态，保留边坡岩石情况、边坡角等。

（2）凿岩爆破器材。凿岩机型号及同时工作的台数、凿岩效率、炸药、雷管及其他起爆器材的品种等。

（3）爆破参数的选择与确定，炮孔直径、炮孔深度、单位炸药消耗量、炮孔数目、不耦合系数、线装药密度及单孔装药量等。

（4）装药、填塞、起爆网路设计。装药结构与装药方法，填塞材料与填塞长度，起爆方法与网路的连接形式等。

（5）炮孔布置。

（6）预期的爆破效果。预计的炮孔痕迹率和不平整度，预裂缝宽度及深度等，雷管及其他爆破器材消耗量等。

（7）安全注意事项及安全技术措施。凿岩和爆破过程中应注意的安全事项，警戒范围，警戒岗哨的设置，支架和设备的保护措施等。

光面爆破掘进巷（隧）道与地下工程施工有两种方案，一种是全断面一次爆破开挖，工作面所有炮孔按着“掏槽孔、辅助孔和周边孔”的起爆顺序分别装入毫秒雷管，一次爆破，多用于小断面巷道掘进。在大断面的巷（隧）道及地下工程掘进时，可采用预留光爆层的分步爆破开挖，即每一掘进循环分两次爆破，第一次先爆破开挖中部分，在周边留有一定厚度的光爆层，根据光爆层厚度情况调整爆破参数及装药量，有利于提高光面爆破效果和质量。其缺点是施工工艺复杂，增加了循环作业时间。

光面爆破和预裂爆破施工应注意以下事项：

（1）做好施工准备。包括设备准备、炸药准备和场地准备。

（2）按设计的炮孔位置确定孔位。钻孔时，应严格保证钻孔质量，预裂孔、光面孔应按设计图纸钻凿在一个布孔面上，钻孔偏斜误差不超过1°。

（3）预裂爆破和光面爆破均应采用不耦合装药，缓冲炮孔可采用不耦合装药和间隔装药。若采用药串结构药包，在加工和装药过程中应防止药卷滑落；布置在同一平面上的预裂孔、光面孔，宜用导爆索连接并同时起爆，如环境限制单段药量时，也可以分段起爆。

（4）若设计要求药包装于孔轴线，则应使用专门的定型产品。应按设计进行填塞并保证填塞质量。

6.5.5 光面爆破、预裂爆破效果评价

光面爆破和预裂爆破都应达到一定的要求，才能显示出其优越性，目前，还没有统一的光面爆破和预裂爆破的质量标准，一般应达到以下要求：

（1）开挖壁面岩石的完整性用岩壁上炮孔痕迹率来衡量，炮孔痕迹率也称半孔率，为开挖壁面上的炮孔痕迹总长与炮孔总长的百分比。在水电部门，对节理裂隙极发育的岩体，一般应使炮孔痕迹率达到10%～50%，节理裂隙中等发育者应达50%～80%，节理裂隙不发育者应达80%以上。

（2）围岩壁面不平整度（又称起伏差）的允许值为±150mm。

（3）在岩石表面上观察，预裂缝宽度一般不宜小于10mm。实践表明，对软岩（如葛洲坝工程的粉砂岩），预裂缝宽度可达20mm以上，而且只有达到20mm以上时，才能起

到有效的隔振作用；对坚硬岩石，预裂缝宽度难以达到10mm。东江工程的花岗岩预裂缝宽仅6mm，仍可起到有效隔振作用。地下工程预裂缝宽度比露天工程小得多，一般仅达3～5mm。因此，预裂缝的宽度标准与岩性及工程部位有关，应通过现场试验最终确定。

（4）围岩的原生裂隙没有扩展，也没有产生过多的爆生裂隙，围岩完整稳固。预裂缝顶部（炮孔孔口段）的岩体无破坏。

影响轮廓爆破质量的因素，除爆破参数外，主要依赖于地质条件和钻孔精度。这是因为爆生裂缝极易沿岩体原生裂隙、节理发展，而钻孔精度则是保证光面爆破和预裂爆破质量的先决条件。

6.5.6 隧道掘进光面爆破工程实例

某客运专线隧道全长7588m，设计为单洞双线大断面隧道，最大开挖断面为14.86m×12.74m。采用全断面光爆新技术，以保证围岩整体性，充分发挥围岩自撑能力，保证开挖质量，不至造成由于过大的超、欠挖而导致岩体开挖后出现应力集中的现象。

对于Ⅱ级、Ⅲ级围岩，采用上下断面微台阶掘进，上半断面从起拱线开始，超前下断面3～5m，形成微台阶，上半断面54m^2，采用光面爆破，下半断面为28m^2，采用预裂爆破。上半断面钻孔与装药在作业台车上进行，用YT-25气腿式凿岩机凿岩，孔径ϕ40mm，钻杆长度2～2.5m，每循环进尺1.5m，使用2号硝铵炸药，导爆管起爆。图6-35为隧道掘进Ⅱ级、Ⅲ级围岩上半断面炮孔布置示意图，表6-19为隧道掘进Ⅱ级、Ⅲ级围岩上半断面钻孔及装药参数。

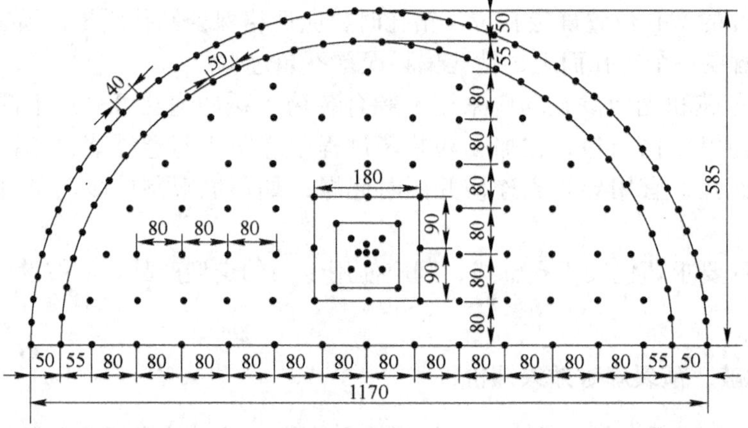

图6-35 隧道掘进Ⅱ级、Ⅲ级围岩上半断面炮孔布置示意图
（单位：cm）

表6-19 隧道掘进Ⅱ级、Ⅲ级围岩上半断面钻孔及装药参数

序 号	炮孔类型	孔数/个	装药结构	孔深/m	装药系数	药包直径/cm	单孔装药量/kg	线装药密度/kg·m^{-1}	雷管段数
1	中心空孔	1	不装药	2.2					
2	掏槽孔	12	连续装药	2.0	0.79	22	0.525	0.315	1～6
3	扩槽孔	8	连续装药	2.0	0.68	35	1.05	0.6	7

续表 6-19

序 号	炮孔类型	孔数/个	装药结构	孔深/m	装药系数	药包直径/cm	单孔装药量/kg	线装药密度/kg·m^{-1}	雷管段数
4	崩落孔	49	连续装药	2.0	0.78	35	1.2	0.75	8~12
5	内圈孔	34	连续装药	2.0	0.49	35	0.75	0.45	13
6	底板孔	17	连续装药	2.0	0.71	32	1.14	0.76	14
7	周边孔	46	间隔装药	2.0		22	0.42	0.21	15

采用单中心空孔直孔掏槽形式，空孔直径 ϕ40mm，掏槽面积 110cm×110cm，如图 6-36 所示。药卷直径 ϕ22mm。不耦合系数为 1.82，单孔装药量 0.525kg。

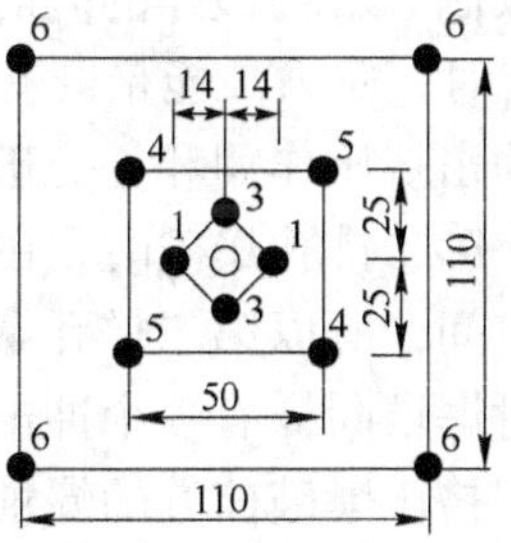

图 6-36 掏槽孔布置示意图

崩落孔采用 ϕ35mm 标准药卷连续装药，孔间距 80~105cm，单孔装药量 1.2kg。其中最内一圈（扩槽孔）与掏槽孔间距为 35cm，单孔装药量 1.05kg，最外一圈（内圈孔）与周边孔间距 50cm，单孔装药量 0.75kg。

孔间距为 40cm，炮孔密集系数 0.8，线装药密度为 0.21kg/m，采用不耦合间隔装药，导爆索串联药包。药卷直径 ϕ22mm，不耦合系数 1.82，单孔装药量 0.42kg。由于底孔有水，采用 ϕ32mm 乳化炸药小药卷连续装药，单孔装药量 1.14kg。

6.5.7 露天矿边坡预裂爆破工程实例

某露天矿是我国大型露天开采矿山之一，年产铁矿石 1200 多万吨。随着矿山开采深度的增加，露天边坡越来越高。为了保护露天边坡的稳定性，采用预裂爆破技术。

6.5.7.1 预裂爆破参数

（1）孔径与孔距。选用瑞典阿特拉斯公司生产的潜孔钻机钻孔，孔径 125mm，孔距 a=1.2~1.4m，a/d=9.6~11.2，完整坚硬的岩石取大值，反之取小值。

（2）孔深。预裂孔为倾斜孔，倾角 74°，超深 0~0.5m，台阶高度 11~12.5m，孔深 12~13.5m。

（3）不耦合系数与药包直径。选用卷状 2 号岩石乳化炸药，药卷直径 32mm。不耦合系数 K=3.9。

（4）装药量。选用的炸药装药密度为 1.2~1.3g/cm^3，采用连续装药，线装药密度约为 1.0kg/m。

6.5.7.2 装药结构

将 5 卷 ϕ32mm×200mm，200g/卷的 2 号岩石乳化炸药装入 ϕ40mm×1200mm 的塑料袋中，并捆绑在双根导爆索上，形成一个新的柱状药包，装入炮孔中间。炮孔之间的导爆索连接在一起，用雷管起爆。

6.6 挤压爆破

挤压爆破是在没有足够的补偿空间的条件下进行爆破的爆破技术。

6.6.1 挤压爆破原理

挤压爆破时，自由面前方留有一定厚度的爆堆，岩石破碎受到限制。

第一排炮孔爆破时，前面没有补偿空间，自由面前面是松散的爆堆，岩石破碎受到一定限制。岩石破碎的同时对前面的爆堆有一个挤压作用。根据应力波入射理论，当 $\rho_2 c_{p2} < \rho_1 c_{p1}$ 时，应力波能量既有透射又有反射。一部分能量透射到爆堆中，使得爆堆中的岩石受到冲击挤压作用和补充破碎的作用。

第二排孔爆破时，由于第一排孔向前有个冲击挤压作用，在自由面前方挤出了一个补偿空间，所以第二排孔爆破时已经有了补偿空间，岩石破碎基本不受限制，破碎下来的岩石对爆堆同样有一个冲击挤压作用，使已经爆下来的岩石又一次补充破碎。

挤压爆破前方的爆堆阻碍了岩块的抛掷，将爆破时岩块的动能转化成为有用功，并对前方爆堆起到补充破碎的作用。所以减少了飞石等危害，使得爆堆更加集中。

挤压爆破由于第一排前面没有补偿空间，岩石破碎受到限制，因而要求前方的爆堆不能太厚和密实，应有一定的松散性。随着排数增加，前方松散爆堆越来越密实，很难再挤出空间，故挤压爆破一次爆破层厚度不能太大。

6.6.2 地下深孔挤压爆破

在地下开采中选用挤压爆破是由选用的采矿方法所决定的，如崩落采矿法，在崩落的覆盖岩下面爆破放矿，只能采用挤压爆破。地下深孔挤压爆破适用于中厚和厚矿体。选用的爆破参数除了按常规地下深孔爆破确定外，还要考虑采矿参数和采矿工艺的影响。

（1）最小抵抗线。第一排孔的最小抵抗线大于正常排距，以避开前次爆破后冲裂隙的影响。一般根据矿石的坚固程度可增大 20% ~40% 左右，矿石坚固时取小值。装药量也要增大 25% ~30%。

（2）爆破层厚度。一次爆破层厚度不可能太大，一般中厚矿体取 10 ~20m，厚矿体取 15 ~30m，根据矿石性质、爆破参数、挤压条件来确定。

（3）松动放矿。在下次爆破以前，由于上次爆破已经把矿石挤实，所以要使爆堆松动，这样才能进行下次爆破，这个过程称为松动放矿，放矿量为前次爆破量的 20% ~30%。

（4）单位炸药消耗量。多排孔挤压爆破的单位炸药消耗量高于常规地下深孔爆破，一般可达 0.4 ~0.5kg/t。

（5）微差时间。多排孔微差爆破的间隔时间比普通微差爆破高 30% ~60%，以便使前排孔爆破的岩石产生位移形成补偿空间。

（6）补偿系数。挤压爆破的补偿系数为 10% ~30%。补偿系数为补偿空间的容积与崩落原矿体积之比。

表 6-20 为国内某些矿山地下挤压爆破实际选用的参数。

表 6-20 国内某些矿山地下挤压爆破参数

矿山名称	矿体厚度 /m	矿石坚固性系数 f	深孔排列方式	单位炸药消耗量 /kg·t^{-1}	孔径/mm	孔深/m	最小抵抗线 /m	挤压条件	一次崩矿厚度 /m
篦子沟矿	30~50	8~12	垂直扇形深孔	0.446	65~74	10~15	1.8	向相邻松散矿石挤压	15~18
易门铜矿	20~30	4~6	垂直及水平扇形深孔		105~110	15		向相邻松散矿石挤压	20
胡家峪矿	15	8~10	垂直扇形深孔	0.479	65~72	12~15	1.8	向相邻松散矿石挤压	6~13

6.6.3 露天深孔挤压爆破

露天深孔挤压爆破又称为压渣爆破。露天深孔挤压爆破的最大优点是前方爆堆阻止了破碎岩石的抛掷作用，使得爆堆更加集中，便于铲装运输。

露天深孔挤压爆破应注意爆堆厚度不宜太大。由于前方爆堆是挤压爆破的结果，松散性降低，故在挤压爆破时，应使前方爆堆向前产生位移，才能挤出必要的补偿空间。一些矿山的爆堆厚度一般控制在 10~20m 左右。由于前方爆堆的阻碍作用，故单位炸药消耗量应适当增加。

7 硐室爆破

7.1 硐室爆破的特点及适用条件

硐室爆破，又称为药室爆破，露天大爆破，是将炸药装入专门的药室中进行爆破的一种土岩开挖爆破技术，由于一次装药量大，爆破岩土量大，因此在大规模的岩土开挖中具有明显的优势。自1956年甘肃白银厂露天矿应用硐室爆破进行露天剥离后，硐室爆破技术广泛应用于矿山剥离、石材开采、铁路和公路路堑开挖、水利筑坝、平整场地和填海造地、水下处理礁石等工程中。

1956年，甘肃白银厂露天矿为加速矿山建设，采用硐室爆破进行露天剥离，分三次实施，总装药量达15573.29t，爆破岩石量9065000m^3，是新中国成立后首次进行的万吨级硐室爆破。

1971年5月21日攀枝花朱家包包铁矿狮子山硐室爆破，总装药量10162.2t。朱家包包铁矿狮子山硐室爆破从设计、施工到起爆历时6个月，是国内首次采用“分层秒差起爆”方法进行的爆破。共掘进巷道62条，总长14562m；药室586个，13379m^3，爆破松动岩石11400000m^3。

1992年12月28日，广东省珠海市炮台山进行了一次总装药量为11138t的大爆破。一共分成了33段起爆，延期时间是3.75s，振动持续时间为5s。平均每一段装药338t。实际爆破土方量10850000m^3（271.25kt）。平均单耗1.03kg/m^3，抛掷率为51.36%。爆区最近点民房（550m）无倒塌。

硐室爆破具有以下优点：

（1）工期较短，工程进度快；

（2）只需小型凿岩设备，而不需大型设备；

（3）一次爆破岩石量大，采用加强抛掷爆破时，一次可抛出大量的岩石，减少土石方的搬运；

（4）地质、地形及气候条件对爆破施工的影响较小。

硐室爆破的缺点是破碎块度不均匀，爆破地震、个别飞散物对环境的影响较大。

对于露天矿而言，一般在以下情况下考虑采用硐室爆破：

（1）露天矿基本建设初期，穿孔机械和动力铲等大型设备尚未到齐，为了缩短基本建设时间，加速资源开发，可采用硐室爆破；

（2）山势陡峻，重型设备上山困难，或者山顶狭窄，不便使用大型设备，可使用硐室爆破；

（3）因生产急需加速剥离，尽快处理局部地段时，可采用硐室爆破；

（4）地形条件适宜，而工期又很紧迫时，可用硐室爆破修筑尾矿坝、挖掘堑沟、平整场地、赶修道路等。

硐室爆破由于一次爆破的药量非常大，对周围环境的影响范围也很大，因此应全面分析其爆破条件是否符合硐室爆破的条件，进行严格的设计和评估。

《爆破安全规程》规定，硐室爆破应实行分级管理。按装药量的不同，硐室爆破工程分为A、B、C、D四个等级。承担硐室爆破设计、施工的单位与企业，应具有从事相应级别爆破设计或施工的资质。

7.2 硐室爆破设计的主要内容

7.2.1 设计所需要的基础资料

硐室爆破设计一般需要下列详细的基础资料：

（1）设计任务书或委托书。设计任务书或设计委托书是设计的依据，在任务书或委托书中应明确爆破地点、爆破性质和目的、爆区范围、工程量、投资额、技术与进度要求、主要技术经济指标、其他要求等。

（2）地形地质资料。

1）1∶500爆区地形图。若爆区范围小或有特殊要求，亦可用1∶200地形图。

2）采场1∶2000或1∶5000矿区地形地质图及剖面图。在地形地质图上要标注安全范围以内的建筑物和构筑物的位置，井筒和井下工程的位置以及其他设施的位置等。

3）露天矿1∶1000或1∶2000露天采场最终平面图及基建范围图。

4）爆区的地质勘察报告说明书及附图，明确爆区内是否有断层、溶洞等地质构造，明确爆区内的水文地质资料。

5）爆区内的气象、地震等有关资料及图件。

（3）试验和检验资料。炸药及爆破材料性能的检验资料，爆破网路的试验结果，岩石性质及小型模拟爆破试验资料等。

7.2.2 硐室爆破设计的主要内容

硐室爆破设计文件，由说明书和图纸两部分组成。说明书应主要阐述以下内容：

（1）工程概况与环境技术要求。写明工程的目的、任务、规模和技术及安全要求等，对预计的爆破效果作一般概述。

（2）爆区地形、地貌、地质条件。说明爆区内的自然条件、地形地貌情况、工程地质及水文地质情况，爆区内的特殊地质构造（滑坡、危坡、断裂、溶洞等）、可能危及到的建（构）筑物、公共设施及人员等。

（3）设计方案的选择。写明选择爆破方案的原则，对比不同爆破方案的优缺点及技术经济指标，论证所确定方案的合理性。说明所选择的爆破类型，药包布置方式，绘制药包布置平面图。

（4）爆破参数选择及药量计算。说明各种爆破参数选择的依据及药量计算方法，并列表说明有关数据。

（5）装药、填塞与起爆网路设计。根据药室布置结果，确定导硐及药室类型、断面形状、施工方法等，计算导硐及药室的工程量；进行装药设计，确定装药结构和炸药的防潮防水措施。确定填塞方法，填塞长度及填塞工程量，填塞材料的来源等；确定可靠的起爆方法，设计起爆网路及敷设方法。电力起爆时，计算起爆网路参数，并附电爆网路计算表。计算材料消耗，并列出主要起爆材料表。

（6）爆破安全距离计算，安全技术及防护措施。计算爆破地震、空气冲击波、个别飞散物的安全距离，确定有毒有害气体的危害范围；提出可行的安全技术措施。

（7）施工机具、仪表及器材。施工过程中需要的钻孔机械、装岩运输机械、装药机械、施工工具、测试仪表及器材等。

（8）爆破施工组织。施工前的准备，施工现场布置、开挖施工的组织、装药、填塞、起爆的指挥系统、劳动组织、工程进度安排、爆破后的安全处理措施及后续工程的安排等。

（9）工程投资概算。

（10）主要技术经济指标。单位炸药消耗量、爆破器材消耗量、各种材料消耗量、劳动定员及劳动生产率等。爆破方量计算及爆堆分布计算，爆破成本分析、经济效益分析等。

设计图纸应包括：

（1）爆破环境平面图；

（2）爆区地形、地质图；

（3）药包布置平面和剖面图；

（4）药室和导硐平面图、断面图；

（5）装药和填塞结构图；

（6）起爆网路敷设图；

（7）爆破安全范围及岗哨布置图；

（8）防护工程设计图；

（9）预计爆堆分布图及爆破底板等高线图或爆破漏斗地形图。

7.3 爆破方案与布药设计

选择爆破方案就是根据爆破设计任务书或委托书的要求，结合爆破区域的地形地质条件和周围环境状况，确定爆破类型，划定爆破的区域范围，进行药室规划布置。要求爆破方案能满足工程对爆破破碎范围、爆破抛掷方量、抛掷方向、抛掷距离及堆积状况的要求；边坡、建（构）筑物以及井巷设施等应得到良好保护而不受损坏；最大限度地降低成本并便于组织施工。

7.3.1 爆破类型的确定

硐室爆破按爆破作用程度和结果分为抛掷爆破、松动爆破和加强松动爆破。

按爆破的目的和要求，抛掷爆破分为定向爆破、扬弃爆破和抛散爆破。定向爆破要求爆破的岩土按预定的方向运动并堆积在设定的范围之内。当只要求将爆破的岩土抛掷一定的距离，而不要求有固定的方向及堆积范围时，称为抛散爆破。扬弃爆破是在地面平坦或坡度小于30°的地形条件下，将开挖的沟渠、路堑、河道等各种沟槽或基坑内的挖方部分或大部分扬弃到设计开挖范围以外，使被开挖的工程通过爆破基本成型。

根据抛掷作用的方向不同抛掷爆破又可分为单侧抛掷爆破、双侧抛掷爆破、多向抛掷爆破和上向抛掷爆破等类型。一次爆破也可以同时具有多种性能，可一侧抛掷、另一侧松动。

松动爆破仅将土岩松动和破碎，破碎的岩石不产生抛掷。适用于对周围破坏小，不允许有抛掷的地方，一般抵抗线小于15~20m。炸药单耗小，爆堆集中，能有效地控制飞石距离，爆破有害效应小。当地表自然坡度大于60°时，采用松动爆破将岩石松动，破碎的岩石在重力作用下塌落，此时又称为崩塌爆破。

加强松动爆破是介于松动爆破和抛掷爆破之间（$0.75<n<1$）的一种爆破，抛掷作用小于抛掷爆破，与松动爆破相比，矿岩破碎更充分。地表坡度较缓时，采用加强松动爆破也可以达到崩塌爆破的效果。

7.3.2 爆破范围的确定

爆破范围除应符合工程的总体要求外，还应考虑以下因素：

（1）在地形条件允许的情况下，尽量扩大爆破范围，争取较大的抛掷率；

（2）在爆区内有永久边坡或利用硐室爆破形成永久边坡时，应留有足够的保护层，限制爆破规模；

（3）考虑爆破对周围建（构）筑物、设施、地下采场、巷道、露天边坡的影响时，应限制爆破规模；

（4）必要时进行不同方案的技术经济比较，选择合适的爆破规模。

7.3.3 装药形式选择

硐室爆破装药形式有集中装药和条形装药两种。用装药集中系数来划分，装药集中系数按下式计算：

$$\Phi = 0.62\frac{\sqrt[3]{V_Q}}{R} \tag{7-1}$$

$$V_Q = \frac{Q}{\Delta}$$

式中 V_Q——装药体积，m^3；

Q——装药重量，t；

Δ——装药密度，t/m^3；

R——装药中心至药包最远点的距离，m。

当装药集中系数 $\Phi \geqslant 0.41$ 时，为集中装药，$\Phi < 0.41$ 时为条形装药。

集中装药的特点是药室布置较灵活，适用于地形地质条件及地质构造较复杂的爆区。与集中装药相比，条形装药爆破在岩体中的炸药分布比较均匀，因而岩石破碎效果优于集中装药。在抛掷爆破时，堆积体比较集中，药室的开挖跨度和高度比集中药室小，施工比较容易，但装药结构、起爆技术比较复杂。目前我国的硐室爆破工程，大多采用条形装药形式，取得了较好的效果。

7.3.4 药包布置规划

药包布置就是确定药包的布置形式、每一个药包的具体位置，药包布置形式有许多种，按作用方向分为单侧作用药包、双侧作用药包和多向作用药包，按药室排数分为单排、双排和多排布置，按药室层数分为单层、双层和多层布置，按药室之间药量的关系分为等量对称和不等量对称布置等。在具体确定每个药包的具体位置以前，对药包布置应有一个总体规则。

7.3.4.1 药包规模及分排布置

药包的规模与最小抵抗线有直接的关系。一个药包的规模主要考虑的是爆破方量的要求和安全范围。一般最小抵抗线在5~50m范围内。

首先考虑布置条形药包，在条形药包不能满足要求时，布置集中药包作为辅助药包。

当地形条件适宜，尽量采用单排药包，如斜坡地形单侧作用，抵抗线不大时，单排药包即能满足要求。山脊（峰）地形双侧或多向作用时，根据多向爆破作用控制原理，布置单排药包可满足等量抛掷或不等量抛掷（或一侧抛掷一侧松动）的要求，根据工程要求确定两侧最小抵抗线的大小。

地形较缓或抵抗线较大，单排药包不能满足要求时，则应考虑双排或多排布置。单侧作用多排布置时，爆后形成较宽平台。双侧作用时，可以考虑沿山脊布置双侧作用主药，两侧布置单侧作用辅助药包，或沿山脊布置等量对称单侧作用药包，不等量抛掷时布置不等量对称单侧作用药包等。

7.3.4.2 药室分层布置

当地形较缓时，布置单层药包即可满足工程的要求。当地形较陡布置单层药包不满足要求时，则应考虑采用双层或多层药室布置。

最小抵抗线与药室到上面近似水平的地面的距离 H 之比 $W/H=0.6\sim0.8$ 时，布置单层药包破碎效果较好。当 $W/H<0.5$ 时（地形高差比较大），破碎效果就会降低，则应考虑采用双层或多层药包。

7.3.4.3 特殊条件药室布置

药室应避开断层、溶洞、破碎带或软夹层等特殊的地质构造地带，必要时可增加辅助药包以满足工程的要求。在边坡附近，考虑保护边坡的需要，在药室和边坡之间应留有足够的保护层，如图7-1所示。

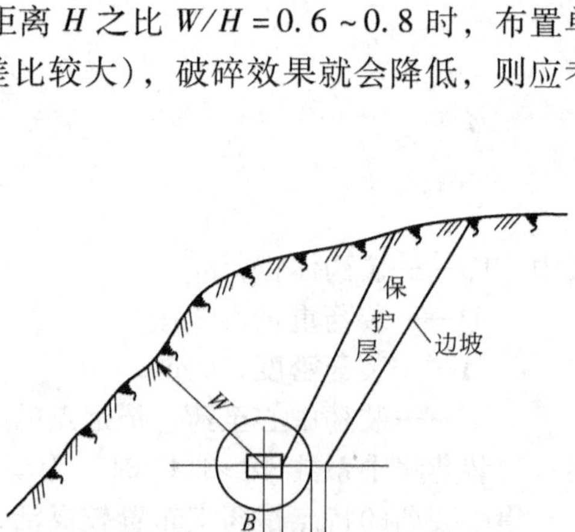

图7-1 边坡保护层

7.3.5 爆破参数计算与选择

药包布设参数包括最小抵抗线 W、爆破作用指数 n 及药包间距 a。

7.3.5.1 最小抵抗线的确定

最小抵抗线是药包中心到自由面的最短距离，是破碎和抛掷的主导方向。确定最小抵抗线的实质是确定药包的具体位置，即平面位置和高程位置。确定最小抵抗线应考虑以下因素：

（1）药室的位置应保证最小抵抗线方向符合抛掷和松动作用的要求，并保证其方向的准确性。

（2）最小抵抗线的大小决定爆破范围、爆破方量的大小，应根据爆破范围和爆破方量的大小确定最小抵抗线的大小。

（3）在靠近边坡需要得到保护的地方需要留保护层时，保护层宽度为：

$$M = R_1 + 0.7B \tag{7-2}$$

式中 B——药包宽度的一半；

R_1——压缩圈半径，由式（5-24）计算。

7.3.5.2 爆破作用指数的确定

爆破作用指数决定了爆破作用程度、爆破范围及破碎质量、抛掷距离及堆积状况等，是硐室爆破中关键参数之一，正确选择爆破作用指数是硐室爆破成功的关键。

A 单药包 n 值的确定方法

爆破作用指数的确定应首先考虑所选取的爆破类型及抛掷程度，对于平坦地形，按抛掷率选取，设抛掷率为 E，则 $n = E/55 + 0.5$。

斜坡地形单侧抛掷爆破，设定抛掷率 $E = 60\%$，可根据地形坡面角 θ 的不同按表 7-1 选取。

表 7-1 斜坡地形单侧抛掷时的爆破作用指数

坡面角 θ/(°)	15 ~ 30	30 ~ 45	45 ~ 60	60 ~ 70
n	1.75 ~ 2.0	1.5 ~ 1.75	1.25 ~ 1.5	1.0 ~ 1.25

对于多面临空地形，抛掷爆破时取 $n = 1 \sim 1.25$，加强松动爆破时取 $n = 0.7 \sim 0.8$；较陡地形抛掷爆破时取 $n = 0.8 \sim 1.0$，加强松动爆破时取 $n = 0.65 \sim 0.75$。

也可按堆积要求选取 n 值，抛掷爆破时，按抛距和堆积状况反求 n 值，加强松动爆破时按爆堆高度反求 n 值。

B 多层多排药包 n 值的确定方法

多层多排药包爆破时，主药包的 n 值一般应比辅助药包的 n 值大 0.25 左右；后排药包的 n 值比前排药包的 n 值大 0.25 左右；上下层药包同时起爆时，上层药包的 n 值比下层药包可增大 0.1 左右。

7.3.5.3 药包间距的确定

A 同排药包间距

同排药包间距应使爆破后药包之间不留岩埂，最大限度地提高炸药利用率。药包间距过大，各药包之间分别作用，形成相互孤立的爆破漏斗，药包之间留有岩埂，达不到群药包共同作用的目的。药包间距过小，则相当于一个药包作用，抛掷作用加强。

药包间距通常以间距系数 m 来表示，$m=\frac{a}{\overline{W}}$，$a=m\overline{W}$，$\overline{W}$ 为两相邻药包最小抵抗线平均值。一般情况下，可按 $m=0.5(1+\overline{n})$ 或 $m=\sqrt[3]{(0.4+0.6\overline{n}^3)}$ 计算，$\overline{n}$ 为两相邻药包爆破作用指数平均值。不同地形地质条件下集中药包间距可参照表 7-2 计算。

表 7-2 药包间距计算公式

爆破类型	地形	岩性	间距计算公式
松动爆破	平坦	土、岩石	$a=(0.8\sim1.0)\overline{W}$
	斜坡、台阶	土、岩石	$a=(0.8\sim1.2)\overline{W}$
加强松动、抛掷爆破	平坦	岩石	$a=0.5(1+\overline{n})\overline{W}$
	平坦	土壤、软岩	$a=\sqrt[3]{(0.4+0.6\overline{n}^3)}\overline{W}$
	斜坡	坚硬岩石	$a=\sqrt[3]{(0.4+0.6\overline{n}^3)}\overline{W}$
	斜坡	软岩	$a=\overline{n}\overline{W}$
	斜坡	土壤	$a=4/3\overline{n}\overline{W}$
	多面临空、陡崖	土、岩石	$a=(0.8\sim0.9)\sqrt{1+\overline{n}^2}\overline{W}$

B 药包层间距

分层药包，用层间距 b 来表示，$b=m_1\overline{W}$，m_1 为层间距系数，一般取 $m_1=1.2\sim2.0$，或 $\overline{n}\leqslant m_1\leqslant\sqrt{1+\overline{n}^2}$，$\overline{W}$ 为上下两相邻药包最小抵抗线平均值。

7.3.6 装药量计算

7.3.6.1 集中装药药量计算

集中装药抛掷爆破和加强松动爆破的装药量按下式计算：

$$Q=(0.4+0.6n^3)qW^3 \tag{7-3}$$

松动爆破：

$$Q=q_{松}W^3 \tag{7-4}$$

式中，q、$q_{松}$ 分别为标准抛掷爆破和松动爆破时的单位炸药消耗量，与炸药性能、岩石性质有关，可以通过查阅定额、采用工程类比法或通过模拟爆破实验来确定。

表 7-3 为采用 2 号岩石炸药时在不同岩石中爆破的标准抛掷爆破和松动爆破的单位炸药消耗量，采用其他炸药时，表中的 q 值应乘以炸药能量换算系数 e，炸药能量换算系数 e 等于 2 号岩石炸药的做功能力与所用炸药做功能力之比。例如：2 号岩石炸药做功能力为 298，2 号铵油炸药做功能力为 250，则 $e=1.19$，多孔粒状铵油炸药做功能力为 278，则 $e=1.07$，有雷管感度露天乳化炸药做功能力为 240，则 $e=1.24$。

松动爆破时的单位炸药消耗量一般取标准抛掷爆破时的单位炸药消耗量的 0.33 ~ 0.55 倍，与地形有关，斜坡或台阶地形可取 $q_{松}=0.36q$，平坦地形或掘沟爆破可取 $q_{松}=0.44q$，也可参照表 7-3 选取。

实践表明，式（7-3）适用于 $5<W\leqslant25$ 时的情况，当 $W>25$m 时，应考虑重力的影响，将式（7-3）修正为：

$$Q = (0.4 + 0.6n^3)qW^3\sqrt{\frac{W}{25}} \tag{7-5}$$

表 7-3 各种岩石单位炸药消耗量参考值

岩石名称	岩体特征	岩石坚固性系数 f	q/kg·m^{-3}	$q_{松}$/kg·m^{-3}
各种土	较松软的	<1	1~1.1	0.3~0.4
	坚实的	1~2	1.1~1.2	0.4~0.5
土夹石	密实的	1~4	1.2~1.3	0.4~0.6
页岩、千枚岩	风化，破碎	2~4	1~1.2	0.4~0.5
	完整的	4~6	1.2~1.3	0.5~0.6
板岩、泥灰岩	较破碎，层面张开，薄层	3~5	1.1~1.3	0.4~0.6
	较完整，层面闭合	5~8	1.2~1.3	0.5~0.7
砂　岩	泥质胶结，薄层，风化，破碎	4~6	1.1~1.2	0.4~0.5
	钙质胶结，中厚层，裂隙不甚发育	7~8	1.3~1.4	0.5~0.6
	硅质胶结，厚层，裂隙发育	9~14	1.4~1.7	0.6~0.7
砾　岩	胶结较差，以砂为主	5~8	1.2~1.4	0.5~0.6
	胶结较好，以砾石为主	9~12	1.4~1.6	0.6~0.7
白云岩、大理岩	较破碎，裂隙频率大于4条/m	5~8	1.2~1.4	0.5~0.6
	完整，原岩	9~12	1.4~1.6	0.6~0.7
石灰岩	中薄层，含泥质，裂隙较发育	6~8	1.3~1.4	0.5~0.6
	厚层，含硅质，致密状	9~15	1.4~1.6	0.6~0.7
花岗岩	风化严重，裂隙频率大于5条/m	4~6	1.1~1.3	0.4~0.6
	轻风化，伟晶结构，节理裂隙不甚发育	7~12	1.3~1.6	0.6~0.7
	未风化，完整，细粒结构，致密	12~20	1.6~1.8	0.7~0.8
片麻岩	片理，节理裂隙发育	5~8	1.2~1.4	0.5~0.7
	完整，坚固致密	8~14	1.4~1.7	0.7~0.8
正长岩、闪长岩	较风化，整体性差	8~12	1.3~1.5	0.5~0.7
	未风化，完整致密	12~18	1.6~1.8	0.7~0.8
	风化，裂隙频率大于5条/m	5~7	1.1~1.3	0.5~0.6
石英岩	较完整	8~14	1.4~1.6	0.6~0.7
	完　整	14~20	1.6~2.0	0.7~0.8
安山岩、玄武岩	裂隙、节理较发育	7~12	1.3~1.5	0.6~0.7
	完整，致密	12~20	1.6~2.0	0.7~0.8
辉长岩、辉绿岩、橄榄岩	裂隙、节理较发育	8~14	1.4~1.7	0.6~0.7
	完整，致密	14~25	1.8~2.1	0.8~0.9

7.3.6.2 条形装药药量计算

假定条形装药长度与最小抵抗线之比足够大，端部效应可以忽略不计，则按并列集中装药间距 $a = mW$ 及药量计算公式换算成条形装药药量计算公式。

加强松动、抛掷爆破：

$$Q = \frac{(0.4 + 0.6n^3)qW^2}{m}l \tag{7-6}$$

松动爆破：

$$Q = \frac{q_{松} W^2}{m}l \tag{7-7}$$

式中　l——条形药包长度，m；

m——集中药包间距系数。

7.3.7　药包布置原则及方法

药包布置的基本方法是垂直地形剖面法，即根据药包布置规划的药包数量和大概位置，通过垂直地形剖面法估算最小抵抗线、药包间距和装药量，爆破漏斗上下破裂半径等，再根据计算的装药量，对最小抵抗线和药包间距等参数进行验证和修正，最终得到合理的药包布置参数，确定其空间位置。

药包布置须遵循以下原则：规划有主辅药包时，先布置主药包，后布置辅助药包；在山峰-山脊地形，先布置山峰，后布置山脊；在需要保护边坡时，先布置边坡附近的药包；在特殊地质构造地带，应首先布置药包。

以某一具体露天矿剥离爆破为例说明药包布置方法。

某露天矿为扩大北部开采范围，需要迅速处理山脊，要求北至 A 点南到现采区，1410m 以上岩石全部爆掉，如图 7-2 所示。

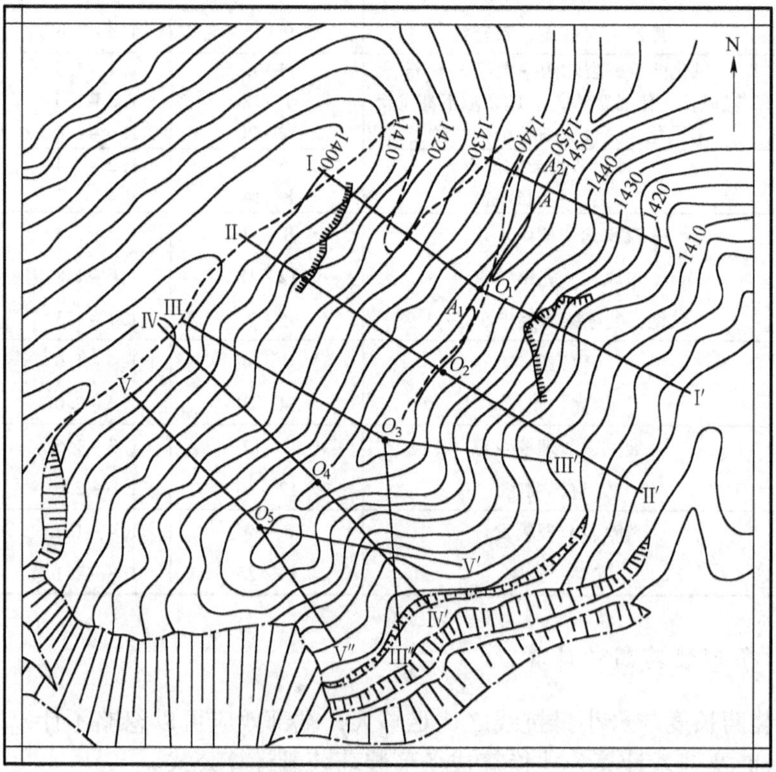

图 7-2　某露天矿爆区平面图

根据爆区的地形地质条件及工程要求，拟采用沿山脊布置一排双侧抛掷作用的主药包，同时起爆，局部地带设辅助药包。爆破范围从南部采至北部 A 点，A 点以北是需要保护的边坡，故从北向南布置药包。

首先在平面图上初选 1 号药包的中心位置 O_1，沿 O_1 作剖面图 Ⅰ—Ⅰ′（图 7-3（a）），从剖面图上用作图法在 1410m 高程以上初选 O_1 的位置，使两侧的最小抵抗线 W_1 和 W_1' 相等。量取 W_1，计算装药量 Q_1 和压缩圈半径 R_{11}，根据 R_{11} 调整 O_1 的高程，使压缩圈与 1410 水平相切。

沿 O_1 和 A 作纵剖面图 $A_1—A_2$（图 7-3（b）），根据计算的 R_{11} 和边坡角，由 A 点导出 O_1 点的位置，检验导出的 O_1 点与在平面图上初选的是否一致，若不一致，以新的 O_1 点的位置重新作剖面图 Ⅰ—Ⅰ′，重复以上过程，直至导出的药包位置与上一次导出的药包位置基本一致为止，从而确定出 1 号药包的位置。在剖面图上量取 W_1，确定 n_1 值，计算 1 号药包的装药量 Q_1。

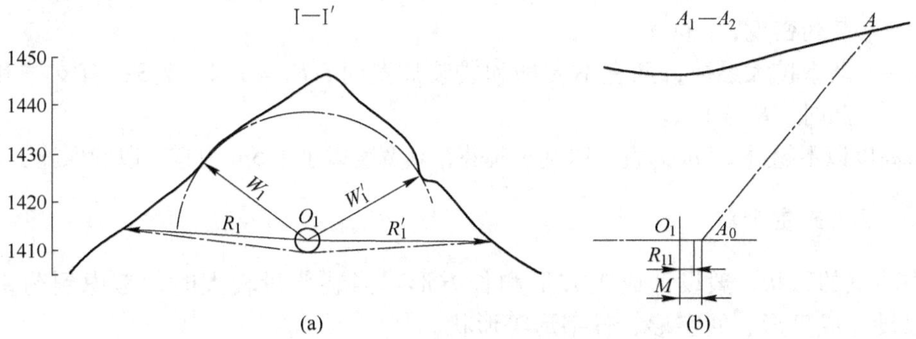

图 7-3 药室位置剖面图

（a）Ⅰ—Ⅰ′剖面图；（b）$A_1—A_2$ 剖面图

沿山脊依次布置 2 号药包。根据 W_1 估算 W_2，计算药室间距 $a_{1\text{-}2}$、装药量 Q_2 和压缩圈半径 R_{12}，在平面图上确定出 O_2 的位置，沿 O_2 作剖面图，根据 R_{12} 确定 O_2 的高程并使 $W_2 = W_2'$。量取 W_2，重新计算药包间距 $a_{1\text{-}2}$、装药量 Q_2 和压缩圈半径 R_{12}，检验间距与上一次计算值药包间距是否一致，不一致时，则按新计算的 $a_{1\text{-}2}$ 和 R_{12}，确定 O_2 的平面位置和高程，重复以上工作，直至两次计算的药包间距一致为止。在剖面图上量取 W_2，确定 n_2，计算 2 号药包装药量 Q_2。

3 号、4 号和 5 号药包按同样方法依次布置。在本例中，3 号和 5 号药包应检验 3 个方向的抵抗线，绘制Ⅲ—Ⅲ″和Ⅴ—Ⅴ″剖面图。

沿山脊的主要药包布置好后，计算与圈定破坏范围，如不能满足要求，应布置辅助药包。

总之，药包布置是反复调整、修正寻优、循环设计的过程，如果一个药包布置不当，将改变相邻药包和后排药包的边界条件，药包布置的灵活性体现在任一爆破工程的设计方案都可以根据爆破任务的基本要求，结合爆区的地形地质条件和周围环境条件，灵活地选用不同的药包布置形式，得出多种药包布置方案。这就需要进行方案的比较，从中选出最优的药包布置方案。

7.4　装药、填塞和起爆网路设计

7.4.1　药室与导硐设计

装填炸药的硐室称为药室，连通药室与外界的井巷称为导硐。导硐用于人员出入、运送炸药、敷设起爆网路等。

7.4.1.1　药室的容积

药室容积的大小与药室装药量、支护情况和装药密度有关。药室容积按式（7-8）计算：

$$V_Q = \frac{Q}{\Delta}K_V \tag{7-8}$$

式中　Δ——装药密度，t/m^3；

K_V——药室扩大系数，药室不支护和袋装炸药时，$K_V = 1.2 \sim 1.3$；有支护和袋装炸药时，$K_V = 1.4$。

药室高度以不超过2.5m为宜，以利于装药；其宽度以小于5m为宜，以确保施工安全。

7.4.1.2　药室形状

集中药室的形状一般设计成正方形和长方形。当装药量较大时，考虑到药室的稳定性，可以设计成T形、回字形、日字形等形状。

条形药室一般设计成直线形或折线形的巷道。条形装药多采用不耦合装药，以提高抛掷率，为减少药室的开挖量，不耦合系数一般取4~6。

7.4.1.3　导硐设计

导硐分为平硐、小井两类。一般选用平硐，因为平硐便于通风、排水、运输，施工进度快。只有地形坡度小于20°（非常缓），最小抵抗线在15m以下时，才选用小井。导硐布置须遵循以下原则：

（1）导硐布置应便于施工和作业安全，平硐或小井井口应布置在较稳固的岩层中，并尽量减少掘进工作量；硐口正前方无重要建筑结构设施。多层导硐布置时，上下硐口应尽量错开布置，以避免上下导硐施工时相互干扰。

（2）为了提高爆破效果，药室与平硐或小井之间须用横巷相连，横巷与平硐或小井垂直。与平硐相连的横巷长度不小于5m，与小井相连的横巷长度不小于3m。

（3）导硐的断面根据岩石的稳固性、工程量大小及施工方法来确定。平硐设计开挖断面不宜小于1.5m×0.8m，小井设计断面不宜小于$1m^2$。

（4）为了便于通风和运输，导硐不宜过长。一般情况下，平硐长度不超过200m，小井深度不超过15m，横巷长度不超过20m。

（5）平硐应有一定的坡度，一般按0.5%设计，便于排水和出渣。小井井下应设积水坑，药室中的地下水应沿横巷自流到井底的积水坑内。

7.4.2 装药设计

硐室内有淋水时，应使用抗水炸药。使用普通炸药时，应采取防潮防水措施，不应使用散装非防水炸药。

顶板和岩壁有淋水时，在药室内应设防水棚，使淋水从四周流向底板。药室底板用木料垫起，涌水从排水沟中自流排出。

每个药室设一起爆体，当药室的装药量大于20t时，应同时设副起爆体，副起爆体设置在药室偏后侧部位。副起爆体和主起爆体之间用多股导爆索连接起来。

起爆体外壳宜用木箱或硬纸箱制成，其内装满经选择的优质炸药、起爆雷管和导爆索结，起爆体药量不宜超过20kg。起爆体木箱正面应预留出线孔，从出线孔引出的雷管连接线、导爆索等需在木箱内壁固定，避免施工时拉动起爆雷管和导爆索。

加工起爆体使用的雷管应逐个挑选。装入起爆体内的电雷管脚线长度为20~30cm，置于起爆体内的电雷管与连接线接头，应严密包扎，不应有药粉进入接头中，接头不应在搬运和连线时承受拉力。起爆雷管应与导爆索结、导线连接头紧密捆绑，且固定在木箱中央。起爆体包装还应有防潮防水措施。

起爆体加工完后应重新测量电阻值。加工好的起爆体上应标明药包编号、雷管段别和电雷管起爆体装配电阻值。

硐室内装药应将炸药成袋（包）码放整齐，相互密贴，威力较低的炸药放在药室周边，威力较高的炸药放置在主、副起爆体和导爆索的周围。为了保证安全，起爆体应尽量最后装入，故一般将起爆体放在药室的前侧中间部位。条形药包长度超过10m时，一般在药室两端各设一主起爆体。

条形药包不耦合装药时，应将炸药放置在靠近抵抗线一侧。

7.4.3 填塞设计

填塞工作开始前，应在平硐或小井口附近备足填塞材料，填塞材料宜选用开挖导硐和药室排出的碎石，或外挖碎块砂石土，不应使用腐殖土、草根等密度较低的材料。

靠近平硐的药室填塞长度不应小于最小抵抗线。其他药室，一般只填塞横巷，填塞从药室边缘开始，填塞长度一般为巷道断面最大边长的3~5倍，若横巷的长度小于此长度应连续在平硐中填塞。一个平硐连接多个药室时除在横巷填塞外，还应在平硐中间隔开填塞。小井填塞，应先将横巷部分按平硐的填塞要求进行填塞。

填塞时，药室口和填塞段各端面应使用装有沙、碎石的编织袋进行堆砌，其顶部用袋料码砌填实，不应留空隙。在有水的导硐和药室中填塞时，应在填塞段底部留一排水沟，并随时注意填塞过程中的流水情况，防止排水沟堵塞。

平硐填塞，应在导硐内壁上标明按设计规定的填塞位置和长度。填塞时，应保护好从药室引出的起爆网路，保证起爆网路不受损坏。填塞时，应有专人负责检查填塞质量。填塞完毕，应进行验收。

7.4.4 起爆网路设计

硐室爆破应采用复式起爆网路。一般以电爆网路与导爆索起爆网路或电爆网路与导爆管起爆网路配合使用。工程实践表明，电力起爆系统可以在起爆前的每一个阶段检测网路参数，确定起爆网路是否正常可靠，万一发现网路参数不正常时，也较容易通过对各支路的检查找出原因并加以处理。

电力起爆网路的所有导线接头，均应按电工接线法连接，并确保其对外绝缘。在潮湿有水的地区，应避免导线接头接触地面或浸泡在水中。电力起爆网路的导线不宜使用裸露导线和铝芯线。硐内导线应用绝缘性能良好的铜芯线。装入起爆体前、后，以及填塞过程中每填塞一段，均应进行电阻值检测；当发现电阻值有较大的变化时，应立即清查，排除故障后才准许进行下一施工工序。

电力起爆网路连接，应按从里到外（从工作面到电源）的顺序进行；电力起爆网路连接前，应检查各硐口引出线的电阻值，经检查确认合格后，方可与区域线连接；只能当各支路电阻均检查无误时，方准许与主线连接；电爆网路的主线应设中间开关；指挥长（或爆破工作领导人）下达准备起爆命令前，电爆网路的主线不得与起爆器、电源开关和电源线连接；电源的开关应设保护装置并直接由起爆站站长（或负责起爆的人员）守候看管；只有在无关人员已全部撤离，爆破工作领导人下达准备起爆命令后，方准许打开开关箱，并将主线接入电源线的开关上或起爆器的接线柱上。

敷设导爆索起爆网路时，不应使导爆索互相交叉或接近；否则，应用缓冲材料将其隔离，且相互间的距离不得少于10cm。

采用导爆管起爆网路时，每个起爆体的雷管数不应少于4发。起爆网路连接时应复核雷管段别。连接网路人员应持起爆网路图，按从后爆到先爆、先里后外的顺序连接；所有导爆管雷管与接力雷管，在接点部位应有明显段别标志；接头用胶布包紧，并不少于三层，然后再用力扎紧。

采用导爆管和导爆索混合起爆网路时，宜用双股导爆索连成环形起爆网路，导爆管与导爆索宜采用单股垂直连接。靠近接点的导爆索应用土袋或细沙袋隔开，接点与导爆索隔开距离不应小于20cm，搭接点应有段别标志。导爆管起爆网路应用电雷管或导爆管雷管引爆；只有在爆破工作领导人下达准备起爆命令后，方准许向主起爆线上连接起爆雷管。

网络连接好后，由连网技术负责人进行检查，鉴别连网方式与段别等是否有误；确认无误后再进行防护；起爆网路可用线槽或对开竹竿合扎进行防护，接头及交叉点用编织袋包裹好，悬挂在导硐上角；也可将起爆网路束紧后用编织袋作整体外包扎，安置在导硐下角的沙包上，上部再用沙包压实。

硐室爆破时，所有穿过填塞段的导线、导爆索和导爆管，均应采取保护措施，以防填塞时损坏。非填塞段如有塌方或硐顶掉块的情况，也应对起爆网路采取保护措施。

硐室爆破的起爆工作应在专门设置的起爆站内进行。起爆站应设在安全地点，并需备有良好的通讯设备，通讯信息应清楚、准确。起爆站应在装药前建成，从开始连网就应设专人看管，站长全面负责站内工作。

7.5　爆破漏斗地形线绘制

7.5.1　抛体、坍塌体及爆落体的概念

在斜坡地形条件下，埋入岩体内的药包爆炸后，形成如图7-4所示的爆破漏斗。爆破

漏斗中 $ABB'D$ 部分为常规的爆破漏斗，当 $n \geqslant 1$，该范围内的岩土被抛出，称为抛体。$DB'C$范围内的岩土在爆破作用下产生一定的裂隙，当抛体被抛出后，在重力作用下产生破碎、坍塌，称为坍塌体，坍塌体大部或全部滚落在爆破漏斗之内，堆积规律符合松散体的坍塌堆积规律，堆积角约为32°。抛体和坍塌体统称为爆落体。

图7-4 中 R_1 为压缩圈半径，按式（5-24）计算。R 为下破裂半径，R'为上破裂半径，按式（7-9）、式（7-10）计算：

$$R = \sqrt{1 + n^2} W \tag{7-9}$$

$$R' = \sqrt{1 + \beta n^2} W \tag{7-10}$$

式中　β——岩土破坏系数，取$\beta = 1 + 0.04\left(\frac{\theta}{10}\right)^3$（土壤），或$\beta = 1 + 0.016\left(\frac{\theta}{10}\right)^3$（岩石），

θ为地形坡面角，(°)。

当药包上部的岩土呈平台或山脊地形时，上破裂范围用破裂角φ_0来确定，如图7-5所示。一般取$\varphi_0 = 55° \sim 65°$。土壤或n值较大时，取小值；硬岩或n值较小时，取大值。

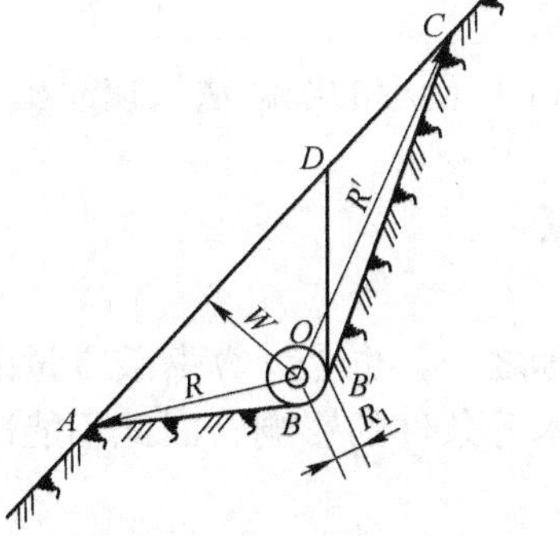

图7-4　抛体、坍塌体与爆落体

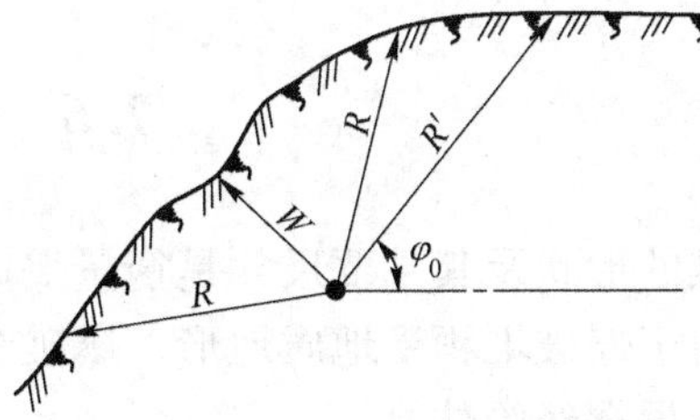

图7-5　用破裂角确定上破裂半径

7.5.2　爆破漏斗地形线绘制原理与方法

集中药包在斜坡地面的爆破漏斗的基本形态是由漏斗母线长度随不同高程变化围成的非对称圆锥体。如图7-6所示，假设药包的最小抵抗线在斜坡面逸出点M点高程以下的漏

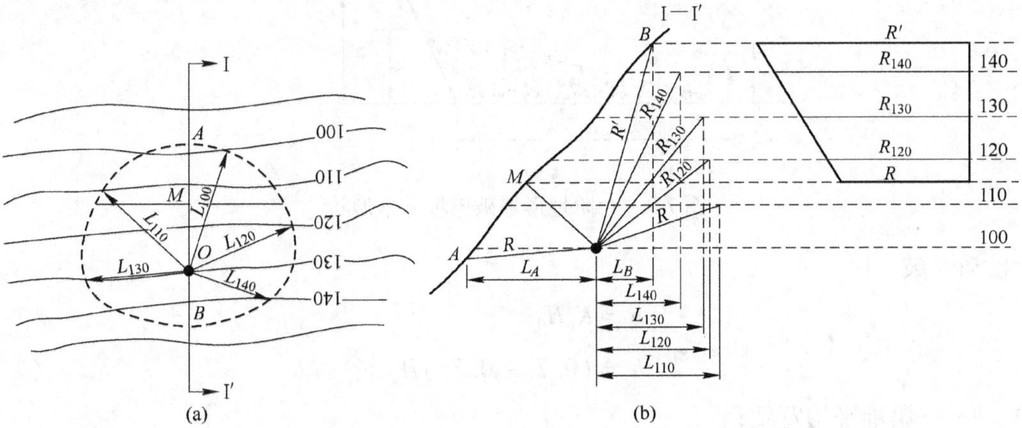

图7-6　爆破漏斗绘制原理

斗破裂半径均为 R，M 点高程以上至上破裂点 A，按线性关系随高程增加而增加至 R'。根据投影关系，即可计算爆破漏斗口轮廓线在地形图上的投影。

设漏斗底边上任意一点 x 与药包中心的连线为 R_x，在平面上的投影为 L_x，则有如下关系：

$$L_x = \sqrt{R_x^2 + H_x^2} \tag{7-11}$$

式中　R_x——漏斗底边 x 点处的破裂半径，当 x 点在 M 点高程以下时，$R_x = R$，x 点高于 M 点高程时，$R_x = R + (R' - R)\dfrac{h_x}{h}$；

H_x——x 点与药包中心 O 点的高程差；

h——A 点与 M 点的高程差；

h_x——x 点与 M 点的高程差。

按式（7-11）求出的 L_x 将爆破漏斗底边上的点 x 投影到地形图上，连接所求得的点，即为爆破漏斗的投影轮廓线（图 7-6（a））。群药包爆破时，应先按每个药包各自绘制爆破漏斗轮廓线，然后将每个爆破漏斗轮廓线连接在一起即为群药包的爆破漏斗轮廓线地形图。条形药包与集中药包的爆破漏斗轮廓线绘制法相同。

在实际设计中不必进行几何投影换算，可用图 7-6（b）所示的图解法快速绘出。

7.6　爆堆尺寸估算

爆堆的形状及其主要尺寸是衡量爆破效果的重要指标之一，也是计算爆破方量的前提条件。由于爆破堆积受地质地形、爆破参数以及爆破技术等条件的影响，因此不能准确计算，只能根据经验估算。

7.6.1　台阶地形爆堆尺寸估算

台阶地形或两坡较陡的平顶山头的爆堆呈三角形，如图 7-7 所示。爆堆的主要尺寸可按下述方法估算。

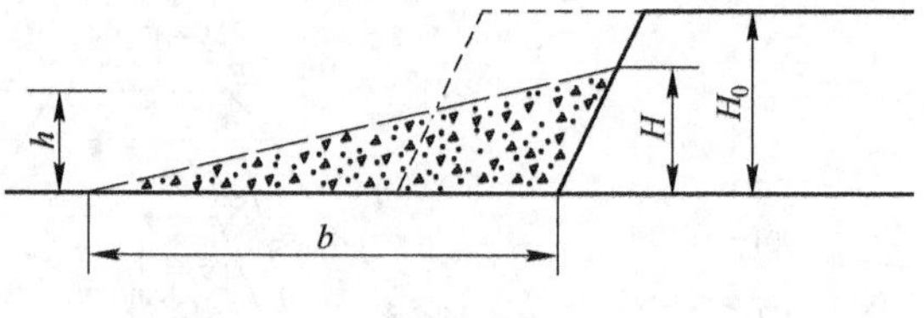

图 7-7　台阶地形爆破爆堆基本形状

松动爆破：

$$b = K_b H_0 \tag{7-12}$$

$$h = (0.7 \sim 0.75) H_0 \tag{7-13}$$

式中　b——爆堆平均宽度；

K_b——系数，因岩石条件而异，$f = 12 \sim 20$ 时，$K_b = 2.5 \sim 2.8$；$f = 6 \sim 12$ 时，$K_b =$

2～2.5；$f\leqslant 6$ 时，$K_b=1.5\sim 2$；

H_0——台阶高度；

h——爆堆平均高度。

加强松动和抛掷爆破：

$$b=(3\sim 4)nW \tag{7-14}$$

$$h=(0.6\sim 0.75)W/n \tag{7-15}$$

7.6.2 山脊地形爆破堆尺寸估算

在山脊地形双侧抛掷爆破时，爆堆基本形状如图 7-8 所示。

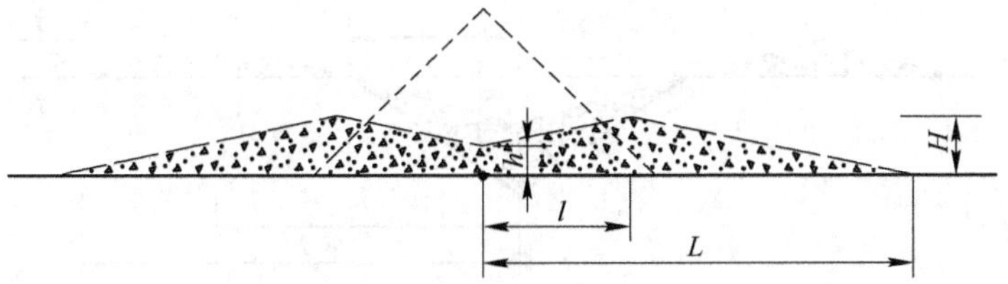

图 7-8 山脊地形爆破爆堆基本形状

各主要尺寸为：

$$h=K_hW/n \tag{7-16}$$

$$H=K_HW/n \tag{7-17}$$

$$l=K_lnW \tag{7-18}$$

$$L=K_LnW \tag{7-19}$$

式中 h——爆堆平均高度；

H——爆堆最大高度；

l——爆堆最大高度到爆心的水平距离；

L——爆堆最远距离；

K_h，K_H，K_l，K_L——系数，与 n 有关，见表 7-4。

表 7-4 不同 n 值时爆堆各参数的系数值

n	K_h	K_H	K_l	K_L
0.75	0.4	0.65	0.75	3
0.85	0.35	0.6	0.8	3.5
1.0	0.25	0.5	1.0	4
1.25	0.2	0.4	1.2	4.5
1.5	0.13	0.25	1.3	5

7.6.3 平坦地形爆堆尺寸的估算

平坦地形抛掷爆破时，爆堆基本形状如图 7-9 所示。各部分主要尺寸为：

$$h = \frac{W}{3(2n-1)} \tag{7-20}$$

$$H = (0.15 \sim 0.2)nW \tag{7-21}$$

$$l = 1.35nW \tag{7-22}$$

$$L = (4 \sim 5)nW \tag{7-23}$$

式中 h——爆破漏斗可见深度；

H——爆堆最大高度；

l——爆堆最大高度到爆心的水平距离；

L——爆堆最远距离。

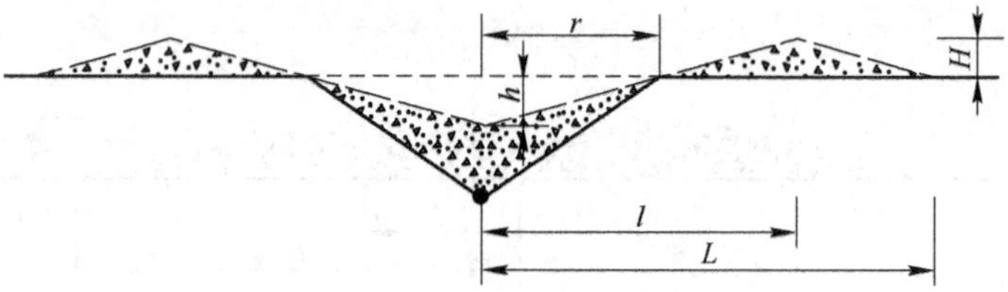

图 7-9 平坦地形爆破爆堆基本形状

7.6.4 斜坡地形单侧抛掷爆破爆堆尺寸估算

7.6.4.1 堆积体与抛体的体积平衡

抛体被抛出爆破漏斗范围后，经松散和堆积作用，即成为堆积体。平坦地形单个药包抛掷爆破后，爆破漏斗外堆积体的断面形状近似于三角形，其各个尺寸与药包参数有关。斜坡地形单层单排药包抛掷爆破堆积体分布也近似于三角形。多层多排药包或其他群药包的抛体堆积可看作是多个抛体堆积三角形的叠加合成，如图 7-10 所示。堆积三角形的尺寸与地形条件、药包位置、布药参数等因素有关。

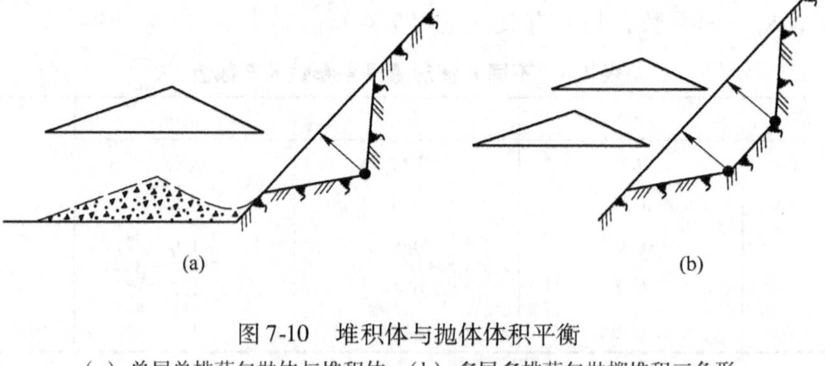

图 7-10 堆积体与抛体体积平衡
（a）单层单排药包抛体与堆积体；（b）多层多排药包抛掷堆积三角形

因堆积体来自于抛体，因此堆积体和抛体的体积应相等，据此可以计算堆积体的体积、堆高和抛掷率。

7.6.4.2 抛掷爆破漏斗内的堆积

斜坡地形单侧抛掷爆破时，爆破漏斗内的堆积状况可用可见深度 h 和松散体坍塌堆积角来确定。可见漏斗深度 h 就是爆破漏斗范围内原地面与爆破堆积面的最大垂直距离，按下列算式计算：

山脊地形：

$$h = (0.2 + 0.6n)W \tag{7-24}$$

单层药包：

$$h = (0.39 + 0.27n)W \tag{7-25}$$

多层药包上层先爆时：

$$h = 0.2(4n - 1)W \tag{7-26}$$

按计算的漏斗可见深度 h，在断面图上确定上部堆积的起始点 N，自 N 点开始按松散全坍塌堆积角（与水平面交角为32°左右）作图，可确定出漏斗内的堆积范围。如图7-11所示。

7.6.4.3 抛掷爆破漏斗外的堆积

抛掷爆破漏斗外的堆积，是抛掷堆积的主要内容。目前多采用体积平衡法计算。它是在对爆堆观测统计的基础上提出估算堆积三角形的有关算式，依此确定爆堆的主要尺寸，如图7-12所示，各部分尺寸按以下算式估算。

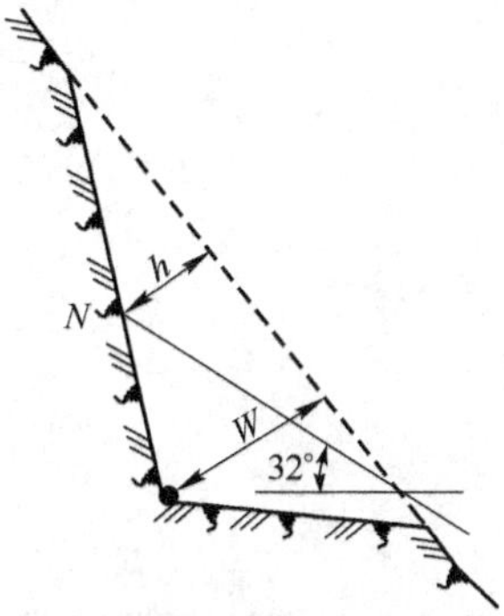

图7-11　松散体坍塌堆积

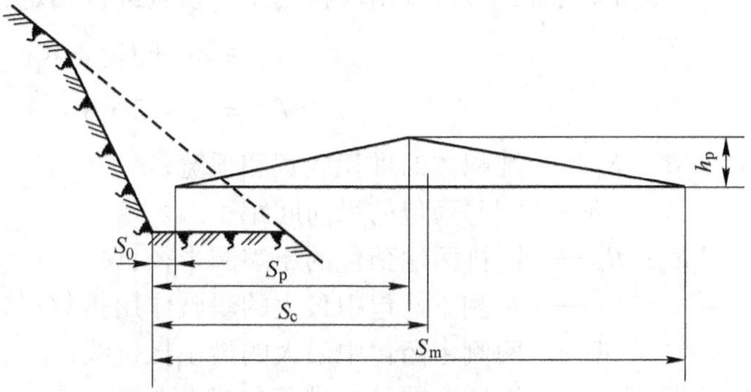

图7-12　体积平衡法确定堆积体范围

药包中心至堆积体边缘的水平距离：

$$S_m = \frac{\gamma}{900} W \sqrt[3]{q_0(0.4 + 0.6n^3)}(1 + \sin 2\varphi) \tag{7-27}$$

药包中心至堆积体重心的水平距离：

$$S_c = \frac{1}{(1.48 \sim 1.7)} S_m \tag{7-28}$$

药包中心至堆积体最高点的水平距离：

$$S_p = \frac{\gamma}{2060} W \sqrt[3]{q_0(0.4 + 0.6n^3)}(1 + \sin 2\varphi) \qquad (7\text{-}29)$$

堆积体最大高度：

$$h_p = \frac{\eta A_p}{0.5(S_m - S_0)} \qquad (7\text{-}30)$$

式中 γ——岩石容重，kg/m^3；

q_0——标准抛掷爆破时的单位炸药消耗量，kg/m^3；

φ——最小抵抗线与铅垂线的夹角，当 $\varphi > 75°$ 时按 75°计算；

A_p——爆破漏斗抛掷实体断面积，m^2，$A_p = A_B - \frac{A_{E'}}{0.5\ (S_m - S_0)}$；

A_B——爆破漏斗断面积，m^2；

$A_{E'}$——爆破漏斗内堆积松散体断面积，m^2；

S_0——药包中心至堆积体起始点的水平距离；

η——岩土的松散系数，按表 7-5 选取。

表 7-5 硐室爆破时岩土松散系数

岩石名称	沙质土壤	腐殖土	细质黏土	软 岩	中硬岩	坚硬岩石
η	1.1~1.2	1.2~1.3	1.23~1.28	1.25~1.3	1.3~1.35	1.35~1.4

堆积三角形确定后，在断面图上与原地形叠加，可圈定堆积断面图，然后按多个药包分别计算和叠加。地形变化剧烈处，按松散体稳定状况加以适当调整即可。

堆积体的纵断面形状可用堆积底宽与顶宽进行圈定：

$$B_r = \Sigma b + R_{ct} + R_{ci} \qquad (7\text{-}31)$$

$$B_D = B_r + 2cnW \qquad (7\text{-}32)$$

式中 B_r，B_D——堆积体的堆积底宽和顶宽；

b——相邻药包的纵向间距；

R_{ct}，R_{ci}——同排两端药包的压缩圈半径；

n——两侧主药包中最大的爆破作用指数；

W——两侧主药包中最大的最小抵抗线；

c——坍散系数，单排药包或药包规模较小时，$c = 1.5 \sim 2$；多排药包或药包规模较大时，$c = 2 \sim 3$。

8 爆破安全技术与管理

炸药爆炸所产生巨大的能量和威力，使爆破技术得以广泛应用并带来巨大的经济效益。与此同时也存在巨大的安全隐患，对人们生命和财产安全构成了威胁。爆破安全技术与爆破安全管理是保证爆破作业安全的两个重要途径。

爆破安全技术是在爆破过程中实施的对炸药能量和爆破过程进行有效控制，保证爆破作业安全的工程技术，通过对炸药能量和爆破过程的有效控制，约束爆炸能量的意外释放，将爆破造成的危害限制在人们可以承受的范围内。爆破安全技术包括爆破施工作业过程中的安全技术和爆破有害效应的控制两个方面。前者的目的是控制炸药按设计条件爆炸，防止发生早爆、迟爆、盲炮等事故，后者是限制和预防爆破产生的爆破地震、空气冲击波、个别飞散物、噪声和有害气体的污染等有害效应以及爆破可能诱发的滑坡、滚石、雪崩、涌浪、爆堆滑移等次生有害效应。

爆破安全管理是以爆破安全为目的所进行的决策、计划、组织和控制方面的活动，是将爆破安全技术付诸实施的重要手段。在爆破安全管理过程中，应始终贯彻“安全第一，预防为主”的安全生产方针。

8.1 爆破有害效应与安全距离

8.1.1 爆破地震效应

由于爆炸能量引起的爆区周围介质质点发生振动而形成地震波，地震波传播造成相关介质质点振动过程的总和，称为爆破地震。与自然地震相比，爆破地震振动频率较高，一般为10~30Hz，大大超过普通建筑物的自振频率。而自然地震振动频率一般为2~5Hz，与普通建筑物的自振频率接近，所以自然地震更容易引起建筑物破坏；爆破地震振动持续时间一般较短，为0.1~2.0s，自然地震振动持续时间较长，可以达到10~40s。爆破地震与自然地震一样对建筑物都有危害。

8.1.1.1 爆破振动强度与安全判据

爆破振动强度可以用质点振动的位移、速度和加速度等物理量来描述。我国通常采用质点振动速度和振动频率作为爆破振动强度的指标。

国内外实测结果表明，爆破振动速度与装药量、观测点到爆源的距离、岩土性质、地形条件和爆破方法等因素有关。萨道夫斯基提出以下经验公式：

$$V = K\left(\frac{Q^{\frac{1}{3}}}{R}\right)^{\alpha} \tag{8-1}$$

式中 V——测点处质点振动速度，cm/s；

Q——炸药量，齐发爆破为总药量，延时爆破为最大一段药量，kg；

R——测点到爆源的距离，m；

K，α——与爆破点至测点间的地形、地质条件有关的系数和衰减指数，可按表 8-1 选取，或通过现场试验确定。

表 8-1 爆区不同岩性的 K、α 值

岩 性	K	α
坚硬岩石	50 ~ 150	1.3 ~ 1.5
中硬岩石	150 ~ 250	1.5 ~ 1.8
软岩石	250 ~ 350	1.8 ~ 2.0

评价各种爆破对不同类型建（构）筑物和其他保护对象的振动影响，应采用不同的安全判据和允许标准。地面建筑物的爆破振动判据，采用保护对象所在地质点峰值振动速度和主振频率；水工隧道、交通隧道、矿山巷道、电站（厂）中心控制室设备、新浇大体积混凝土的爆破振动判据，采用保护对象所在地质点峰值振动速度。安全允许标准见表 8-2。

表 8-2 爆破振动安全允许标准

序 号	保护对象类别	安全允许振速/$cm \cdot s^{-1}$		
		<10Hz	10 ~ 50Hz	50 ~ 100Hz
1	土窑洞、土坯房、毛石房屋①	0.5 ~ 1.0	0.7 ~ 1.2	1.1 ~ 1.5
2	一般砖房、非抗震的大型砌块建筑物①	2.0 ~ 2.5	2.3 ~ 2.8	2.7 ~ 3.0
3	钢筋混凝土结构房屋①	3.0 ~ 4.0	3.5 ~ 4.5	4.2 ~ 5.0
4	一般古建筑与古迹②	0.1 ~ 0.3	0.2 ~ 0.4	0.3 ~ 0.5
5	水工隧道③	7 ~ 15		
6	交通隧道③	10 ~ 20		
7	矿山巷道③	15 ~ 30		
8	水电站及发电厂中心控制室设备	0.5		
9	新浇大体积混凝土④： 龄期：初凝 ~ 3d 龄期：3 ~ 7d 龄期：7 ~ 28d	 2.0 ~ 3.0 3.0 ~ 7.0 7.0 ~ 12		

注：1. 表列频率为主振频率，系指最大振幅所对应波的频率。

2. 频率范围可根据类似工程或现场实测波形选取。选取频率时亦可参考下列数据：硐室爆破小于 20Hz，深孔爆破 10 ~ 60Hz，浅孔爆破 40 ~ 100Hz。

①选取建筑物安全允许振速时，应综合考虑建筑物的重要性、建筑质量、新旧程度、自振频率、地基条件等因素。

②省级以上（含省级）重点保护古建筑与古迹的安全允许振速，应经专家论证选取，并报相应文物管理部门批准。

③选取隧道、巷道安全允许振速时，应综合考虑构筑物的重要性、围岩状况、断面大小、深埋大小、爆源方向、地震振动频率等因素。

④非挡水新浇大体积混凝土的安全允许振速，可按本表给出的上限值选取。

群药包爆破，各药包至保护目标的距离差值超过平均距离的10%时，用等效距离 R_e 和等效药量 Q_e 分别代替 R 和 Q 值。R_e 和 Q_e 的计算采用加权平均值法。

$$R_e = \frac{\sum_{1}^{n} r_i \sqrt[3]{Q_i}}{\sum_{1}^{n} \sqrt[3]{Q_i}} \tag{8-2}$$

$$Q_e = \sum_{1}^{n} Q_i \left(\frac{R_e}{r_i}\right)^3 \tag{8-3}$$

式中 r_i——第 i 个药包至建筑物的距离，m；

Q_i——第 i 个药包的药量，kg。

对于条形药包，可将条形药包以1～1.5倍最小抵抗线长度分为多个集中药包，参照群药包爆破时的方法计算其等效距离和等效药量。

8.1.1.2 爆破地震安全距离

在爆破设计时，需划定爆破振动安全距离，以确定爆破地震效应的影响范围，以及采取必要的减振措施。由式（8-1）可以根据保护对象的爆破振动安全允许速度和装药量，计算爆破地震安全距离：

$$R = \left(\frac{K}{V_{安}}\right)^{\frac{1}{\alpha}} Q^{\frac{1}{3}} \tag{8-4}$$

式中 $V_{安}$——保护对象的安全允许振速，cm/s。

如果在安全距离以内有需要保护的建（构）筑物或其他设施，则应根据保护对象到爆源的实际距离和安全允许振速计算最大一段爆破药量：

$$Q = \left(\frac{V_{安}}{K}\right)^{\frac{3}{\alpha}} R^3 \tag{8-5}$$

8.1.1.3 爆破振动测试

在特殊建（构）筑物附近或爆破条件复杂地区进行爆破时，应进行必要的爆破振动监测或专门试验，以确保保护对象的安全。

爆破振动测量一般采用电测法。测量仪器由传感器、测振仪和记录装置组成。传感器又称为拾震器，用于将地面振动信号转换为电信号。分为应变型、磁电型、压电晶体型和电容型。按记录的物理量不同，分为位移传感器、速度传感器和加速度传感器。传感器输出的电信号由地震仪进行衰减或放大再由记录装置记录。目前一般使用存储芯片作为记录装置，与地震仪合为一体，可直接与计算机通信传送数据。

爆破振动测试的目的不同，其测点布置也不一样。当研究爆破地震波的传播规律时，测点应沿爆破中心径向辐射布置。两测点之间距离随至爆破中心的距离增大而增大，使两个测点距离按对数级增加。

对建筑物进行实际监测时，应在需要保护的建筑物基础上或附近埋置测点。传感器与测点地表应牢固地结合地一起，所测的数据才不会失真。

8.1.1.4 爆破地震效应的控制

限制一次爆破的最大药量是降低爆破地震效应的有效措施。当爆破总药量不能降低时，需要采用分段爆破，降低最大一段爆破药量。如采用毫秒爆破，可有效地降低爆破振动强度，延期时间大于100ms时降振效果明显。

采用低威力、低爆速炸药也可以在一定程度上降低爆破地震效应。振动观测表明，爆速由3200m/s降到1800m/s时，降震效果达40%～60%。

在主爆区和保护对象之间采用预裂爆破方法首先形成预裂缝，由于预裂缝对地震波的反射作用，使主爆区爆破时对保护对象的爆破地震效应明显降低。在主爆区与保护对象之间开挖减震沟，也可以起到同样的作用。

8.1.2 空气冲击波

炸药爆炸引起周围空气压缩，形成高速流动的冲击波，称为爆破空气冲击波，简称空气冲击波或爆破冲击波。空气冲击波对目标的破坏作用，常用超压 Δp 表示。

8.1.2.1 空气冲击波的爆炸相似律

炸药在空气中爆炸，是一个十分复杂的过程，实验研究表明，炸药在空气中爆炸存在着相似规律。炸药在空气中爆炸时，影响空气冲击波波阵面压力 p 的主要物理量有：炸药质量 Q、密度 ρ、爆速 D；介质（空气）的初始状态 p_0、ρ_0；冲击波传播的距离 R。忽略介质的黏性和热传导。根据 π 定理可求出 p/p_0 的无因次函数关系式。再假定炸药种类不变，装药密度不变，空气初始状态不变，并将药包简化为半径为 r 的球形，且设 $\Delta p = p - p_0$，即可导出以下关系式：

$$\Delta p = f\left(\frac{\sqrt[3]{Q}}{R}\right) \tag{8-6}$$

将式（8-6）中函数展开为多项式：

$$\Delta p = A_0 + A_1\frac{\sqrt[3]{Q}}{R} + A_2\left(\frac{\sqrt[3]{Q}}{R}\right)^2 + A_3\left(\frac{\sqrt[3]{Q}}{R}\right)^3 \tag{8-7}$$

8.1.2.2 空气冲击波峰值超压的计算

根据大量实验结果，梯恩梯球形药包在无限空气介质中爆炸时的空气冲击波峰值超压为：

$$\Delta p = 0.84\frac{\sqrt[3]{Q}}{R} + 2.7\left(\frac{\sqrt[3]{Q}}{R}\right)^2 + 7\left(\frac{\sqrt[3]{Q}}{R}\right)^3 \tag{8-8}$$

式中 Δp——冲击波峰值超压，$\times 10^5$Pa；

Q——梯恩梯的装药量，kg；

R——至爆炸中心的距离，m。

式（8-8）的适用条件是装药的高度 H 应符合 $H \geqslant 0.35Q^{1/3}$，m。

对于其他炸药，式（8-8）中的 Q 应为该炸药的梯恩梯当量，按式（8-9）换算：

$$Q = Q_{\mathrm{j}} \frac{U_{\mathrm{j}}}{U_{\mathrm{t}}} \tag{8-9}$$

式中 Q_{j}——所使用炸药的质量，kg；

U_{j}——所使用炸药的比能（或爆热）；

U_{t}——梯恩梯的比能（或爆热）。

炸药在地面爆炸，由于地面的阻挡，空气冲击波不是向整个空间传播而只是向一半无限空间传播，被冲击波扰动的空气量少了一半，所以在混凝土、岩石一类刚性地面爆炸时，可看作是两倍装药在无限空间爆炸。于是有：

$$\Delta p = 1.1 \frac{\sqrt[3]{Q}}{R} + 4.3\left(\frac{\sqrt[3]{Q}}{R}\right)^2 + 14\left(\frac{\sqrt[3]{Q}}{R}\right)^3 \tag{8-10}$$

炸药在普通土壤地面爆炸时，地面变形、破坏要消耗一部分能量（如 1t 梯恩梯在地面爆炸会留下约 $38\mathrm{m}^3$ 的爆坑），因此，可按 1.7 ~ 1.8 倍装药在无限空间爆炸计算。如按 1.8 倍计算，则有：

$$\Delta p = 1.02 \frac{\sqrt[3]{Q}}{R} + 3.99\left(\frac{\sqrt[3]{Q}}{R}\right)^2 + 12.6\left(\frac{\sqrt[3]{Q}}{R}\right)^3 \tag{8-11}$$

需要指出，式（8-8）、式（8-10）、式（8-11）适用于 $1 \leqslant R/Q^{1/3} \leqslant 10 \sim 15$ 时，超出上述范围，计算误差较大。

炸药在巷道中爆炸时，空气冲击波超压为：

$$\Delta p = \left(0.07 \frac{E}{R} + 0.37 \sqrt{\frac{E}{R}}\right) \mathrm{e}^{-\alpha \frac{R}{d}} \tag{8-12}$$

式中 E——单位面积巷道断面中流进的冲击波的初始能量，$\mathrm{J/cm^2}$，$E = \dfrac{\eta Q U}{10^4 S}$；

η——爆炸能转变为空气冲击波的能量系数，浅孔爆破掘进巷道时 $\eta = 0.01 \sim 0.05$，填塞良好的深孔爆破，$\eta = 0.005 \sim 0.02$；

Q——炸药重量，kg；

U——炸药比能（爆热），J/kg；

S——巷道断面，m^2；

α——巷道粗糙系数，不支护时 $\alpha = 0.02 \sim 0.063$，有支护时 $\alpha = 0.016 \sim 0.07$；

d——巷道直径，$d = \left(\dfrac{4S}{\pi}\right)^{\frac{1}{2}}$，m。

8.1.2.3 空气冲击波的破坏作用

空气冲击波超压对人员的安全允许标准为 2kPa。建筑物的破坏程度与超压关系见表 8-3。

表8-3 建筑物的破坏程度与超压关系

破坏等级		1	2	3	4	5	6	7
破坏等级名称		基本无破坏	次轻度破坏	轻度破坏	中等破坏	次严重破坏	严重破坏	完全破坏
超压 Δp/kPa		<2	2~9	9~25	25~40	40~55	55~76	>76
建筑物破坏程度	玻璃	偶然破坏	少部分破成大块，大部分呈小块	大部分破成小块到粉碎	粉碎	—	—	—
	木门窗	无损坏	窗扇少量破坏	窗扇大量破坏，门扇、窗框破坏	窗扇掉落、内倒、窗框、门扇大量破坏	门、窗扇摧毁，窗框掉落	—	—
	砖外墙	无损坏	无损坏	出现小裂缝，宽度小于5mm，稍有倾斜	出现较大裂缝，缝宽5~50mm，明显倾斜，砖跺出现小裂缝	出现大于50mm的大裂缝，严重倾斜，砖跺出现较大裂缝	部分倒塌	大部分到全部倒塌
	木屋盖	无损坏	无损坏	木屋面板变形，偶见折裂	木屋面板、木檩条折裂，木屋架支座松动	木檩条折断，木屋架杆件偶见折断，支座错位	部分倒塌	全部倒塌
	瓦屋面	无损坏	少量移动	大量移动	大量移动到全部掀动	—	—	—
	钢筋混凝土屋盖	无损坏	无损坏	无损坏	出现小于1mm的小裂缝	出现1~2mm宽的裂缝，修复后可继续使用	出现大于2mm的裂缝	承重砖墙全部倒塌，钢筋混凝土承重柱严重破坏
	顶棚	无损坏	抹灰少量掉落	抹灰大量掉落	木龙骨部分破坏下垂缝	塌落	—	—
	内墙	无损坏	板条墙抹灰少量掉落	板条墙抹灰大量掉落	砖内墙出现小裂缝	砖内墙出现大裂缝	砖内墙出现严重裂缝至部分倒塌	砖内墙大部分倒塌
	钢筋混凝土柱	无损坏	无损坏	无损坏	无损坏	无破坏	有倾斜	有较大倾斜

8.1.2.4 空气冲击波的安全距离

空气冲击波安全允许距离，应根据保护对象、所用炸药品种、地形和气象条件由设计确定。

露天裸露爆破大块时，一次爆破的炸药量不应大于20kg，并应按式（8-13）确定空气冲击波对在掩体内避炮作业人员的安全允许距离。

$$R_k = 25\sqrt[3]{Q} \tag{8-13}$$

式中 R_k——空气冲击波对掩体内人员的最小允许距离，m；

Q——一次爆破的炸药量，秒延时爆破取最大分段药量计算，毫秒延时爆破按一次爆破的总药量计算，kg。

炮孔爆破和硐室爆破，由于爆炸能量中只有很少部分转化为空气冲击波，其强度和影响范围比同药量的裸露爆破小得多。因此对于 $n<3$ 的爆破作业，对人员和其他保护对象的防护，应首先考虑个别飞散物和爆破地震的安全允许距离。

8.1.3 个别飞散物

爆破时被破碎的某些介质碎块具有较大的动能，可以从原位抛出至很远的距离，称为个别飞散物，在岩石爆破中一般称为飞石。

8.1.3.1 个别飞散物产生的原因及预防措施

因为炸药爆炸能破碎岩石后，还有剩余的气体能量继续作用于破碎后的碎块，使之获得较大的动能和初始速度，从而被抛掷很远，形成个别飞散物。如果某个方向的最小抵抗线过小或遇有岩体构造上的结构面，在此方向上的碎块获得极大的动能和初始速度，个别飞散物的抛掷距离更远。抛掷爆破、裸露爆破非常容易产生个别飞散物。炮孔或硐室爆破当填塞长度不够或填塞质量较差时，也容易产生个别飞散物。

任何爆破工程都应采取有效措施预防和控制个别飞散物的产生。在爆破设计施工时，应注意以下几个方面：

（1）药包位置应避开夹层、裂缝或混凝土接合面等。

（2）装药前应认真校核各药包的最小抵抗线，根据实际测量结果修正装药量，避免盲目装药。

（3）应确保炮孔或硐室的填塞长度和填塞质量，禁止无填塞爆破。

（4）必要时对爆破体进行覆盖或遮挡。

8.1.3.2 个别飞散物的安全距离

为防止个别飞散物伤及人员和设备设施，防止伤亡事故发生，应根据个别飞散物的安全距离划定安全警戒范围。警戒范围内撤走所有的人员和设备，不能移走的设备做好防护。个别飞散物对人员的安全距离不应小于表8-4的规定；对设备或建筑物的安全允许距离应由设计确定。抛掷爆破时，个别飞散物对人员、设备和建筑物的安全允许距离，应由设计确定。

集中装药硐室爆破个别飞散物的安全距离可按下式估算：

$$R_f = 20K_f n^2 W \tag{8-14}$$

式中　R_f——个别飞散物的安全距离，m；

K_f——系数，一般取1.0～1.5，依地形与不同方向上可能产生个别飞散物的条件而定。

表 8-4　爆破个别飞散物对人员的安全允许距离

爆破类型和方法			个别飞散物的最小安全允许距离/m
露天岩土爆破①	破碎大块岩矿	裸露药包爆破法	400
		浅孔爆破法	300
	浅孔爆破		200（复杂地质条件下或未形成台阶工作面时不小于300）
	浅孔药壶爆破		300
	蛇穴爆破		300
	深孔爆破		按设计，但不小于200
	深孔药壶爆破		按设计，但不小于300
	浅孔孔底扩壶		50
	深孔孔底扩壶		50
	硐室爆破		按设计，但不小于300
爆破树墩			200
森林救火时，堆筑土壤防护带			50
爆破拆除沼泽地的路堤			100
水下爆破	水面无冰时的裸露药包或浅孔、深孔爆破	水深小于1.5m	与地面爆破相同
		水深大于6m	不考虑飞石对地面或水面以上人员的影响
		水深1.5～6m	由设计确定
	水面覆冰时的裸露药包或浅孔、深孔爆破		200
	水底硐室爆破		由设计确定
破冰工程	爆破薄冰凌		50
	爆破覆冰		100
	爆破阻塞的流冰		200
	爆破厚度大于2m的冰层或爆破阻塞流冰一次用药量超过300kg		300
爆破金属物	在露天爆破场		1500
	在装甲爆破坑中		150
	在厂区内的空场中		由设计确定
	爆破热凝结物		按设计，但不小于30
	爆炸加工		由设计确定
拆除爆破、城镇浅孔爆破及复杂环境深孔爆破			由设计确定
地震勘探爆破	浅井或地表爆破		按设计，但不小于100
	在深孔中爆破		按设计，但不小于30
用爆破器扩大钻井②			按设计，但不小于50

①沿山坡爆破时，下坡方向的飞石安全允许距离应增大50%。

②当爆破器具置于钻井内深度大于50m时，安全允许距离可缩小至20m。

8.1.4 爆破有害气体及噪声

爆破有害气体俗称炮烟，主要是炸药爆炸后产生的一氧化碳和氮氧化物，另外在含硫矿床中进行爆破作业可以产生硫化氢和二氧化硫等。地下爆破作业时，如果通风不畅，容易引起中毒事故发生。

一氧化碳是无色、无臭、无刺激性的气体，对人体血红蛋白的亲和力比氧与血红蛋白的亲和力大250~300倍，一旦被吸入体内，便与人体内的血红蛋白结合成为碳氧血红蛋白，使血液运输氧的能力降低或消失，造成组织和细胞严重缺氧。轻度一氧化碳中毒者碳氧血红蛋白为10%~20%，有头痛、眩晕、心悸、恶心、呕吐、全身乏力或短暂昏厥等症状，脱离环境症状逐渐消失。中度一氧化碳中毒者碳氧血红蛋白为30%~40%，除上述症状加重外，皮肤黏膜呈樱桃红色，肿块，烦躁，常有昏迷或虚脱，及时抢救可完全恢复。重度一氧化碳中毒者碳氧血红蛋白在50%以上，除上述症状加重外，中毒者可突然昏倒，继而昏迷。发现有一氧化碳急性中毒者应立即移至空气新鲜处，松开衣领，并注意保暖，对呼吸心跳停止者立即进行人工呼吸和胸外心脏按压，中度中毒者，应立即送医院吸氧，注射呼吸兴奋剂，并及时对症治疗，重度中毒者除采取上述措施外，可进高压氧舱治疗。

氮氧化物又称为氧化氮。氮氧化物因氧化程度不同而具有不同的颜色和相对密度。二氧化氮为红棕色刺鼻气体或黄色液体，微溶于水，较稳定。急性轻度中毒，可有咽部不适、干咳、胸闷等呼吸道刺激症状及恶心、无力，一般经2~3天即可恢复。急性中度中毒，常在吸入氮氧化合物后24h上述症状加重，伴食欲减退、轻度胸痛、呼吸困难，体温可略升高。急性重度中毒，极度呼吸困难，常可危及生命。二氧化氮中毒的特点是起初无感觉，往往要经过6~24h后才出现中毒征兆。即使在危险浓度下，起初也只感觉呼吸道受刺激、咳嗽，但经过6~24h后，就会发生严重的支气管炎、呼吸困难、吐黄痰、发生肺水肿、呕吐等症状，以致很快死亡。

氮的氧化物的毒性是一氧化碳的6.5倍，硫化物气体的毒性是一氧化碳的2.5倍。地下矿山应加强有害气体的监测与预防。地下爆破作业点的爆破有害气体浓度，不应超过表2-9的标准。

地下爆破作业面炮烟浓度应每月测定一次，爆破炸药量增加或更换炸药品种时，应在爆破前后测定爆破有害气体浓度。露天硐室爆破后，重新开始作业前，应检查工作面空气中的爆破有害气体浓度，且不应超过表2-9的规定值，爆后24h内，应多次检查与爆区相邻的井、巷、硐内的有毒有害物质浓度。有害气体测定方法按《工业炸药爆炸后有毒气体含量的测定》（GB 18098）的有关规定执行。

预防炮烟中毒应采取以下措施：

（1）使用合格炸药，加强炸药的保管与检测，避免使用过期变质炸药；

（2）使用合格的起爆器材，保证有够的起爆能量，确保装药和填塞质量，使用非抗水炸药时应做好爆破器材防水处理，装药前吹净炮孔中的积水和岩粉，避免半爆和爆燃；

（3）井下爆破前后加强通风，应采取措施向死角盲区引入风流。

爆破噪声为间歇性脉冲噪声，对人体听力的影响与脉冲的峰值、持续时间、脉冲次数、重复率、频谱等因素有关。在城镇爆破中每一个脉冲噪声应控制在120dB以下。复杂环境条件下，噪声控制由安全评估确定。

城镇拆除及岩土爆破，宜采取以下措施控制噪声：不用导爆索起爆网路，在地表空间不应有裸露导爆索；不用裸露爆破；严格控制单位耗药量、单孔药量和一次起爆药量；实施毫秒爆破；保证填塞质量和长度；加强覆盖。

爆区周围有学校、医院、居民点时，应与各有关单位协商，实施定点、准时爆破。

8.2 爆破事故及预防

8.2.1 早爆及其预防

早爆是指装药正常起爆前因某种原因而导致的炸药或起爆器材的爆炸。发生早爆的原因主要有以下几个方面：

（1）采用电力起爆时，雷电、射频电、静电、高压电及杂散电流等外来电流影响电爆网路引起电雷管早爆；

（2）雷电直接击中雷管、导爆索、导爆管或药包等爆破器材导致早爆；

（3）采用火雷管起爆时，导火索速燃或导火索长度不足引起早爆；

（4）违反操作规程导致早爆，如装药过程中用炮棍直接撞击起爆药包或投掷起爆药包，用钻杆或钢管等金属材料作炮棍直接捣鼓药包引起早爆；硐室爆破作业地点照明不当或使用明火照明引起炸药燃烧转化为爆炸；药壶爆破时前次扩壶爆破后随即装药，因孔壁温度过高导致早爆；电爆网路未按从工作面到电源的顺序进行连接引发早爆；使用非专用爆破电桥测量电爆网路或雷管等。

为防止射频电源和高压电网引起电雷管早爆，应注意以下问题：

（1）应调查清楚爆区附近有无射频电源及高压电网，爆区到射频电源及高压电网的距离应大于相应的安全距离（表8-5～表8-8）。如果爆区附近有射频电源或高压线并小于最小安全距离，则不应采用电爆网路。

表8-5 爆区与高压线的安全允许距离

电压/kV		3～6	10	20～50	50	110	220	400
安全允许距离/m	普通电雷管	20	50	100	100	—	—	—
	抗杂电雷管	—	—	—	—	10	10	16

表8-6 爆区与中长波电台（AM）安全允许距离

发射功率/W	5～25	25～50	50～100	100～250	250～500	500～1000
安全允许距离/m	30	45	67	100	136	198
发射功率/W	1000～2500	2500～5000	5000～10000	10000～25000	25000～50000	50000～100000
安全允许距离/m	305	455	670	1060	1520	2130

表8-7 爆区与移动式调频（FM）发射机的安全允许距离

发射功率/W	1～10	10～30	30～60	60～250	250～600
安全允许距离/m	1.5	3.0	4.5	9.0	13.0

表 8-8 爆区与甚高频（VHF）、超高频（UHF）电视发射机的安全允许距离

发射功率/W	1 ~ 10	10 ~ 10^2	10^2 ~ 10^3	10^2 ~ 10^4	10^4 ~ 10^5	10^5 ~ 10^6	10^6 ~ 5×10^6
VHF 安全允许距离/m	1.5	6.0	18.0	60.0	182.0	609.0	
UHF 安全允许距离/m	0.8	2.4	7.6	24.4	76.2	244.0	609.0

注：调频发射机（FM）的安全允许距离与 VHF 相同。

避免各类无线电波发射源进入爆区。爆区内发射源不能撤离的，在爆破作业时应关闭。手持式或其他移动式通信设备进入爆区应事先关闭。

（2）雷电引起早爆的原因有直接电击、静电感应和电磁场感应。其中雷击时产生的电磁感应是主要的。为防止雷电引起早爆，爆破作业期间应密切注意天气预报，掌握气象预报资料，宏观观察气象变化，避免在雷雨天气进行爆破作业。在雷雨季节实施爆破作业时，不应采用电爆网路。遇雷雨时应停止爆破作业。

电爆网路铺设时应避免离开地面悬挂，应顺直贴地铺平并有良好的绝缘，不能接地。网络应铺设成平行线或采用双绞线。避免导线围成较大面积的回路；

（3）在厂矿区内进行爆破作业使用电爆网路时，应对杂散电流进行检测，并采取相应措施，使爆区杂散电流降至 30mA 以下，否则应改为非电起爆。

（4）严格按《爆破安全规程》和操作规程进行爆破作业和施工，防止由于操作不当造成雷管或炸药早爆。

炸药与某些物质接触，会发生强烈反应而引起早爆，又称为自爆。例如，在高硫矿床中，具备下列条件时可能发生自爆：

（1）矿石中硫酸铁与硫化亚铁的铁离子之和（$Fe^{3+} + Fe^{2+}$）高于 0.3%；

（2）矿石水分在 3% ~4% 之间；

（3）矿石中存在一定浓度的硫酸。

高硫矿床中硝铵炸药自爆的危险提醒我们，在城市、厂矿爆破作业中，应注意炸药与其他化合物发生化学反应的可能性。对化学系统的工厂进行爆破作业时，更应引起注意。必要时，要进行硝酸铵与化工厂产品的化学反应试验。

8.2.2 迟爆及其预防

迟爆是炸药不按正常时间起爆，而是延迟一段时间后爆炸。发生迟爆事故主要有以下原因：

（1）起爆器材受潮变质，起爆能力不足，雷管起爆后未能引爆炸药，而是使炸药燃烧，燃烧的炸药反过来又引爆未起爆的雷管，从而引爆炸药。或燃烧的炸药形成高温高压的气体，反应不断加速，转为爆炸；

（2）炸药感度较低，雷管起爆后炸药燃烧，隔一段时间又转为爆炸；

（3）使用火雷管时由于导火索受潮或质量不合格发生缓燃、阴燃而引起迟爆。停止使用火雷管后可以大大降低迟爆事故。

防止迟爆事故的主要措施是加强爆破器材的管理和检验，防止使用不合格的爆破器材。按《爆破安全规程》规定的爆后等待时间进入爆区检查可以避免由于迟爆事故的发生所造成的损失。

8.2.3 盲炮及其处理

起爆后装药未能被引爆，称为拒爆。因各种原因造成拒爆的装药称为盲炮。拒爆通常有三种情况：雷管未爆，因而炸药也未爆，称为全拒爆；雷管爆炸，炸药未爆，称为半爆；雷管和部分炸药爆炸，剩余部分炸药未被引爆，称为残爆。导火索受潮、导爆管折断或漏气、电雷管失效或脚线被拉断，均能引起全拒爆，爆破网路连接后被破坏也会引起全拒爆，如导爆管起爆网路孔外延期时间过长而孔内延期时间较短，会造成先起爆的炮孔爆破后炸断网路，拆除爆破由于后期的防护工作也容易造成起爆网路的破坏。电力起爆时由于起爆电流不足也会引起全拒爆；炸药过期、受潮、感度降低，在有水炮孔中使用非抗水炸药或雷管起爆能不足，或导爆索未贴紧药包等原因，均可能引起半爆；起爆能不足，炸药未能达到稳定爆轰，或因不耦合装药产生管道效应，造成炮孔中的装药爆轰中止，致使炮孔内留下部分未爆的残药而形成残爆。

预防盲炮首先应该对储存的爆破材料定期检验，选用合格的炸药和雷管以及其他起爆材料；对有水炮孔或硐室，应排出炮孔或硐室中的积水，爆破材料应进行防水处理或使用抗水炸药。在装药和填塞作业时，应仔细进行，注意每一个环节，防止损坏起爆药包和破坏起爆网路。导爆管起爆网路孔外延期时，一定要坚持孔内高段位、孔外低段位的原则。

产生盲炮后，应立即封锁现场，由原施工的人员针对装药时的具体情况，找出原因，采取相应的措施。盲炮是爆破作业中常遇到的一种爆破事故，必须认真按照《爆破安全规程》和安全操作规程处理。

8.2.3.1 一般规定

处理盲炮前应由爆破领导人定出警戒范围，并在该区域边界设置警戒，处理盲炮时无关人员不准许进入警戒区。

应派有经验的爆破员处理盲炮，硐室爆破的盲炮处理应由爆破工程技术人员提出方案并经单位主要负责人批准。

电力起爆发生盲炮时，应立即切断电源，及时将盲炮电路短路。

导爆索和导爆管起爆网路发生盲炮时，应首先检查导爆管是否有破损或断裂，发现有破损或断裂的应修复后重新起爆。

不应拉出或掏出炮孔和药壶中起爆药包。

盲炮处理后，应仔细检查爆堆，将残余的爆破器材收集起来销毁；在不能确认爆堆无残留的爆破器材之前，应采取预防措施。

盲炮处理后应由处理者填写登记卡片或提交报告，说明产生盲炮的原因、处理的方法和结果、预防措施。

8.2.3.2 裸露爆破的盲炮处理

处理裸露爆破的盲炮，可去掉部分封泥，安置新的起爆药包，加上封泥起爆；如发现炸药受潮变质，则应将变质炸药取出销毁，重新敷药起爆。

处理水下裸露爆破和破冰爆破的盲炮，可在盲炮附近另投入裸露药包诱爆，也可将药包回收销毁。

8.2.3.3 浅孔爆破的盲炮处理

经检查确认起爆网路完好时，可重新起爆。

可打平行孔装药爆破，平行孔距盲炮不应小于0.3m，对于浅孔药壶法，平行孔距盲炮药壶边缘不应小于0.5m。为确定平行炮孔的方向，可从盲炮孔口掏出部分填塞物。

可用木、竹或其他不产生火花的材料制成的工具，轻轻地将炮孔内填塞物掏出，用药包诱爆。

可在安全地点外用远距离操纵的风水喷管吹出盲炮填塞物及炸药，但应采取措施回收雷管。

处理非抗水硝铵炸药的盲炮，可将填塞物掏出，再向孔内注水，使其失效，但应回收雷管。

盲炮应在当班处理，当班不能处理或未处理完毕，应将盲炮情况（盲炮数目、炮孔方向、装药数量和起爆药包位置，处理方法和处理意见）在现场交接清楚，由下一班继续处理。

8.2.3.4 深孔爆破的盲炮处理

爆破网路未受破坏，且最小抵抗线无变化者，可重新连线起爆；最小抵抗线有变化者，应验算安全距离，并加大警戒范围后，再连线起爆。

可在距盲炮孔口不少于10倍炮孔直径处另打平行孔装药起爆。爆破参数由爆破工程技术人员确定并经爆破领导人批准。

所用炸药为非抗水硝铵类炸药，且孔壁完好时，可取出部分填塞物向孔内灌水使之失效，然后做进一步处理。

8.2.3.5 硐室爆破的盲炮处理

如能找出起爆网路的电线、导爆索或导爆管，经检查正常仍能起爆者，应重新测量最小抵抗线，重划警戒范围，连线起爆。

可沿竖井或平硐清除填塞物并重新敷设网路连线起爆，或取出炸药和起爆体。

8.3 爆破安全管理

8.3.1 安全生产法律法规与技术标准

8.3.1.1 安全生产法

《中华人民共和国安全生产法》是我国安全生产的综合性法律，全面系统地规定了全国安全生产工作中各方面的关系及职责，具有丰富的法律内涵和规范作用。为加强对安全生产的监督管理，规范生产经营单位的安全生产行为提供了明确的法律依据。一切从事生产经营活动的国有企业事业单位、集体所有制的企业事业单位、股份制企业、中外合资经营企业、中外合作经营企业、外资企业、合伙企业、个人独资企业等，不论其经济性质如何、规模大小，只要从事生产经营活动的，都应遵守《中华人民共和国安全生产法》的各项规定，违反安全生产法规定的行为将受到法律的追究。《中华人民共和国安全生产法》分为7章97条。其主要内容包括总则、生产经营单位的安全生产保障、从业人员的权利和义务、安全生产的监督管理、生产安全事故的应急救援与调查处理、法律责任、附则等。

8.3.1.2 民用爆炸物品安全管理条例

《民用爆炸物品安全管理条例》对民用爆炸物品的生产、销售、购买、运输和爆破作业等做出了严格的规定，规范了民用爆炸物品生产、销售和购买、运输、爆破作业的许可证制度，明确规定对民用爆炸物品的流向实行监控制度。明确了政府有关主管部门的安全管理责任，规定国防科技工业主管部门负责民用爆炸物品生产、销售的安全监督管理。公安机关负责民用爆炸物品公共安全管理和民用爆炸物品购买、运输、爆破作业的安全监督管理，监控民用爆炸物品流向。明确了民用爆炸物品从业单位的安全管理责任。规定民用爆炸物品从业单位的主要负责人是本单位民用爆炸物品安全管理责任人，对本单位的民用爆炸物品安全管理工作全面负责；民用爆炸物品从业单位应当依法设置治安保卫机构或者配备治安保卫人员，设置技术防范设施，建立安全管理制度、岗位安全责任制度，制定安全防范措施和事故应急预案，设置安全管理机构或者配备专职安全管理人员。该条例设“法律责任”一章，对违反民用爆炸物品安全管理的行为分别规定了刑事责任和治安管理处罚以及其他行政处罚的法律责任。

8.3.1.3 安全技术标准

《爆破安全规程》（GB 6722）是从事爆破作业的技术标准，是爆破作业人员必须遵守的技术守则。《爆破安全规程》中规定了爆破作业、爆破器材的贮存、运输、加工、检验与销毁的安全技术要求及其管理工作要求。主要内容有爆破作业的基本规定、各类爆破作业的安全规定、安全允许距离与环境影响评价、爆破器材的安全管理等。

8.3.2 安全管理制度

安全管理制度是进行安全管理的各项制度的总称，是企业进行安全管理的主要手段。爆破作业单位应当建立安全管理制度、岗位安全责任制度，制定安全防范措施和事故应急预案，设置安全管理机构或者配备专职安全管理人员。爆破安全管理制度主要有：安全生产责任制度、安全生产投入保障制度、安全生产教育培训考核制度、安全生产检查制度、安全生产奖惩制度、安全生产会议制度、安全生产事故处理与报告管理制度、爆破器材仓库管理制度、消防安全管理制度等。

8.3.2.1 安全生产责任制度

安全生产责任制度，就是指由企业主要负责人应负的安全生产责任、其他各级管理人员、技术人员和各职能部门应负的安全生产责任，直到各岗位操作人员应负的本岗位安全生产责任所构成的企业全员安全生产制度，是企业安全生产规章制度中的重要组成部分。在企业安全生产责任制中，企业的主要负责人应对本单位的安全生产工作全面负责，其他各级管理人员、职能部门、技术人员和各岗位操作人员，应当根据各自的工作任务、岗位特点，确定其在安全生产方面应做的工作和应负的责任，并与奖惩制度挂钩。只有从企业主要负责人到各岗位操作人员人人都有明确的安全生产责任，人人都按照自己的职责做好安全生产工作，企业的安全生产工作才能真正落到实处，安全生产才能得到保障。生产企业应当根据本企业的具体情况，依据国家安全生产法律法规和安全技术标准，制定各级领导、工程技术人员、爆破作业人员及相关部门的职责，主要应包括：企业主要负责人安全生产职责；各职能部门的安全生产职责，各部门负责人安全生产职责；爆破工作领导人职责；爆破工程技术人、爆破员、安全员、保管员和押运员的职责等。《爆破安全规程》对爆破作业人员的任职条件及职责作了规定。

爆破工程技术人员的职责：

（1）负责爆破工程的设计和总结，指导施工，检查质量；

（2）制定爆破安全技术措施，检查实施情况；

（3）负责制定盲炮处理的技术措施，并指导实施；

（4）参加爆破事故的调查和处理。

爆破员的职责：

（1）保管所领取的爆破器材，不应遗失或转交他人，不应擅自销毁和挪作他用；

（2）按照爆破指令单和爆破设计规定进行爆破作业；

（3）严格遵守爆破安全规程和安全操作细则；

（4）爆破后检查工作面，发现盲炮和其他不安全因素应及时上报或处理；

（5）爆破结束后，将剩余的爆破器材如数及时交回爆破器材库。

爆破器材保管员的职责：

（1）负责验收、保管、发放和统计爆破器材，并保持完备的记录；

（2）对无爆破员安全作业证和领取手续不完备的人员，不得发放爆破器材；

（3）及时统计、报告质量有问题或过期变质失效的爆破器材；

（4）参加过期、失效、变质爆破器材的销毁工作。

爆破器材押运员的职责：

（1）负责核对所押运的爆破器材的品种和数量；

（2）监督运输工具及按规定的时间、路线、速度行驶；

（3）确认运输工具及其所装运爆破器材符合标准和环境要求，包括几何尺寸、质量、温度、防震等；

（4）负责看管爆破器材，防止爆破器材途中丢失、被盗或发生其他事故。

安全员应由经验丰富的爆破员或爆破工程技术人员担任，其职责是：

（1）负责本单位爆破器材购买、运输、贮存和使用过程中的安全管理；

（2）督促爆破员、保管员、押运员以及其他作业人员按照爆破安全规程和安全操作细则的要求进行作业，制止违章指挥和违章作业，纠正错误的操作方法；

（3）经常检查爆破工作面，发现隐患应及时上报或处理，工作面瓦斯超限时有权制止爆破作业；

（4）经常检查本单位爆破器材仓库安全设施的完好情况及爆破器材安全使用、搬运制度的实施情况；

（5）有权制止无爆破员安全作业证的人员进行爆破工作；

（6）检查爆破器材的现场使用情况和剩余爆破器材的及时退库情况。

8.3.2.2 爆破安全技术操作规程

爆破安全技术操作规程是为了保证爆破作业安全，依据《爆破安全规程》和有关法律法规和技术要求制定的，爆破作业人员必须遵守的爆破作业规则。爆破安全技术操作规程是根据爆破企业的性质、不同爆破作业的特点和技术要求，结合施工具体情况制定的安全操作守则。爆破安全技术操作规程中应规定爆破作业具体的步骤、技术要领和安全技术措施等。

8.3.2.3 应急救援预案

应急救援预案是针对爆破施工可能发生的爆破事故而事先制定的救援方案，是事故发生后为减少更大的损失而制定的技术措施和行动指南。应急救援预案应该包括以下主要内容：

（1）爆破工程概况。

（2）爆破施工潜在危险情况分析与评估。对可能发生的爆破事故分布、爆破有害效应进行分析，对爆破事故及有害效应对周围的影响范围和程度进行评估。

（3）应急指挥机构和职责。建立有效的应急指挥机构，明确人员和职责，组织实施和演练，检查督促做好重大事故的预防措施和应急救援的各项准备工作。发生重大事故时，组织指挥救援队伍实施救援行动。

（4）应急装备及通信网络和联络方式。为保证应急救援工作及时有效，事先必须配备必要的装备器材，包括抢险抢修、个体防护、医疗救援、通信联络等装备器材，并对通信方式和联络信号做出规定。

（5）应急救援专业队伍。组建包括抢险抢修队、医疗救护队、义务消防队、通讯保障队、治安队等在内的专业或业余应急救援队伍，应急救援队伍应经常演练，具有熟练的业务技能。

（6）预防事故的措施。根据其可能导致事故的途径，制定并采取有针对性的预防措施，避免事故发生。

（7）事故处置方案和处置程序。

（8）工程抢险抢修。有效的工程抢险抢修是控制事故、消灭事故的关键。抢险人员应根据事先拟订的方案，在做好个体防护的基础上，以最快的速度及时排险、抢险，消灭事故。

（9）现场医疗救护。对于受伤人员进行必要的现场救护，并迅速送至相关医院进行救治。

（10）紧急安全疏散。在发生重大事故，可能对区域内外人群安全构成威胁时，必须在指挥部统一指挥下，对与事故应急救援无关的人员进行紧急疏散。事故发生后应有紧急避险措施，防止事故进一步扩大和伤亡人员的增加，以及在抢险时发生二次事故。

（11）社会支援。企业一旦发生重大事故，本单位抢险抢救力量不足或有可能危及社会安全时，指挥部应立即向上级和相关单位通报，必要时请求社会力量援助。

8.3.3 爆破作业许可证制度

爆破作业是一种特殊的施工作业，爆破作业中使用的爆炸物品具有巨大的能量，一旦发生事故，会造成不可估量的损失。因此国家对民用爆炸物品的生产、销售、购买、运输和爆破作业实行许可证制度，对爆破作业（包括爆破设计、爆破施工、爆破安全评估和安全监理）实行分级管理。

未经许可，任何单位或者个人不得生产、销售、购买、运输民用爆炸物品，不得从事爆破作业。严禁转让、出借、转借、抵押、赠送、私藏或非法持有民用爆炸物品。

8.3.3.1 爆破工程分级

从事爆破作业的单位和人员必须具备相应的资质条件。爆破作业单位应当按照其资质等级承接爆破作业项目，爆破作业人员应当按照其资格等级从事爆破作业。不同级别的爆破工程应按规定进行相应的爆破设计、爆破安全评估、爆破工程安全监理、设计审批和爆破施工。

分级管理的原则是：（1）按药量分级，药量大者级别高；（2）按爆破环境分级，环境越复杂，安全要求越高，级别越高；（3）按爆破类型分，不同类型爆破分级的起点不同。爆破工程按工程类别、一次爆破总药量、爆破环境复杂程度和爆破物特征，分为 A、B、C、D 四个级别。各类爆破工程的分级方法详见《爆破安全规程》。

8.3.3.2 爆破作业人员

爆破作业人员是指从事爆破工作的工程技术人员、爆破员、安全员、保管员和押运员。爆破作业单位应当对本单位的爆破作业人员、安全管理人员、仓库管理人员进行专业技术培训。爆破作业人员应当经设区的市级人民政府公安机关考核合格，取得《爆破作业人员许可证》后，方可从事爆破作业。无民事行为能力人、限制民事行为能力人或者曾因犯罪受过刑事处罚的人，不得从事民用爆炸物品的生产、销售、购买、运输和爆破作业。

8.3.3.3 爆破作业单位

营业性爆破作业单位持《爆破作业单位许可证》到工商行政管理部门办理工商登记后，方可从事营业性爆破作业活动。申请从事爆破作业的单位，应当具备下列条件：

（1）爆破作业属于合法的生产活动；

（2）有符合国家有关标准和规范的民用爆炸物品专用仓库；

（3）有具备相应资格的安全管理人员、仓库管理人员和具备国家规定执业资格的爆破作业人员；

（4）有健全的安全管理制度、岗位安全责任制度；

（5）有符合国家标准、行业标准的爆破作业专用设备；

（6）法律、行政法规规定的其他条件。

8.3.4 爆破器材管理

国家建立民用爆炸物品信息管理系统，对民用爆炸物品实行标志管理，监控民用爆炸物品流向。民用爆炸物品生产企业、销售企业和爆破作业单位应当建立民用爆炸物品登记制度，如实将本单位生产、销售、购买、运输、储存、使用民用爆炸物品的品种、数量和流向信息输入计算机系统。

8.3.4.1 爆破器材购买

民用爆炸物品使用单位凭《民用爆炸物品购买许可证》购买民用爆炸物品，还应当提供经办人的身份证明。《民用爆炸物品购买许可证》应当载明许可购买的品种、数量、购买单位以及许可的有效期限。民用爆炸物品使用单位申请购买民用爆炸物品的，应当向所在地县级人民政府公安机关提出购买申请，并提交下列有关材料：

（1）工商营业执照或者事业单位法人证书；

（2）《爆破作业单位许可证》或者其他合法使用的证明；

（3）购买单位的名称、地址、银行账户；

（4）购买的品种、数量和用途说明。

8.3.4.2 爆破器材运输

运输民用爆炸物品的，应当凭《民用爆炸物品运输许可证》，按照许可的品种、数量运输。《民用爆炸物品运输许可证》应当载明收货单位、销售企业、承运人，一次性运输有效期限、起始地点、运输路线、经停地点，民用爆炸物品的品种、数量。

运输民用爆炸物品，收货单位应当向运达地县级人民政府公安机关提出申请，并提交包括下列内容的材料：

（1）民用爆炸物品生产企业、销售企业、使用单位以及进出口单位分别提供的《民用爆炸物品生产许可证》、《民用爆炸物品销售许可证》、《民用爆炸物品购买许可证》或者进出口批准证明；

（2）运输民用爆炸物品的品种、数量、包装材料和包装方式；

（3）运输民用爆炸物品的特性、出现险情的应急处置方法；

（4）运输时间、起始地点、运输路线、经停地点。

经由道路运输民用爆炸物品的，应当遵守下列规定：

（1）携带《民用爆炸物品运输许可证》；

（2）民用爆炸物品的装载符合国家有关标准和规范，车厢内不得载人；

（3）运输车辆安全技术状况应当符合国家有关安全技术标准的要求，并按照规定悬挂或者安装符合国家标准的易燃易爆危险物品警示标志；

（4）运输民用爆炸物品的车辆应当保持安全车速；

（5）按照规定的路线行驶，途中经停应当有专人看守，并远离建筑设施和人口稠密的地方，不得在许可以外的地点经停；

（6）按照安全操作规程装卸民用爆炸物品，并在装卸现场设置警戒，禁止无关人员进入；

（7）出现危险情况立即采取必要的应急处置措施，并报告当地公安机关。

民用爆炸物品运达目的地，收货单位应当进行验收后在《民用爆炸物品运输许可证》上签注，并在3日内将《民用爆炸物品运输许可证》交回发证机关核销。

禁止携带民用爆炸物品搭乘公共交通工具或者进入公共场所。禁止邮寄民用爆炸物品，禁止在托运的货物、行李、包裹、邮件中夹带民用爆炸物品。

运输装卸爆破器材的技术要求参见《爆破安全规程》相关条款。

8.3.4.3 爆破器材储存

民用爆炸物品应当储存在专用仓库内，并按照国家规定设置技术防范设施。爆破器材库应符合《地下及覆土火药炸药仓库设计安全规范》GB 50154 和《民用爆破器材工程设计安全规范》GB 50089 要求。储存民用爆炸物品应当遵守下列规定：

（1）建立出入库检查、登记制度，收存和发放民用爆炸物品必须进行登记，做到账目清楚，账物相符；

（2）储存的民用爆炸物品数量不得超过储存设计容量，对性质相抵触的民用爆炸物品必须分库储存，严禁在库房内存放其他物品；

（3）专用仓库应当指定专人管理、看护，严禁无关人员进入仓库区内，严禁在仓库区内吸烟和用火，严禁把其他容易引起燃烧、爆炸的物品带入仓库区内，严禁在库房内住宿和进行其他活动；

（4）民用爆炸物品丢失、被盗、被抢，应当立即报告当地公安机关。

在爆破作业现场临时存放民用爆炸物品的，应当具备临时存放民用爆炸物品的条件，并设专人管理、看护，不得在不具备安全存放条件的场所存放民用爆炸物品。

8.3.4.4 爆破器材检验与销毁

爆破器材的检验是保证安全可靠地进行爆破作业的一项重要工作。各类爆破器材的检验项目，参见产品的技术条件和性能标准，检验方法应严格执行相应的国家标准或行业标准。在爆破器材性能试验场进行性能试验时，应遵守《民用爆破器材工程设计安全规范》（GB 50089）的有关规定。爆破器材的外观检验由保管员负责，应定期抽样检查。爆破器材的爆炸性能检验，由爆破工程技术人员负责。对新入库的爆破器材，应抽样进行性能检验；有效期内的爆破器材，应定期进行主要性能检验。

经过检验，确认失效及不符合国家标准或技术条件要求的爆破器材，均应销毁或退回原发放单位；包装过硝化甘油类炸药有渗油痕迹的药箱（袋、盒），应予销毁。

销毁爆破器材，可采用爆炸法、焚烧法、溶解法、化学分解法。

（1）用爆炸法或焚烧法销毁爆破器材时，应在销毁场进行，销毁场应符合《民用爆破器材工程设计安全规范》（GB 50089）的规定。

（2）用爆炸法销毁爆破器材应按销毁技术设计进行，技术设计由单位爆破技术负责人批准并报当地公安机关备案。

（3）燃烧不会引起爆炸的爆破器材，可用焚烧法销毁。焚烧前，应仔细检查，严防其中混有雷管或其他起爆器材。

（4）不抗水的硝铵类炸药和黑火药可置于容器中用溶解法销毁。不应直接将爆破器材直接丢入河塘江湖及下水道中溶解销毁。

（5）采用化学分解法销毁爆破器材时，应使爆破器材达到完全分解，其溶液应经处理符合有关规定，方可排放到下水道。

（6）每次销毁爆破器材后，应对现场进行检查，如发现有残存爆破器材，应收集起来，进行再次销毁。

8.4 爆破设计

爆破设计是爆破工程中的一个重要环节，是组织爆破施工的技术依据。只有通过周密的设计，根据不同的爆破目的要求、不同的爆破对象和周围环境选择最佳的爆破方案，确定合理的爆破参数和施工工艺，才能安全可靠地组织施工，达到有效地控制爆破效果和有害效应的目的。

8.4.1 爆破设计的依据

爆破设计以前，应首先准备好爆破设计所依据的各种技术资料和文件。爆破设计的依据主要有以下几个方面：

（1）国家有关法律法规。除了《民用爆炸物品安全管理条例》和《爆破安全规程》外，还应包括爆破环境所能涉及的各种相关的法律法规、技术标准、行业规范等，如《中华人民共和国安全生产法》、《中华人民共和国矿山安全法》、《中华人民共和国劳动法》、《金属非金属矿山安全规程》、《煤矿安全规程》等。

（2）工程项目审批文件，包括上级部门的批准文件，爆破环境涉及的各部门允许从事爆破作业的批准文件和爆破区内有关单位同意爆破的协议书等。

（3）任务书、合同书、招标文件及业主提出的其他书面文件等。

（4）与工程项目有关的各种技术资料，包括爆破对象及爆区内的地形地质资料，建（构）筑物设计文件资料，矿山设计资料，气象资料，爆区内的设备设施及其他爆区环境资料，爆破器材试验资料等。

（5）预算定额。

（6）现场调研报告。对爆破现场的自然条件和环境状况进行详细的调查的第一手资料，以保证设计的准确性。

8.4.2 爆破设计的原则与设计程序

爆破设计应遵循技术上可行，经济上合理，安全上可靠的基本原则。

（1）应努力做到所采用的爆破设计方案通过合理的施工组织，能够有效实施，以达到预期的爆破效果和技术经济指标，所采用的各项技术措施在施工中都是可行的。

（2）通过提高炸药能量利用率，优化施工工艺，在满足各项技术和质量指标的前提下，使综合经济效益最高。不仅要考虑降低爆破施工的直接成本，还应考虑尽可能降低或避免爆破对周围环境造成的损失。

（3）保证爆破作业的安全以及环境的安全，把爆破地震、空气冲击波、个别飞散物、有害气体、噪声、粉尘和对生态环境影响限制在允许的范围以内。应采取可靠的安全技术措施，做到安全施工、文明施工。

爆破工程均应编制爆破技术设计文件。矿山深孔爆破和其他重复性爆破设计，允许采用标准技术设计。爆破实施后应为爆破技术设计补充爆破效果评价，构成完整的工程文件。爆破技术设计、标准技术设计以及设计修改补充文件，均应签字齐全并编录存档。

8.4.3 爆破设计的主要内容

爆破技术设计分说明书和图纸两部分，应包括以下内容：

（1）工程概况，即爆破对象、爆破环境概述及相关图纸，爆破工程的质量、工期、安全要求。

（2）爆破技术方案，即方案比较、选定方案的钻爆参数及相关图纸。

（3）起爆网路设计及起爆网路图。

（4）安全设计及防护、警戒图。

复杂环境爆破技术设计应制定应对复杂环境的方法、措施及应急预案。

8.5 爆破施工组织与管理

8.5.1 爆破施工作业的环境要求

爆破作业环境泛指爆区及爆区周围的自然条件、环境状况及其对爆破安全的影响，即爆区及周围的地形地质条件、气象条件、水文条件、有害气体情况，爆区及周围的居民楼、办公楼、厂房等各种建（构）筑物、道路、各种管线及其他设施的分布情况、结构特点、重要程度及对爆破的安全要求，居民及各种人员活动情况，爆区可能存在的射频电源、杂散电流、危险的地形地质条件、高温环境等对爆破安全的影响。

爆破前应对爆区周围的自然条件和环境状况进行调查，了解危及安全的不利环境因素，采取必要的安全防范措施。

爆破作业场所有下列情况之一时，不应进行爆破作业：

（1）距工作面20m以内的风流中瓦斯含量达到1%或有瓦斯突出征兆的；

（2）爆破会造成巷道涌水、堤坝漏水、河床严重阻塞、泉水变迁的；

（3）岩体有冒顶或边坡滑落危险的；

（4）硐室、炮孔温度异常的；

（5）地下爆破作业区的有害气体浓度超过规定的；

（6）爆破可能危及建（构）筑物、公共设施或人员的安全而无有效防护措施的；

（7）作业通道不安全或堵塞的；

（8）支护规格与支护说明书的规定不符或工作面支护损坏的；

（9）危险区边界未设警戒的；

（10）光线不足、无照明或照明不符合规定的；

（11）未按《爆破安全规程》的要求做好准备工作的。

露天、水下爆破装药前，应与当地气象、水文部门联系，及时掌握气象、水文资料，遇以下特殊恶劣气候、水文情况时，应停止爆破作业，所有人员应立即撤到安全地点：

（1）热带风暴或台风即将来临时；

（2）雷电、暴雨雪来临时；

（3）大雾天气，能见度不超过100m时；

（4）风力超过六级，浪高大于1.0m时，水位暴涨暴落时。

采用电爆网络时，应对高压电、射频电等进行调查，对杂散电流进行测试；发现存在危险，应立即采取预防或排除措施。

8.5.2 爆破施工组织设计

施工组织设计是施工准备阶段的一项非常重要的内容，其目的是为实现爆破工程任务，选择科学的施工方案并做出合理的安排，作为施工的依据，协调各施工单位之间、各工种之间、资源与时间之间、各资源之间的合理关系，使爆破工程能够安全、可靠、科学、合理地实施，取得相对最优的爆破效果。

施工组织设计编制的依据是：

（1）爆破设计文件，包括已批准的爆破技术设计、施工图设计、施工招投标文件及施工合同等；

（2）有关的工程规范；

（3）与爆破工程有关的环境技术资料，包括地形地质资料、工程水文地质资料、气象资料、爆破器材试验资料等；

（4）施工中可能配备的人力、机械设备，施工经验，技术状况等。

A级和B级爆破工程，应单独编制爆破施工组织设计，C级、D级爆破工程，可以一次完成施工图设计与施工组织设计。

施工组织设计一般应包括以下主要内容：

（1）工程概况及施工方法、设备、机具概述；

（2）施工准备；

（3）钻孔工程或硐室、导硐开挖工程的设计及施工组织；

（4）装药及填塞组织；

（5）起爆网路敷设及起爆站；

（6）安全警戒与撤离区域及信号标志；

（7）主要设施与设备的安全防护；

（8）预防事故的措施；

（9）爆破指挥部的组织；

（10）爆破器材购买、运输、贮存、加工、使用的安全制度；

（11）工程进度表。

8.5.3 爆破施工前的准备工作

在爆破施工前，应做好充分的准备工作，为顺利施工创造良好的条件。施工准备工作主要包括组织指挥系统与施工队伍的准备、施工物资的准备和施工现场准备三个方面。

8.5.3.1 组织指挥系统与施工队伍准备

根据爆破工程的类型及级别，建立爆破工程指挥部或项目经理部，全面指挥和统筹安排爆破工程的各项工作。建立施工、起爆、物资供应、安全保卫与警戒、安全监测、后勤及救援等职能部门，明确各部门的责任。组织机构反映了生产要素相结合的结构形式，即管理活动中各种职能的横向分工和层次划分。组织结构必须保证决策指挥的统一和有利于全过程及全局的控制。

根据爆破工程的性质和工程量的大小，组织熟练的爆破施工队伍。施工人员应有从事爆破作业的经验，身体健康。在进行施工以前，要对爆破施工人员进行安全技术教育，学习有关安全规程和操作规范。做到安全施工，文明施工。

从事爆破施工的企业，应设有爆破工作领导人、爆破工程技术人员、爆破段（班）长、安全员、爆破员。设立爆破器材库的，还应有爆破器材库主任、保管员、押运员。

8.5.3.2　施工物资准备

施工物资准备包括钻孔、装药等施工机具的准备、爆破器材的准备和防护材料的准备等。

施工机具主要有凿岩机或钻机、空压机、风镐、装载机、挖掘机、机械破碎设备、炸药混装车等。应根据工程量的大小安排设备数量。在施工以前对施工机具进行检修，保证施工中的作业效率。

爆破器材的准备应严格按《民用爆炸物品安全管理条件》的有关规定执行。

拆除爆破工程、城镇复杂环境下的浅孔和深孔爆破工程应准备充足的防护材料，在爆破过程中做好防护工作，防止个别飞散物的产生。防护材料应因地制宜，根据爆破防护要求就地解决。

8.5.3.3　施工现场准备

在施工现场准备阶段应首先发布施工通告。施工通告内容应包括：工程名称、业主单位、设计施工单位、安全评估单位、安全监理单位、工程负责人及联系方式、爆破作业时限等。装药前1～3天应发布爆破通告，内容包括：爆破地点、每次爆破时间、安全警戒范围、警戒标志、起爆信号等。爆破通告除以书面形式通知当地有关部门、周围单位和居民外，还应以布告形式进行张贴。

邻近交通要道的爆破需进行临时交通管制时，应预先申请并至少提前3天由交管部门会同公安部门发布爆破施工交通管制通知。

在邻近通航水域进行爆破施工时，应在3日以前通知港航监督部门。

爆破可能危及供水、排水、供电、供气、通信等线路以及运输交通隧道时，爆破前都应向有关单位发出通知，并采取相应的应急措施。

在同一地区同时进行露天、地下、水下深孔或几个爆破作业单位平行作业时，应由建设单位组织协商后共同发出施工通告和爆破公告。

施工现场准备的主要工作是规划施工现场，清理场地、确定警戒范围、设立岗哨并建立通讯联络。A级、B级、C级、D级爆破工程，应根据爆破施工组织设计文件要求和场地条件，对施工场地进行规划，并根据场地规划要求开展施工现场清理与准备工作。施工场地规划内容应涉及：

（1）爆破施工区段或爆破作业面划分及其程序编排；爆破与清运需交叉循环作业时，应制定减少施工作业相互干扰的措施；

（2）有碍爆破作业的障碍物或废旧建（构）筑物的拆除与处理方案；

（3）现场施工机械配置方案及其安全防护措施；

（4）夜间施工照明与施工用风、水、电供给系统敷设方案，施工器材、机械维修场地布置；

（5）施工用爆破器材现场临时保管、施工用药包现场制作与临时存放场所安排及其安全保卫措施；

（6）施工现场安全警戒岗哨、避炮防护设施与工地警卫值班设施布置；

（7）施工现场防洪与排水措施安排。

开始施工之前，应制定施工安全与施工现场管理的各项规章制度。

爆破指挥部应与爆破施工现场、起爆站、主要警戒岗哨建立并保持通讯联络；不成立指挥部的，在起爆站和警戒岗哨间应建立并保持通讯联络。

现场生产和生活需要建立临时设施时，应遵照当地有关规定规划布置并符合卫生要求和防火要求。

拆除爆破和城镇浅孔爆破工程应采用封闭式施工，将施工区域围挡起来，以保证施工作业方便和行人安全。围挡爆破作业地段，设置明显的工作标志，并设警戒，在邻近交通要道和人行通道的方位或地段应设置防护屏障。

8.5.4 爆破施工作业的有关规定

在施工作业中必须坚定不移地贯彻“安全第一，预防为主”的安全生产方针。施工组织者应针对爆破施工对象的特点和现场施工条件，按照国家有关的法律法规要求，制定切实可行的安全管理制度和质量保证体系，建立和健全岗位责任制，使每个作业人员都熟悉安全技术规程和劳动保护规定，每个爆破施工工序都有安全技术措施和质量保证措施。通过规范装药、填塞、起爆网路及爆后检查等工序，做到安全、可靠、高效、经济地实施爆破作业。

8.5.4.1 装药前的准备工作

装药前应做好炮孔或硐室的检查与验收、爆破器材准备、填塞材料准备及作业场地清理等工作。

深孔检查的主要内容有：

（1）孔深、底盘抵抗线与孔网参数是否与设计相符；

（2）炮孔含水情况；

（3）是否有堵孔现象。

验孔时，应将孔口周围0.5m范围内的碎石、杂物清除干净，孔口岩壁不稳者，应进行维护。深孔验收标准是：孔深允许误差±0.2m，间排距允许误差±0.2m，偏斜度允许误差2%；发现不合格钻孔应及时处理，未达验收标准不得装药。如果孔网参数或底盘抵抗线有变化而又不需要补孔时，应对装药量进行修正。

硐室爆破时，应对导硐、药室等掘进工程进行检查验收。检查验收的主要内容有：

（1）应把平硐（小井）口0.7m范围内的碎石、杂物清除干净，并检查支护情况；应清除导硐和药室中一切残存的爆破器材、积渣和导电金属；

（2）检查井、巷、药室的顶板和边壁，发现药室顶板、边壁不稳固时，应加强支护；

（3）当药室有渗水和漏水时，应将药室顶板和边壁用防水材料搭成防水棚，导水至底板，由排水沟或排水管排出。如果药室底积水不多，可设积水坑积水，并在其上铺盖木板；

（4）如采用电爆网络起爆，应在硐内检测杂散电流且其值不应大小 30mA，否则应采取相应措施；

（5）各药室之间的施工道路应清除浮石，斜坡的通道宽度应不小于 1.2m；当坡度大于 30°时，应设置梯子或栏杆；

（6）应通过测量和地质测绘提交准确的药室竣工资料。资料中应详细注明药室的几何尺寸、容积、中心坐标，影响药室爆破效果的地质构造及其与药室中心、药包最小抵抗线的关系等数据；

（7）经测量药室中心坐标的误差不应超过 ±0.3m，药室容积不应小于设计要求。

装药前应对所使用的爆破器材进行外观检查，对电雷管进行电阻值测定，对使用的仪表、电线、电源进行必要的性能检验，并根据炮孔硐室的装药量、炸药品种和起爆方法，准备好炸药和起爆药包。

爆破器材外观检查项目和要求：

（1）雷管管体不应压扁、破损、锈蚀，加强帽不应歪斜；

（2）导爆索表面要均匀且无折伤、压痕、变形、霉斑、油污；

（3）导爆管管内无断药，无异物或堵塞，无折伤、油污、穿孔，端头封口；

（4）粉状硝铵类炸药不应吸湿结块，乳化和水胶炸药不应稀化或变硬。

对于 A 级、B 级岩土爆破工程和 A 级拆除爆破工程进行以下项目的检测和试验：

（1）炸药的爆速和殉爆距离；

（2）延时电雷管的延时时间；

（3）导爆索的爆速、起爆能力；

（4）导爆管传爆速度，延时导爆管雷管的延时时间；

（5）起爆网路及其连接方式的传爆试验；

（6）爆破漏斗试验或构件试爆。

起爆电源及仪表的检验内容有：

（1）起爆器的充电电压、外壳绝缘性能；

（2）采用交流电起爆时，应测定交流电压，并检查开关、电源及输电线路是否符合要求；

（3）各种连接线、区域线、主线的材质、规格、电阻值和绝缘性能；

（4）爆破专用电桥、欧姆表和导通器的输出电流及绝缘性能。

起爆药包加工，应在专用的房间或指定的安全地点进行，不应在爆破器材存放间、住宅和爆破作业地点加工。深孔爆破使用无雷管感度炸药时，应使用有雷管感度炸药作起爆药包。硐室爆破应按设计要求制作起爆体并符合以下规定：

（1）起爆体应在专门的场所，由熟练的爆破员加工。加工起爆体时，应一人操作，一人监督，在周围 50m 以外设置警戒，无关人员不准许进入；

（2）加工起爆体使用的雷管应逐个挑选。装入起爆体内的电雷管脚线长度应为 20～30cm，起爆体加工完后应重新测量电阻值。加工好的起爆体上应标明药包编号、雷管段别和电雷管起爆体装配电阻值；

（3）置于起爆体内的电雷管与连接线接头，应严密包扎，不应有药粉进入接头中，接头不应在搬运和连线时承受拉力；

（4）起爆体外壳宜用木箱或硬纸箱制成，其内装满经选择的优质炸药，每个起爆体炸药量不宜超过20kg；

（5）应在起爆体（箱子端面）开口引出导线（管）和导爆索，并将其在开口处锁定，拉动导线和导爆索时箱内雷管不应受力；

（6）起爆雷管应与导爆索结、电线连接头紧密捆绑，且固定在木箱中央；

（7）起爆体包装应有防潮防水措施。

装药前还应准备足够的填塞材料。浅孔爆破使用黏土和沙混合而成的炮泥进行填塞，露天深孔爆破可使用钻孔岩屑作为填塞材料，不应使用石块和易燃材料填塞炮孔。水下炮孔可用碎石渣填塞。硐室爆破填塞材料宜利用开挖导硐和药室时的弃渣，或外挖碎块沙石土，不应使用腐殖土、草根等密度小的材料。应确保填塞材料满足填塞的要求。

装药前还应对作业场地、爆破器材堆放场地进行清理，并再次核对炸药品种、药量、雷管段数是否符合要求，再次对准备装药的全部炮孔、药壶、蛇穴、药室进行检查。

8.5.4.2　装药

从炸药运入现场开始，应划定装药警戒区，警戒区内应禁止烟火；搬运爆破器材应轻拿轻放，不应冲撞起爆药包。

做好原始记录，包括装药基本情况、出现的问题及处理措施。

在铵油、重铵油炸药与导爆索直接接触的情况下，应采取隔油措施或采用耐油型的导爆索；

炮孔及药壶、蛇穴爆破采用人工装药时，装药过程中应注意以下事项：

（1）应使用木质或竹制炮棍；

（2）不应投掷起爆药包和敏感度高的炸药，起爆药包装入后应采取有效措施，防止后续药卷直接冲击起爆药包；

（3）在装药过程中，不应拔出或硬拉起爆药包中的导火索、导爆管、导爆索和电雷管脚线；

（4）应避免炮孔卡塞。装药发生卡塞时，若在雷管和起爆药包放入之前，可用非金属长杆处理。装入起爆药包后，不应用任何工具冲击、挤压。

炮孔卡塞的主要原因有：

（1）有水炮孔装药时，炸药在水中下降缓慢，装药速度超过炸药下降速度造成堵孔；

（2）炸药块度过大，在孔内被卡住；

（3）装药过程中将孔口的浮石带入孔内或孔内松石卡在孔中造成卡孔；

（4）起爆药包装在孔中某一部位，未与下面炸药紧密接触，造成堵孔。

在大规模爆破工程中，为了加快施工进度，允许预装药。进行预装药作业时，应遵守以下规定：

（1）应制定安全作业细则并经爆破工作领导人审批；

（2）预装药爆区应设专人看管，并插红旗作警示标志，无关人员和车辆不可进入预装药爆区；

（3）预装药时间不宜超过 7 天；

（4）雷雨季节露天爆破不宜进行预装药作业；

（5）高温、高硫区不应进行预装药作业；

（6）预装药所使用的雷管、导爆管、导爆索、起爆药柱等起爆材料应具有防水防腐性能；

（7）预装药炮孔的电雷管引出导线，应有防水和防腐蚀能力；

（8）正在钻进的炮孔和预装药孔之间，应有 10m 以上的安全隔离区；

（9）预装药炮孔应在当班进行填塞，填塞后应注意观察炮孔内装药长度的变化。由炮孔引出的起爆导线应短路，导爆管端口应可靠密封，预装药期间不应连接起爆网络。

装药作业应有良好的照明。在黄昏和夜间等能见度差的条件下，不宜进行地面及水下爆破的装药工作，如确需进行装药作业时，应有足够的照明设施保证作业安全。爆破装药现场不应用明火照明，采用电灯照明时，在距爆破器材 20m 以外可装 220V 的照明器材，在作业现场或硐室内使用电压不高于 36V 的照明器材。从带有电雷管的起爆药包或起爆体进入装药警戒区开始，装药警戒区内应停电，可采用安全蓄电池灯、安全灯或绝缘手电筒照明。《爆破安全规程》对采用机械化装药也做了相应的规定。

硐室爆破装药是一项工作量大、涉及劳动力较多、时限性强、危险性大的工作。在装药工作以前，除了做好各项准备工作，建立健全岗位责任制外，还应周密安排施工组织计划，在施工过程中，密切注意装药情况及新的情况发生，及时解决问题，确保装药工作有条不紊地进行。硐室爆破装药工作应注意以下事项：

（1）每个导硐口或小井口应设专门标志，标明导硐或小井的编号，各药室的编号、设计炸药品种和数量，起爆体雷管段别等内容。有专人负责记录实际装入各药室的炸药品种、数量和起爆体雷管段别，与设计数量核对无误后，方允许填卡、签字或盖章，交爆破工程技术人员或爆破工作负责人。

爆破工程技术人员或爆破工作负责人，应随时检查、核实各硐室的装药量和起爆体雷管段别及其安放和连接是否正确。

（2）药室的装药作业，应由爆破员或由爆破员带领经过培训的人员进行。安装、连接起爆体的作业，应由爆破员进行，安装前应再次确认起爆体的雷管段别是否正确。

（3）硐室装药，应使用 36V 以下的低压电源照明，照明线路应绝缘良好，照明灯应设保护网，灯泡与炸药堆之间的水平距离不应小于 2m。装药人员离开硐室时，应将照明电源切断。

装有电雷管的起爆药包或起爆体运入前，应切断一切电源，拆除一切金属导体，并应采用蓄电池灯、安全灯或绝缘的手电筒照明。

装药和填塞过程中不应使用明火照明。

夜间装药，硐外可采用普通电源照明。照明灯应设保护网，线路应采有绝缘胶线，灯具和线路与炸药堆和硐口之间的水平距离应大于 20m。

（4）硐室内有水时，应进行排水或对非防水炸药采取防水措施。潮湿的硐室，不应散装非防水炸药。

（5）硐室装药应将炸药成袋（包）码放整齐，相互密贴，威力较低的炸药放在药室周边，威力较高的炸药放置在正、副起爆体和导爆索的周围，起爆体应按设计要求安放。

不耦合装药条形药包的炸药宜放置在靠近抵抗线的一侧。

（6）用人力往导硐或小井口搬运炸药时，每人每次搬运量不应超过两箱（袋），搬运工人行进中，应保持1m以上的间距，上下坡时应保持5m的间距。

往硐室运送炸药时，不应与雷管混合运送；起爆体、起爆药包或已经接好的起爆雷管，应由爆破员携带运送。

8.5.4.3 填塞

填塞是保证爆破质量的一项重要工序。硐室、深孔、浅孔爆破都应进行填塞，不应使用无堵塞爆破。

不应使用石块和易燃材料填塞炮孔，水下炮孔可用碎石渣填塞。用水袋填塞时，孔口应用不小于0.15m炮泥将炮孔填满堵严。水平孔和上向孔填塞时，不应在起爆药包或起爆药柱至孔口段直接填入木楔。不应捣鼓直接接触药包的填塞材料或用填塞材料冲击起爆药包。分段装药的炮孔，其间隔填塞长度应按设计要求执行。发现有填塞物卡孔应及时进行处理（可用非金属杆或高压风处理）。复杂环境深孔爆破填塞长度宜大于底盘抵抗线与装药顶部抵抗线平均值的1.2倍。如有困难时，填塞长度可适当减少，但不应小于上述平均值的1倍，并采取控制飞石的有效措施。

硐室爆破填塞应遵循以下规定：

（1）平硐填塞，应在导硐内壁上标明按设计规定的填塞位置和长度；

（2）填塞时，药室口和填塞段各端面应采用装有沙、碎石的编织袋堆砌，其顶部用袋料码砌填实，不应留空隙；

（3）在有水的导硐和药室中填塞时，应在填塞段底部留一排水沟，并随时注意填塞过程中的流水情况，防止排水沟堵塞；

（4）小井填塞，应先将横巷部分按平硐填塞要求进行填塞；

（5）应保护好从药室引出的起爆网路，保证起爆网路不受损坏；

（6）应有专人负责检查填塞质量。填塞完毕，应进行验收。

煤矿井下爆破炮孔填塞材料应用黏土或不燃性材料，如沙子、黏土和沙子的混合物。不应用煤粉、块状材料或其他可燃性材料。炮孔填塞长度应符合下列要求：

（1）炮孔深度小于0.6m时，不应装药、爆破；在特殊条件下，如挖底、刷帮、挑顶确需浅孔爆破时，应制定安全措施，炮孔深度可以小于0.6m，但应封满炮泥；

（2）炮孔深度为0.6~1m时，封泥长度不应小于炮孔长度的二分之一；

（3）炮孔深度超过1m时，封泥长度不应小于0.5m；

（4）炮孔深度超过2.5m时，封泥长度不应小于1m；

（5）光面爆破时，周边光爆炮孔应用炮泥封实，且封泥长度不得小于0.3m；

（6）工作面有两个或两个以上自由面时，在煤层中最小抵抗线不得小于0.5m，在岩层中最小抵抗线不应小于0.3m；浅孔装药爆破大岩块时，最小抵抗线和封泥长度都不应小于0.3m；

（7）炮孔用水炮泥封堵时，水炮泥外剩余的炮孔部分应用黏土炮泥封实，其长度不小于0.3m；

（8）无封泥，封泥不足或不实的炮孔严禁爆破；

（9）有煤（岩）和瓦斯突出危险的采掘工作面，废炮孔也应在爆破前用炮泥封实。大直径钻孔的填塞深度，应超过炮孔装药的长度。

8.5.4.4 起爆网路

起爆网路的可靠性是安全可靠地实施爆破作业的关键。首先应根据爆破工程的性质选择合适的起爆方法和起爆网路，并进行精心设计。

各种起爆网路，均应使用现场检验合格的起爆器材，起爆网路应严格按设计进行连接。在可能对起爆网路造成损害的部位，应采取措施保护穿过该部位的网路。敷设起爆网路应由有经验的爆破员或爆破技术人员实施并实行双人作业制。

采用电力起爆网路，同一起爆网路应使用同厂、同批、同型号的电雷管，电雷管的电阻值差不得大于产品说明书的规定。电爆网路不应使用裸露导线，不得利用铁轨、钢管、钢丝作爆破线路，爆破网路应与大地绝缘，电爆网路与电源之间宜设置中间开关。

雷雨天不应采用电爆网路。

起爆网路的连接，应在工作面的全部炮孔（或药室）装填完毕，无关人员全部撤至安全地点之后，由工作面向起爆站依次进行。

导爆索起爆网路的连接应遵守下列规定：

（1）切割导爆索应使用锋利刀具，不应用剪刀剪断导爆索；

（2）导爆索起爆网路应采用搭接、水手结等方法连接；搭接时两根导爆索搭接长度不应小于15cm，中间不得夹有异物和炸药卷，捆扎应牢固，支线与主线传爆方向的夹角应小于90°；

（3）连接导爆索中间不应出现打结或打圈；交叉敷设时，应在两根交叉导爆索之间设置厚度不小于10cm的木质垫块；

（4）起爆导爆索的雷管与导爆索捆扎端端头的距离应不小于15cm，雷管的聚能穴应朝向导爆索的传爆方向。

导爆管起爆网路的连接应遵守下列规定：

（1）导爆管网路应严格按设计进行连接，导爆管网路中不应有死结，炮孔内不应有接头，孔外相邻传爆雷管之间应留有足够的距离；

（2）用雷管起爆导管网路时，起爆导爆管的雷管与导爆管捆扎端端头的距离应不小于15cm，应有防止雷管聚能穴炸断导爆管和延时雷管的气孔烧坏导爆管的措施，导爆管应均匀地敷设在雷管周围并用胶布等捆扎牢固；

（3）用导爆索起爆导爆管时，宜采用垂直连接。

作业人员在网路敷设时还应注意以下事项：

（1）充分了解设计意图，严格按设计要求进行连接和敷设；

（2）敷设网路前应清理场地，将包装材料及各种工具清理干净，这不仅有利于保证网路敷设的方便，防止漏接、错接，便于网路的检查，更重要的是防止爆破器材的丢失；

（3）在敷设前应对整个爆区进行规划，使网路敷设尽量合理，有利于检查，防止出现网路交叉；

（4）网路敷设应在全部炮孔装填完毕，无关人员全部撤离后进行，在爆破区域内应停止其他一切施工；

（5）作业人员连线时应擦净手上的油污、泥土和药粉；

（6）各种起爆网路连接不要太紧，有适当的余量。

硐室爆破和其他 A 级、B 级爆破工程，应进行起爆网路试验。

电力起爆网路应进行实爆试验或等效模拟试验。起爆网路实爆试验应按设计网路连接起爆，等效模拟试验，至少应选一条支路按设计方案连接雷管，其他各支路可用等效电阻代替。

大型导爆索起爆网路或导爆管起爆网路试验，应按设计连接起爆，或至少选一组（对地下爆破选一个分区）典型的起爆网路进行实爆，对重要爆破工程，应考虑在现场条件下进行网路实爆。

起爆网路连接后，应进行检查。起爆网路检查，应由有经验的爆破员组成的检查组担任，检查组不得少于两人。电力起爆网路，应检查以下项目：

（1）电源开关是否接触良好，开关及导线的电流通过能力是否能满足设计要求；

（2）网路电阻是否稳定，与设计值是否相符；

（3）网路是否有接头接地或区锈蚀，是否有短路或开路；

（4）采用起爆器起爆时，应检验其起爆能力。

导爆索或导爆管起爆网路应检查：

（1）有无漏接或中断、破损；

（2）有无打结或打圈，支路拐角是否符合规定；

（3）雷管捆扎是否符合要求；

（4）线路连接方式是否正确、雷管段数是否与设计相符；

（5）网路保护措施是否可靠。

硐室爆破由于装药量大，装药时间长，起爆网路发生破坏的可能性增大。而一旦起爆网路发生破坏，则会大大增加填塞工程量，延长施工时间，施工的不安全性成倍增加。因此硐室爆破应采用复式起爆网路，对起爆网路的连接提出更为严格的要求（参见 7.4.4 小节）。

8.5.4.5 爆破警戒与信号

根据装药的危险范围和爆破安全距离，确定装药警戒范围和爆破警戒范围。在装药过程中，应在装药警戒范围的边界设置明显标志并派出警戒岗哨。预警信号发出后，在爆破警戒范围的边界设置明显标志并派出警戒岗哨，直至解除信号发出，岗哨才允许撤离。警戒的任务是在装药和起爆过程中防止无关人员、设备、车辆进行装药警戒范围和爆破警戒范围。

执行警戒任务的人员，应按指令到达指定地点并坚守工作岗位。警戒人员应忠于职守，认真负责，佩戴标志、携带信号旗、口哨等，与指挥部和起爆站建立必要的通讯联系。

起爆信号分预警信号、起爆信号和解除信号三种。

（1）预警信号。预警信号发出后爆破警戒范围内开始清场工作。

（2）起爆信号。起爆信号应在确认人员、设备等全部撤离爆破警戒区，所有警戒人员到位，具备安全起爆条件时发出。起爆信号发出后，准许负责起爆的人员起爆。

（3）解除信号。安全等待时间过后，检查人员进入爆破警戒范围内检查、确认安全后，方可发出解除爆破警戒信号。在此之前，岗哨不得撤离，不允许非检查人员进入爆破警戒范围。

各类信号均应使爆破警戒区域及附近人员能清楚地听到或看到。

8.5.4.6　爆后检查

爆破后检查的任务是检查爆破后有无未爆炸的炸药、雷管、导爆索、导爆管等爆破材料，检查爆破后的现场有无不安全因素及危险情况。

露天浅孔、深孔、特种爆破，爆后应超过5min，方准许检查人员进入爆破作业地点。如不能确认有无盲炮，应经15min后才能进入爆区检查。露天爆破经检查确认爆破点安全后，经当班爆破班长同意，方准许作业人员进入爆区。

地下矿山和大型地下开挖工程爆破后，经通风吹排烟、检查确认井下空气合格、等待时间超过15min后，方准许作业人员进入爆破作业地点。

拆除爆破，应等待倒塌建（构）筑物和保留建筑物稳定之后，方准许人员进入现场检查。

硐室爆破、水下深孔爆破及其他爆破作业，爆后的等待时间，由设计确定。

爆破后应检查的内容有：

（1）确认有无盲炮；

（2）露天爆破爆堆是否稳定，有无危坡、危石、危墙、危房及未炸倒建（构）筑物；

（3）地下爆破有无瓦斯及地下水突出，有无冒顶、危岩，支撑是否破坏，有害气体是否排除；

（4）在爆破警戒区内公用设施及重点保护建（构）筑物安全情况。

检查人员发现盲炮及其他险情，应及时上报或处理。处理前应在现场设立危险标志，并采取相应的安全措施，无关人员不应接近。

发现残余爆破器材应收集上缴，集中销毁。

参考文献

[1] 汪旭光，郑炳旭．工程爆破名词术语[M]．北京：冶金工业出版社，2005.
[2] 伯根格伦．诺贝尔传[M]．孙文芳译．长沙：湖南人民出版社，1983.
[3] 杜邦公司．爆破手册[M]．龙维祺译．北京：冶金工业出版社，1986.
[4] 郭声琨，汪旭光，陈积松．中国工程爆破的成就与发展战略[J]．工程爆破，1999，5(4)：1～7.
[5] 成新法．矿用炸药[M]．北京：煤炭工业出版社，1995.
[6] 北京工业学院八系．爆炸及其作用[M]．北京：国防工业出版社，1979.
[7] 李翼祺，马素贞．爆炸力学[M]．北京：科学出版社，1992.
[8] 陶颂霖．凿岩爆破[M]．北京：冶金工业出版社，1986.
[9] 戴俊．爆破工程[M]．北京：机械工业出版社，2005.
[10] 东兆星，邵鹏．爆破工程[M]．北京：中国建筑工业出版社，2005.
[11] 高尔新，杨仁树．爆破工程[M]．北京：中国矿业大学出版社，1999.
[12] 刘殿中．工程爆破实用手册[M]．北京：冶金工业出版社，1999.
[13] 于亚伦．工程爆破理论与技术[M]．北京：冶金工业出版社，2007.
[14] 周康波．铵（梯）油类粉状炸药复合油相的研究[J]．爆破器材，2001，30(4)：4～7.
[15] 曹震．BC 型露天装药车的炸药计量控制[J]．江西冶金，2003，23(3)：28～30.
[16] 陆明，吕春绪，刘祖亮，等．膨化硝酸铵的膨化过程研究[J]．火炸药学报，1999(3)：15～18.
[17] 金校元，宫永军．现场混装炸药车在南芬露天矿的应用[J]．中国矿业，1997，6(专刊)：103～105.
[18] 康廷璋，张晓智，李子强，等．粉状乳化炸药的生产与应用．工程爆破，2003，9(1)：48～52.
[19] 王肇中，汪旭光．我国煤矿许用炸药的研究与发展[J]．中国矿业，2006，15(2)：43～46.
[20] GB 12437—2000 工业粉状铵梯炸药[S].
[21] GB 17583—1998 多孔粒状铵油炸药[S].
[22] GB 13229—1991 胶质硝化甘油炸药[S].
[23] GB 18094—2000 水胶炸药[S].
[24] GB 18095—2000 乳化炸药[S].
[25] GB 12438—1990 工业粉状铵梯炸药试验方法[S].
[26] GB 12436—1990 炸药作功能力试验——铅𫭢法[S].
[27] GB 12440—1990 炸药猛度试验——铅柱压缩法[S].
[28] GB/T 13228—1991 工业炸药爆速测定方法[S].
[29] GB /T 17582—1998 工业炸药分类和命名规则[S].
[30] GB 13230—1991 工业火雷管[S].
[31] GB 8031—2005 工业电雷管[S].
[32] GB 19417—2003 导爆管雷管[S].
[33] GB 9108—1995 工业导火索[S].
[34] GB 9786—1999 普通导爆索[S].
[35] GA 441—2003 工业雷管编码通则[S].
[36] GB/T 14659—2003 民用爆破器材术语[S].
[37] 陈建平，高文学．爆破工程地质学[M]．北京：科学出版社，2005.
[38] 戴俊．岩石动力学特性与爆破理论[M]．北京：冶金工业出版社，2002.
[39] GB 50218—1994 工程岩体分级标准[S].
[40] 蔡福广．光面爆破新技术[M]．北京：中国铁道出版社，1994.

[41] 凌伟明．岩石爆破炮孔孔壁压力的试验研究[J]．矿冶，2004，13(4)：13～16.
[42] 李玉民，倪芝芳．光面预裂爆破成缝机理的探讨[J]．有色金属（矿山部分），1988(5)：34～36.
[43] 刘焕祯．预裂爆破三峡公式[J]．工程爆破，1996，2(1)：42～46.
[44] 亨利奇 J. 爆炸动力学及其应用[M]．北京：科学技术出版社，1987.
[45] 戴俊．柱状装药爆破的岩石压碎圈与裂隙圈计算[J]．辽宁工程技术大学学报（自然科学版），2001，20(2)：144～147.
[46] 顾毅成．爆破工程施工与安全[M]．北京：冶金工业出版社，2008.
[47] GB 6722—2003 爆破安全规程[S].
[48] 汪旭光，于亚伦，刘殿中．爆破安全规程实施手册[M]．北京：人民交通出版社，2004.
[49] 王玉杰．爆破安全技术[M]．北京：冶金工业出版社，2005.
[50] GA 53—1993 爆破作业人员安全技术考核标准[S].